动荡世界中的大数据

TO THE CLOUD
Big Data in a Turbulent World

[加] 文森特·莫斯可（Vincent Mosco）/ 著

杨睿 陈如歌 / 译　　杨馨 周昱含 胡翼青 / 校

中国人民大学出版社
·北京·

写在《云端》边上

　　互联网思维、大数据、云计算……今天，这些来自IT业的名词术语给我们的感官与心智带来了前所未有的冲击。通过激动人心的说辞，许多人试图让人们相信这些技术正在深刻地改变着我们的生活。比如迈尔-舍恩伯格和库克耶在《大数据时代》一书中宣称："大数据开启了一次重大的时代转型。……就像望远镜能够让我们感受宇宙，显微镜能够让我们观测微生物，这种能够收集和分析海量数据的新技术将帮助我们更好地理解世界——这种理解世界的新方法我们现在才意识到。"① 这种语气我们在托夫勒、奈斯比特和尼葛洛庞帝那里都领教过。而他们的拥趸则更了解如何为大数据写广告词，比如在《大数据时代》一书的推介语中，便有一段诗情画意的科幻表述：

　　　　大数据正把我们变成新的物种。首先，大数据改变了我们的思维方式，让我们从因果关系的串联思维变成了相关关系的并联思维。其次，大数据改变了我们的生产方式，物质产品的生产退居次位，信息产品的加工将成为主要的生产活动。最后，大数据改变了我们的生活方式，我们的精神世界和物质世界都将构建在大数据之上。大数据不仅仅是一门技术，更是一种全新的商业模式，它与云计算共同构成了下一代经济的生态系统。

　　我从不否认技术正在深刻地改变着我们的生活，它极大地改变了我们周遭的环境，也必然改变我们观念中对于时间、空间和各种关系的理解。正如斯蒂格勒所说的那样："技术和时间的关系这个深层的问题如今已成为社会生活中日常而普遍的问题，但它并不因此而失去其尖锐性。每一天都

---

① 维克托·迈尔-舍恩伯格，肯尼斯·库克耶. 大数据时代：生活、工作与思维的大变革. 盛杨燕，周涛，译，杭州：浙江人民出版社，2013.

带来新技术，并不可避免地淘汰一批老化、过时的东西：现存的技术因被超越而变得老化，由它产生的社会环境也因此而过时——人、地区、职业、知识、财富等等一切，或是适应新技术，或是随旧技术而消亡，别无其他选择。"① 对技术发展与人的关系的深层次探讨不是太多了，而是太少了；不是太深了，而是太浅了。

然而迈尔-舍恩伯格和库克耶等人显然不是那种认真对待技术与人关系的学者，他们处理技术与人的关系时简单粗暴。他们一方面宣称在大数据的时代因果关系的推理方式将过时，但另一方面又建构了技术与未来的简单因果关系，从而直接将自己划归技术因果关系决定论的阵营。技术与文化、科技与日常生活在今天越拉越大的鸿沟，就这样被他们轻易地填平了。可是，历史上何时出现过如此简单的社会现实？在我们哀叹技术的发展速度与人类文化的发展速度严重不匹配从而引发异化现象的同时，这些线性思维和技术乌托邦的狂想极大地败坏了技术决定论——其实这种视角对于认识当代社会有着非常有益的启发——的声名，使后者成为"不靠谱"的代名词。

在当代学者中，本书的作者——北美有代表性的传播政治经济学者文森特·莫斯可算是比较反感线性因果技术决定论的。这从他对《大数据时代》一书两位作者的讽刺中就可以看出：

> 有一本 2013 年出版的书堪称围绕大数据进行神话建构的最新典范。该书由两位博闻多识的分析师所著，书的标题展示了他们惊人的洞察力：《大数据时代：生活、工作与思维的大变革》。一篇神话佳作的特点之一是，它能够在继续铺陈荒诞不经的叙事之前，为自己的故事配备清醒观念的"预防针"，以求使故事达到一定的合理性。

在 2004 年出版的《数字化崇拜：迷思、权力与赛博空间》一书中，莫斯可把这种历史因果关系简单化的过程看作是一个创造神话（迷思）的过程，其后果是让一切复杂性和矛盾性被消除，让人觉得自然而然，明白晓畅，具有无可辩驳的正当性。"迷思通过对复杂性和矛盾性的消除来创造一种'欢快的明晰'。"② 在这本书中，莫斯可回溯了自电报发明到赛博空间出现，技术进步所制造的一系列神话以及这些神话从来没有改变的逻辑。莫尔斯的发明在当时被看做已经消灭了时间和空间的伟大发明，被当时的政

---

① 贝尔纳·斯蒂格勒. 技术与时间：爱比米修斯的过失. 裴程，译，南京：译林出版社，2000：17.

② 文森特·莫斯可. 数字化崇拜：迷思、权力与赛博空间. 黄典林，译，北京：北京大学出版社，2010：27.

界和商界推崇为"国际生活的神经，它传递事件的信息，消除误解的原因，促进全世界的和平与和谐"①。莫斯可认为，这种说法暗示了维多利亚时代的电报扮演着互联网在今天扮演的角色，而随着传播新技术如电话、广播、电视和有线电视的不断出现，这种逻辑一再被重复着：

> 如果说闪电式的电报线是维多利亚时代的互联网的话，那么电话的双绞铜线就是镀金时代和咆哮的 20 年代的互联网。②

> 让我们难以想象的是，仅在对电话的大肆吹捧消散 10 年之后……这种喧嚣再次出现了，此时，它与一种充满了电波噪声的声音有关……以神奇的无线方式透过空气传送过来的声音和音乐，穿过夜晚的黑暗，跨过遥远的距离，赋予人们这样一种印象：人世间存在着某种神圣的事物。③

> 实际上，今天大肆鼓吹互联网的说辞都曾是用来吹捧有线电视的。"信息高速公路"的比喻是在对有线电视的讨论中完善起来的。④

总结和整理这些一次次出现、一遍遍循环的媒介乌托邦思想，莫斯可认为这些思想无非可以被归结为三种神话：超越时间、空间和权力，也就是历史的终结、地理的终结以及政治的终结。这实际上是一个反复终结的过程，因为它所讲述的是同样一个故事。在赛博空间出现之前之所以称它们为神话，是因为历史、地理或政治似乎从来也没有真正终结过。最终这些神话总是以相似的方式破灭，一切又重归平静。最终人们当然可以感知到技术的重要作用，但它总是把这个世界变得更加复杂和充满变数，而不是让这个世界变得简单美好。不过即便如此，人类似乎从来没长记性。一旦新技术出现，人们就会像得了"历史健忘症"一样，重新谈论起新技术的神话。"关于技术的确存在着一种引人注目的、几乎是有意的'历史健忘症'，尤其与传播和信息技术相关的时候更是如此。"⑤

2014 年，当莫斯可决定将批判的矛头指向云计算时，他的逻辑几乎与《数字化崇拜》一书如出一辙，他再次批判了传播技术乌托邦的死灰复燃，不过这一次是云而不是赛博空间。因此我们完全可以把《云端》一书看作《数字化崇拜》一书的姐妹篇。在莫斯可看来，云计算和大数据的神话又一次到达登峰造极的地步：

---

① 文森特·莫斯可，2010：111.
② 同①117.
③ 同①119.
④ 同①128.
⑤ 同①109.

新技术的到来总是会伴随着夸张的承诺，因此人们很容易忽视那些对云计算的吹嘘，但是这种忽视值得商榷。我们之所以要认真严肃地对待这些关于云计算的神话，并不是因为云计算和大数据革命的故事以及它们所引发的对经济无限繁荣的幻想比无线电广播时代的那些关于世界和平的承诺要更现实，而是因为市场炒作支持着这些神话。如果这些神话实现了，它们将成为常识，成为一些无法挑战的信念的基石。这些信念不仅仅影响了我们如何看待云计算，还影响到总体的技术发展以及我们同技术的关系。

莫斯可不厌其烦地向我们罗列从电报到赛博空间再到云计算的一个又一个神话，是有他用意的。相比于符号学或文化研究的路径，莫斯可还是更关注社会现实中的权力而非文本背后的权力。他并不真正想讨论这些神话的对错真假，更不是想否定这些技术对人类社会产生的重要影响——虽然并不一定像人们宣称的那样重要——而是想进一步地讨论为什么这些被炮制出的神话一次次破灭，但仍然不断地循环往复，或更准确地说，人们为什么总是一次次地患上关于新技术的"历史健忘症"。莫斯可认为，这些神话的存在是有现实意义的，不能简单地将其看做一种不需理睬的谎言。"迷思不仅仅是一种有待揭露的对现实的歪曲，而且它们本身就是一种现实。它们帮助我们理解那些看起来无法理喻的事物，应对那些完全无法驾驭的问题，并在想象或梦境中创造出那些在实践中无法成为现实的事物，从而赋予生活意义。"[1] 于是莫斯可自然而然地转向了传播政治经济学视角，他试图证明，在任何技术神话的背后，都有政治、经济和社会力量在主导与选择，在赛博空间神话的背后是政治经济的新自由主义和后福特主义意识形态。

那么，这种弥散于资本主义世界的意识形态是怎样与作为神话修辞的互联网技术联结在一起的呢？莫斯可通过揭示商品化和数字化之间的联结，来讨论神话背后的政治与商业力量："商业力量之所以深化和拓展数字化的进程，原因正在于数字化能够使它们在传播领域扩张商品的形式。从文化或者迷思性的角度看，赛博空间也许会被看做是历史、地理和政治的终结。但从政治经济学的角度看，赛博空间则是数字化和商品化相互建构的结果。"[2] 正是因为数字化进程，媒体内容的评估、监测越来越精确，从而可以实现用户的个性化定制，这就促进了媒介产品得以更多更好地销售，广

---

[1] 文森特·莫斯可，2010：12.

[2] 同[1]146.

告得以更精准地投放。"数字化系统可以准确地评估和监测每次信息交易，同时也可以改进把观众、听众、读者、电影迷、电话和电脑用户卖给广告主的过程。"[①] 正是看到了数字化背后的商业利益，许多数字技术企业不断通过广告说辞和各种公关手段为赛博空间创作神话。关于这一点，在云计算这个问题上表现得尤其突出，而莫斯可在《云端》这本书中也讨论得尤其充分。在考察了云的意象在西方文化史上的表征后，莫斯可诧异于如此富有诗意的"云的意象"是怎样与索然无味的云计算联系在一起的。他分析的结果是："对于那些把云技术视为驱动信息资本主义革命性力量持续提高之引擎的人而言，推广与夸张是必不可少的。"这些推广者采用了种种手段来塑造技术神话：

> 广告片——宣传云建立完美家庭的魔力；赞助博客——记录云技术势不可挡的发展势头；报告——记录云中的超链接的世界；通过游说和展览、会议建立起触手可及的网络。

在更宏观的层面，数字化与商品化的循环交互，使资本彻底地控制了整个媒体行业，使得节目产品和劳动力均快速地进一步商品化，并推动媒体公司加快整合与垄断的步伐。对通用的数字化语言的采用，不仅有利于所有媒介行业的整合，也有利于形成文化产业和媒体业的大型跨国公司。这种整合的结果，不仅使权力变得更加集中，而且也势必对公共利益构成威胁。在《数字化崇拜》的最后，莫斯可暗示，这种商业化与数字化的联结是政治力量所默许甚至是鼓励的，因为这可以给统治者带来经济上的繁荣并有利于在全球竞争中占得先机。不断出现的技术神话，正是为肯定这种权力与资本合谋的统治合法性而一次次被创造出来的。

顺着《数字化崇拜》中的逻辑，莫斯可将批判的对象直指本书中的云计算，不同的是这一次反应更加迅速，对云计算的技术特征、进展程度和商业说辞更加熟悉，对云计算作为信息资本主义表征的特征也理解得更为清晰：

> 这个连接着数据中心、设备、组织以及个人的网络创造出了专家所说的一种"全球超级智能"。在这样的网络中，信息生产也加速了。云技术和大数据是驱动信息资本主义的引擎，同时它们正在使一种日渐成为主流的认知方式成为可能。

在通常的意义上，云计算被看做一种面向组织和个人生产、存储、分

---

① 文森特·莫斯可，2010：147.

析和发布数据、信息、应用以及服务的强有力的系统，因此，它是一种带有公共服务性质并推动人类共同福祉的技术。然而莫斯可建议，这种自我标榜为公共服务的技术，需要在复杂社会语境中进行考察，并需要讨论其经济（谁为它付费？）、政治（谁控制它？）、社会（它的私密性如何？）、环境（它对土地和能源的使用有什么影响？）以及文化（它体现着何种价值？）的选择。这样，我们不仅能通过社会理解云计算的神话，也能通过云计算了解当代世界："云计算作为棱镜，也反映并折射了每一个信息技术领域以及社会领域的重要议题，其中包括脆弱的环境、所有权和控制权、安全和隐私、工作和劳工问题、国家之间对全球政治经济主导地位的竞争，以及我们如何在话语和文化表达的层面上理解这个世界。"

如果运用莫斯可的维度来分析，那么在美国，云计算主要就是掌握在谷歌、苹果、亚马逊、脸书以及微软公司这五大 IT 业巨头手中的技术。而且在世界范围内，这种赢家通吃的局面正在迅速形成，行业的边界正在关闭。这就必然导致公共性的局限：

> 尽管云计算使用"公共"、"公众"、"社区"这样的字眼，但每一种云模式都被假定为一种以利益最大化为目标而运营的私人服务。使用私人服务的政府系统（甚至 CIA 都将使用亚马逊网络服务系统价值 6 亿美元的云计算项目）主要是用来管理、控制和监视的。在云计算的语境中，"公共"仅仅意味着卖方会向公众销售而不是只卖给单一客户，而"社区"指的是商业利益由这种云服务模式下的用户共同享受，比如所有的航空公司。对于"公共"、"社区"这些概念的使用即使不是完全扭曲的，也是很狭隘的。……除非某一个云服务系统是专门为公众或社区公民提供信息而打造的，否则大多数人并没有作为公民参与到云计算中。相反，他们受到重视的原因不在于他们参与了关于云的决策过程，而是他们有购买服务的意愿并且能为公司提供与消费模式有关的信息。

这种结构与话语权层面的垄断，背后是商业利益与统治者需求的合谋。通过对美国政府与云计算五大公司以及一些相关的电信公司之间互相依赖关系的揭示，莫斯可从云计算神话再次抵达了传播政治经济学：统治的逻辑从来没有终结的时候，它只是以一种新的景观再现甚至是强化。云计算不仅没有弱化统治，反而在资本与权力的合谋中生成了一种叫做"监视资本主义"的新统治方式，从而加强了权力对社会的控制。因此从来没有人类大同的神话，有的只是政治寡头与商业寡头的狂欢，有的只是资本复制资本的逻辑，有的只是公共利益面临的可能危害，有的只是那些不期而至的现代性危机，如环境污染、隐私泄露以及劳工的悲惨生活。

熟悉莫斯可的学者应当能够意识到，进入 21 世纪以后，莫斯可的学术方向有着非常重要的路径调整，这种调整体现在两个方面：其一是从以理论为出发点转向以文化现象为出发点；其二是从划清传播经济学与文化研究的边界转向模糊二者的边界。《数字化崇拜》和《云端》这两本姐妹篇集中地展现了这种变化。

从理论入手到从文化现象入手可以被看做是莫斯可自身的一种学术自觉，他想从两种不同的方向沟通政治经济学与传播现象之间的关联。正如他自己所说的那样："本书与我 1996 年的著作《传播政治经济学》在结构上类似，但却具有实质性的不同。那本著作把政治经济学作为一个起点或者切入点，建立起通向传播的文化分析的桥梁。本书则从文化，尤其是从迷思学意义上的文化开始，建立起一座通向政治经济学的桥梁。"① 就这一点而言，莫斯可并没有墨守成规。在《传播政治经济学》一书中，莫斯可把传播政治经济学称为"关于社会关系，尤其是权力关系研究的学科，它们互相构成资源的生产、分配、消费，包括传播资源的生产、分配和消费"②，试图通过"商品化、空间化、结构化"三条路径来涵盖所有的传播政治经济学研究路径，并建立传播政治经济学的学科边界。对这种做法，我曾经有过批判："将传播政治经济学学科化的努力，以及对学科神话的塑造本身就是有违批判理论精神的。批判思想从来就是非学科化的，不仅批判思想本身就以跨学科为特征，学科建制本身也是各种批判学派批判的对象，'学科'作为一种体制内的规训方式，通常被看做是对学术的一种社会控制方式，本身就需要被反思与批判。""传播政治经济学范式学科化的结果，必然导致这一领域理论繁殖力日渐枯竭。"③ 从理论入手去强调统摄现象，强调自身的学科特征和边界，这毫无疑问是在建立一种学科神话，并不可取。所以在《数字化崇拜》和《云端》这两本新书中，莫斯可将政治经济学作为一种视角而不是一个学科框架去研究和发掘一种文化现象，是一种开放的学术态度。

而对文化研究的兼容并包，则是莫斯可另一重大的进展。1979 年，斯迈兹的学生古拜克（Thomas Guback）在伊利诺伊大学香槟分校主持召开了一次学术会议，与会成员有斯迈兹、莫斯可、瓦斯科（Janet Wasko）、米汉

① 文森特·莫斯可，2010：6.
② 文森特·莫斯可. 传播政治经济学. 胡春阳，等译. 上海：上海译文出版社，2013：3.
③ 胡翼青，杨馨. 解构神话：传播政治经济学学科合法性问题辨析. 南昌大学学报，2016（5）.

(Eileen Meehan)、彭达库(Manjunath Pendakur)、甘地(Oscar Gandy Jr.)等人。自此以后,莫斯可就长时间致力于建立传播政治经济研究的学科建制。在《传播政治经济学》一书中,尽管态度比较友好并声称可以互相借鉴,但莫斯可仍然将文化研究看作是异己,并称之为他山之石。为了廓清传播政治经济学和文化研究的边界,莫斯可没有少下功夫:"政治经济学仍旧坚持现实主义的认识论,坚持历史研究的价值,坚持从具体的社会整体来进行思考,坚持道德上的承诺,坚持克服社会研究和社会实践间的距离。因此政治经济学与文化研究中倾向于对主观性和主体的研究大相径庭,同时与文化研究中拒绝思考历史实践和社会整体的倾向迥异。此外政治经济学同文化研究中采用专业化语言的倾向不同,因为在它看来,专业化研究的使用违背了文化分析的初衷,即文化分析应该为普通人所享用,因为他们对文化分析的社会建构负责。最后,政治经济学与文化研究中忽视劳动力和劳动过程的倾向不同,文化研究往往热衷于考察消费的社会'生产',并不论劳动者在当代社会变革运动中存在着任何价值。"① 然而对于罗兰·巴尔特、凯瑞等学者理论的关注与借鉴,让莫斯可走出了自己为传播政治经济学与文化研究划定的边界。而且,当他把神话背后的政治经济学规律呈现在大家面前时,他又做到了理论上对文化研究的超越,并实现了自己的承诺:坚持现实主义的认识论。黄典林指出,第一代传播政治经济学的传统范式"基于十分明确的反新自由主义意识形态立场,以全球化的视野,从政治经济的制度逻辑出发,对全球及地方传播产业的政治经济结构构成进行图绘,并以此为基础展开对全球文化霸权和特定民族国家(主要是西方国家)内部资本权力宰制传播资源、破坏民主和公共性原则的批判"②。然而这种20世纪中叶流行的遵从普世性结论的范式过于僵化,需要结合具体传播实践进行差异化的分析与建构,因此便有了转向文化研究旨趣的第二代传播政治经济学路径。在21世纪,年近七旬的莫斯可作为旧范式的代表人物居然改变思维定势,亲历亲为地成为新范式的弄潮儿,确实不易。当然,从另一角度来看,如果考虑到他的老师——《后工业化社会的来临》的作者丹尼尔·贝尔的研究旨趣,我们也可以说莫斯可回到了他学术的童年经验。

当然,如果以更多批判的视角来思考莫斯可和他提出的问题,可能会对本书的阅读有更多的帮助。

---

① 文森特·莫斯可,2013:278-279.
② 黄典林.激进传统与产业逻辑:论传播政治经济学批判的两种路径//第九届中国青年传播学者论坛论文集,2016:536.

　　我本人并不太认同莫斯可的技术观，虽然我同意莫斯可所说的这些技术乌托邦的神话并没有真正都助人们理解技术的重要作用，而且也对他这样来讨论传媒技术欣赏有加："我们当中又有谁会否认电话、广播和电视（甚至是有线电视）是社会和世界中的强大力量呢？看来具有讽刺意味的是，当这些曾经的新技术失去了它们的光彩，放弃了对世界和平做出贡献的承诺，并消弭于无形之中时，它们却获得了在这个世界上发挥持久影响的力量。"① 然而，我并不认为莫斯可的技术观做到了他所承诺的社会整体视角。不管他承不承认，莫斯可的技术观都在很大程度上来自于丹尼尔·贝尔，因而其技术观无可避免地打上了技术进化论和结构功能主义的色彩。在莫斯可那里，技术仍然是工具性的、功能性的、独立的和表象性的范畴。从时间的维度来看，技术的发展和积累有其自身的历史逻辑；而从空间的维度看，技术又与社会的政治、经济、文化和社会制度密不可分。现代技术哲学基本达成的一个共识是，随着主客体二元论在现代性观念中统治地位的确立，技术不再是人类发现和适应环境的帮手，而成了统治和征服环境的工具。在这一过程中，一切东西都失去了其独特性，而成为功能化、物质化和齐一化的存在，这也包括作为劳动力的人本身。技术表面看是人的创造发明，但实际上却转化为反对人的力量。人与技术的关系就此发生了重要的改变。正如斯蒂格勒在讨论海德格尔技术哲学时所说：

　　　　现代技术是对自然施加的暴力，而不是顺从作为自然的存在在其增长过程中的祛蔽模式；技术进入现代化的标志就是，形而上学得到自我表现和自我实现，就像是计算理性完成了旨在占有和支配自然的计划，而这种被占有和支配的自然本身也就失去了自然本来的意义。但是我们作为自身的存在者，却远没有借助技术成为自然的主宰，相反，我们自己作为自然的一部分也服从技术的要求。②

　　现代技术建立在整个社会运转逻辑的座架之上，并与现代性社会互相建构，互相选择，互相渗透。技术本身就是现代国家治理逻辑的一部分。它不仅是权力与资本合谋的结果，它本身就是一种结构性的权力。技术逻辑与现代性社会相伴随的一种意识形态，是如此之霸道的一种权力，以至于德布雷干脆这样来形容媒体技术："不管是否拥有行政控制权，国家都不再是媒体的主人，相反媒体成为国家的主人，国家要想生存，就需要同它

---

① 文森特·莫斯可，2010：2.
② 贝尔纳·斯蒂格勒，2000：12.

有思考能力、有使人相信的能力的主人交涉。"① 然而，莫斯可似乎对技术没有这样的观念，在他的观念里，技术仍然是一种为人所用改造世界的物质性的工具体系，可以与统治的逻辑相剥离。他只是希望大家不要过度夸张这些工具的功能，并希望大家明白一直有人在夸大这些工具的功能，这些人有着自己的政治目的和商业目的。他并没有感受到多数情况下，人被迫采用技术，技术制造并维系着现代社会的秩序。莫斯可的这种技术观其实已经倒退到了《资本论》之前的政治经济学，在《资本论》中，马克思主要讲的就是在工业技术体系之下，工人对于资本家的意义仅仅只是一种可换算市场价值。

　　无论是技术乌托邦者还是反技术乌托邦者，他们都有一个预设的前提，好像技术的发展方向都是精英、社会组织或某种社会权力控制的，要发挥其正面的功能和规避其负面的功能。他们从本质上讲都是以功能和标准化方式来看待技术的结构功能主义者。然而他们似乎没有看到在现代性社会中，技术的逻辑先于个人，先于组织，先于权力，个人、组织和权力都生活在先在的技术环境之中，甚至连意识都可能意识不到。所以，即使揭穿技术的神话，人也仍然被迫生活在它的统治之下。因此当莫斯可像罗马俱乐部成员或法学家一样去讨论云技术可能带来的环境污染或个人隐私权的问题时，特别像大众报纸的专栏作家，他的部分观点几乎就是一些常识。当他去讨论云计算是否需要有政府监控时，由于没有结论，他甚至像新闻报道一样只呈现双方观点。这些讨论都影响了他思想的深度，也进一步证明了他对技术本体的理解缺乏主见。

　　另外，我同样也不太认同莫斯可在本书中得出的结论。这并不是因为这些结论不正确，而是因为它们实在是太正确了，正确得像常识一样。在100 年前，就有学者讨论媒介背后的政治经济力量，担忧垄断的商业现实可能会侵害公共利益，尤其是知情权与言论自由。所以，在第一代传播政治经济学家那里，传播技术背后总是有着权力与资本的身影，而且顶多不过两种情形：权力与资本合谋或对立。从传统资本主义，到帝国主义，再到信息资本主义，从旧媒体到新媒体，表象繁多，结论却永远那么相似。"只要用莫斯可'商品化、空间化、结构化'这'三化'去结构自己的分析框架，任何国家的传播体系都最终可以得到相似的陈词滥调：任何市场经济国家的传播政策都一定是资本与国家权力之间的合谋；任何非完全意义的市场经济国家的传播政策一定是资本作恶，政府背黑锅。到最后，这种研究就不再是理论发现，而是政治站队或表态，表明研究者是愤怒的左派知

---

① 雷吉斯·德布雷. 普通媒介学教程. 北京：清华大学出版社，2014：350.

识分子——理论退场的地方，剩下的只会是彻底的意识形态。"① 莫斯可引入神话理论来分析 IT 业的技术，原本同时是对文化研究和传播政治经济学的超越，是一种补充文本社会语境和追求差异化结论的努力。然而，虽然这种努力方向值得肯定，但它最后还是回到了乏味的权力与资本、商业与政治，还有永远挥之不去的欧美中心主义。尽管莫斯可把文化研究的许多做法甚至是作品和艺术品分析带入了研究，但看来并没有真正得到文化研究的真传。我的真实感受是，与莫斯可的努力相比，罗兰·巴尔特像梦话一般的神话理论对学界的启示和贡献要大得多。事实上，什么事不能与权力与资本合谋或对立扯上关系呢？如果有一种理论视角，还没有开始研究，就知道研究结论是什么，这可能并没有特别重大的意义。

　　上述这些，充其量只是我的一家之言，其意义只在于提供更多思考分析本书部分内容的视角，仅供读者参考。然而，面对市场上像《大数据时代》这样巫师般预测未来的心灵鸡汤，面对出现不到 10 年的最新技术，一位年近七旬的学者，仍然挺身而出，为民众解构神话，启蒙心智，单就这一点而言，莫斯可就该得到足够的尊重和掌声。

胡翼青

2016 年 9 月 10 日于南京大学

---

① 胡翼青，杨馨，2016（5）。

致　谢

　　一如既往，我要向我的人生伴侣及学术知己凯瑟琳·麦克切尔（Catherine McKercher）表示感谢。她为这本书提供了自己的观点、批评和建议，她为本书作出的贡献我已无法用言语一一列举。最重要的是，凯瑟琳无条件的支持和爱是我创作灵感的不竭源泉。丹·席勒（Dan Schiller）是我35年来的挚友，我们会在世界各地相遇并为对方提供最好的帮助：对彼此的作品做出富有建设性且公允的评价。着手写作前不久，我在新墨西哥州圣达菲市遇见了丹。在耐心地听完我的想法之后，他建议我再添加一个关于云计算营销的章节。我并不确定他是否会发现本书的第三章实际上就是采纳了他的建议，但仍然要对他创造性的建议表示衷心的感谢。与此同时，他还与我分享那些可以强化本书观点的研究资料。同样要感谢德里克·莫顿（Derek Morton），为了研究云计算他陪我一同前往纽约大都会艺术博物馆，他拍摄的照片让我在离开展览之后仍然能回忆起托马斯·萨拉切诺的《云城》。当他遇到与本书有关的材料时，也总是会热情地想起我来。当微软公司一则关于云计算的广告似乎从互联网上消失不见时，是玛德琳·莫斯可（Madeline Mosco）帮我查到了它。谢谢你，玛德琳。

　　我一直特别感谢我曾经的学生们。当他们得知我正在计划写一本新书后，就花时间给我发来了有用的报告，或者是同我分享他们的观点。谢谢你们，里克·埃姆里克（Rick Emrich）、帕特·马泽帕（Pat Mazepa）、伊恩·纳吉（Ian Nagy）还有亚历克斯·瑟武列斯库（Alex Svulescu）。同样还要谢谢我在讲授云计算这个主题时遇到的那些学生。在此要特别感谢卡尔顿大学的阿迪勒·卡米萨（Adeel Khamisa）、我在伦敦威斯敏斯特大学遇到的学生莱马·简库特（Laima Janciute）和埃玛·奥古斯塔（Emma Agusita）。

　　讲座是一个很好的契机，可以考验自己已有的观点并邂逅新的想法。我要感谢丹尼尔·佩尔（Daniel Pare），他曾在渥太华大学主持过一次关于云计算的对话；感谢克里斯蒂安·福克斯（Christian Fuchs），他为我安排了在伦敦威斯敏斯特大学的讲座;还有阿里亚·达科瑞(Aliaa Dakoury),他热情地邀请我在全球传播协会(Global Communication Association)的年度会议中发表主题演讲。

我还要感谢"加拿大首席科学家"项目以及皇后大学为我提供了研究资金。最后我要感谢在过去的四十年里,在我研究与教授传播与信息技术的过程中,所有对我的思考产生过影响的人。

云 端

目 录 CONTENTS

云计算运动是一种社会力量。云技术和大数据是驱动信息资本主义的引擎，同时它们正在使一种日渐成为主流的认知方式成为可能。我们之所以要认真严肃地对待这些关于云计算的神话，并不是因为云计算和大数据革命的故事以及它们所引发的对经济无限繁荣的幻想比无线电广播时代的那些世界和平的承诺要更现实，而是因为市场炒作支持着这些神话。如果这些神话实现了，它们将成为常识，成为一些无法挑战的信念的基石。

云计算的故事，得从20世纪50年代的计算机公共设施说起，直到如今遍布世界，建立在那些大面积开放空间里的大型数据中心。云技术服务的一些领军企业，包括一些在互联网时代成长起来的知名企业，它们催生了社交化媒体，目前正在为公司和个人提供云计算服务。

第三章

销售"云崇高"

(081)

在全球范围内正在开展大规模的云计算推广运动，这场运动的内容包括广告、博客、商业调查报告、咨询公司、游说活动、会议和展览会等。云计算被视为一种解决世界难题的超常力量。

第四章

乌　云

(131)

云计算面临着诸多严峻的问题：对环境造成巨大压力，需要大量电力供应，对隐私造成侵犯，很难保障安全，给未来的信息技术工作带来挑战。留意云计算造成的问题非常重要。

第五章

大数据与云文化

(181)

云计算从文化层面上看是一个多元观点相互交锋的地带，在这里对于认识论（认识意味着什么）、形而上学（存在意味着什么）以及道德哲学（有伦理地活着意味着什么）都有着诸多争论，背后隐藏着大数据分析下的具体的认知方式。

第一章 我的作业被云吃掉了

像自来水和电力一样，云计算应被视为一种能被广泛使用的关键设施。（Groucutt，2013）

1　　1993 年 7 月 5 日，《纽约客》杂志刊登了一幅漫画，正式宣告互联网时代的到来，尽管此前互联网已经存在了相当长的一段时间。电脑屏幕前，一条狗对它的同伴说："在网上，不会有人知道你是一条狗。"有一天清晨我醒来后，下载了 2012 年 10 月 8 日的电子版《纽约客》，在上面看到一幅经典漫画的新版本——一个小男孩望着他的老师，神色凝重而充满希望地辩白道："我的作业被云吃掉了。"① 我当即意识到是时候写这本书了。也许并非所有人都能领会这幅漫画的笑点，但大多数读者心中其实多少已经对"云端"有了一点概念，在数据被——个人电脑（PC 机）、平板电脑、智能手机或者其他一旦发生故障就可能直接丢失数据的终端设备——调用之前，可以被储放在"云端"。这本书解释了小强尼（前文提及的小男孩）所说的话，并回答了为什么这个问题如此重要。不论结果如何，"云时代"已经悄然而至了。

　　"吃掉"小强尼作业的"云"正是国际政治经济变革中的关键力量。屈指可数的一部分公司控制着网络数据中心的全球性扩张，并持续建构着全球信息经济的进程。比尔·盖茨在 1995 年曾描述其为"无摩擦资本主

2　义"②。曾经设立过传统信息技术部门的公司，如今得以将大量的工作数据移入云端。在云端，信息技术产业（IT）及其劳动以一种生产、加工、存储、分配的工业模式被集中起来。更值得一提的是，云技术已在创造全球性认知文化的漫长进程中率先迈出了下一步，这种认知即"大数

——————————

① 在西方，小学生以作业被怪物吃掉了为由表明自己无法交作业，是一个经典笑话。这则漫画原来的版本应是"我的作业被怪物吃掉了"。——译者注

本书脚注均为译者注，以下不再一一注明。

② 无摩擦资本主义：比尔·盖茨在其 1995 年出版的著作《未来之路》中首度提出，指的是无需中间商，通过互联网就可以使全球卖家与买家直接交易。

据"——或者用"数字实证主义"这个术语来形容更为准确。这个连接着数据中心、设备、组织以及个人的网络创造出了专家所说的一种"全球超级智能"（Wolf，2010）。在这样的网络中，信息生产也

> 云技术和大数据是驱动信息资本主义的引擎，同时它们正在使一种日渐成为主流的认知方式成为可能。

加速了。云技术和大数据是驱动信息资本主义的引擎，同时它们正在使一种日渐成为主流的认知方式成为可能。正是这些有着千丝万缕关联的进程，及这些进程所面临的挑战构成了《云端》这本书的主旨。

自 2010 年始，我就一直在思考云计算。那一年云计算刚开始出现在公众视野中，在 2011 年美国超级碗①比赛播放了几则引人注目的广告之后，云计算逐渐广人所知。此后，苹果公司也开始加入，敦促用户将照片、音乐、邮件和文档移动至它的苹果云服务（iCloud）② 上。但由于我更想亲自管理自己的家庭照片存档，也担忧邮件的安全问题，所以只上传了少量无关紧要的资料（尽管出于某种原因我并不介意把照片上传到 Flickr③ 这样的云端资料库中）。像很多人一样，我十分清楚自己的一些信息会被传送到遥远的服务器上，并感到些许不舒服。关于云数据安全漏洞、数据丢失和云数据中心的环境风险等的一系列案例使人们感到：并非所有云技术的前景都让人看好，其中仅有很少的一部分是安全可靠的。然而，正如从未停歇的营销活动一样，组织、个人化数据的迁徙也从未停止。

于是，当有关"云"的种种问题开始出现时，我也决心进行更深入的了解。这一部分是由于云计算时代的来临，另一部分则要归因于我日渐增长的"云意识"。一开始，媒体对一本晦涩的中世纪神学论著《不知之云》（*The Cloud of Unknowing*）的关注引发了我对云计算之哲学假设的思索。接下来，

---

① 超级碗（Super Bowl）是美国国家美式足球联盟（也称为国家橄榄球联盟）的年度冠军赛。超级碗一般在每年 1 月最后一个星期天，或 2 月第一个星期天举行，那一天称为超级碗星期天（Super Bowl Sunday）。超级碗的比赛转播多年来都是全美收视率最高的电视节目，比赛日也逐渐成为一个非官方的全国性节日。

② iCloud 是苹果公司提供的云端服务，可备份存放照片、音乐、通讯录、短信、文档等内容，在用户需要时以无线方式将这些内容推送到该用户所有的设备中。

③ Flickr 是雅虎公司旗下的一个图片分享网站，可以提供免费及付费数码照片储存服务，亦可在线分享，同时还提供网络社区服务。

我又注意到了大卫·米切尔（David Mitchell）的小说《云图》（*Cloud Atlas*），这本标题奇特的小说被改编成了一部电影。其中描述的灵魂转移的神秘故事很像是"云"在穿越时空。由此，我开始收集那些不断涌现于世界各地的云数据中心的图像，并为它们形式上的平庸——几乎全是低端的、索然无味的数据仓库——与"云"内涵的崇高①之间的落差感到震惊。此类数据仓库并非如"云"般"轻盈飘逸"。此外，我也从阅读和讨论中获悉了云计算在政治、经济、社会、美学维度日渐增长的张力。然而，在其发展的早期阶段，绝大多数关于云计算进展的讨论仍然局限于技术层面上的描述。

　　尽管云计算直到 2010 年才进入我的视野，但在这之前我也已在计算机传播领域进行了长达 40 年的研究、写作和演说，这其中也包括了一些围绕云计算的前身所展开的工作。早在 20 世纪 70 年代初，作为哈佛大学社会学专业的研究生，我已经通过运用学校的中央计算机、教授的查询软件和我的穿孔卡片来分析文本的方式获取研究成果了，这在当时非常了不起。其实那时候我们都在"云"中，因为，拥有内置存储设备的 PC 机在当时还要好几年后才会出现，我们所能做的就是在计算机终端输入数据，然后像哑巴一样一声不吭地等待主机上出现结果。十年之后，我写出了那个时代的"云技术"，即可视图文系统②——能够以基本的方式将信息和图像传递到增强型屏幕上（Mosco，1982）。1984 年，我去了加拿大，体验了当时被加拿大技术工程师和政策制定者们认为是最先进的新型交互式通信系统——Telidon③ 系统。更重要的是，我还接触到了加拿大学者道格拉斯·帕克希尔（Douglas Parkhill）的研究，尤其是他撰写的《计算机公共设施的挑战》（*The Challenge of the Computer Utility*，1966），该书被普遍地认为是云计算的前瞻性著作。

　　自那时起，除了关注云计算不断出现的许多新问题以外，我开始意

---

　　① 崇高（sublime），亦可译作崇拜。莫斯可在《数字化崇拜》一书中提出，新技术的产生总会伴随一个阶段，在这期间人们在拥抱新技术时往往会产生一种类似于面对自然奇观、宗教神力时的"崇高感"，本书后文中提到的"云崇高"等，也作此种解释。
　　② 可视图文系统（Videotex）运用电话网和公用数据分组交换网（一种基于电话网建立的数据通信系统）开放地提供公用数据库或专用数据库内的各种图文信息。
　　③ 加拿大通信研究中心（CRC）研发的第二代可视图文系统，Telidon 一词由希腊语中的 tele（远程）和 idon（看）两个词组成。

识到存储、处理、交换信息的新系统也会不可避免地产生问题，认识到这些问题的存在极其重要。将历史的教训应用于新的技术是极具诱惑力的事情，而将新技术置入历史语境中解读也不失为一种明智的选择。我们有必要认识到不断变化的技术和纷繁复杂的世界同样也会带来历史进程的中断、分裂，甚至导致革命。

> 我们有必要认识到不断变化的技术和纷繁复杂的世界同样也会带来历史进程的中断、分裂，甚至导致革命。

目前有大量的技术指南与初级教程可以对这个主题提供有用的概览，本书的成文也自然因此受益良多（Erl, Puttini & Mahmood, 2013）。但是，我的目的却是在这些资料的基础上，从政治、经济、社会与文化意义的层面上对云计算进行更深一步的讨论。为此，本书跨学科地借鉴了技术研究、社会学、文化研究、政治经济学的成果，旨在用批判性的反思追问来颠覆传统认知。向云端上传数据即表明决定与某个云数据中心相连接，比如亚马逊公司或者微软公司。但这也是一个暗含着经济（谁为它付费？）、政治（谁控制它？）、社会（它的私密性如何？）、环境（它对土地和能源的使用有什么影响？）以及文化（它体现着何种价值？）意义的选择。本书的重要目的在于增进在这一领域工作的专业人士，云计算的推广人以及研究者，政策制定者，研究云计算并思考其影响、意义和挑战的活动家之间的对话。

4

为什么必须将云计算置于政治、经济、社会和文化等的大图景中？只简单地以云计算能为一个企业带来什么衡量其成本收益是否还远远不够？我将在下一章论述在采纳和操作云计算系统时遇到的一些实际问题，但是，将讨论仅限于此并不能让人充分地相信云计算运动是一种社会力量。尽管伴随着新的通信技术和系统的产生总会有一些夸张的说法，从"电报以一种和谐的方式将国家团结在一起"，到"在电视上进行大众教育"的承诺，但云计算确实正在对全社会产生巨大的影响。从那些将自己的数据和业务处理软件迁移至云端的公司，到利用云计算计划和执行战争策

> 向云端上传数据即表明决定与某个云数据中心相连接，比如亚马逊公司或者微软公司。但这也是一个暗含着经济（谁为它付费？）、政治（谁控制它？）、社会（它的私密性如何？）、环境（它对土地和能源的使用有什么影响？）以及文化（它体现着何种价值？）意义的选择。

> 云计算运动是一种社会力量。

略的军方，再到使用云技术变革教育的中小学及高校，还有那些在云端存储身份信息的用户个人，无一不受此影响。同时，也有"自下而上"的云计算版本，例如利用个人电脑协作完成公益研究的社区网络项目。像苹果这样的公司能够快速跻身于顶尖企业绝对要归功于云计算。2012年贝拉克·奥巴马竞选总统胜利的背后，亚马逊公司的云服务也是不可或缺的关键工具。相比于那些声称云计算可以通过创纪录地提高生产力以拯救资本主义的激进观点，上述这些对云计算重要社会影响的描述还算是比较温和的。而相反的观点认为，云计算为计划周密的黑客们打开了大门，这将会破坏世界经济。比如，中国会尝试将美国的经济系统逼上陡峭的数字悬崖吗？或者，像中国声称的那样，美国会成为一个主要的"黑客帝国"吗？

由于新技术的到来总是会伴随着夸张的承诺，因此人们很容易忽视那些对云计算的吹嘘，但是这种忽视值得商榷。我们之所以要认真严肃地对待这些关于云计算的神话，并不是因为云计算和大数据革命的故事以及它们所引发的对经济无限繁荣的幻想比无线电广播时代的那些关于世界和平的承诺要更现实，而是因为市场炒作支持着这些神话。如果这些神话实现了，它们将成为常识，成为一些无法挑战的信念的基石。这些信念不仅仅影响了我们如何看待云计算，还影响到总体的技术发展以及我们同技术的关系。不再管理自己或组织的数据而将其转交云计算公司代为管理是一个十分重要的决定。这种公司在推广技术时理所当然地会让我们只看到其优势。此外，我们也很有必要严肃地将这种炒作视为一种神话，在早年的一本书中我将其称为"数字化崇拜"。技术发展的趋势，在这里即计算机通信，超越了其在日常生活中平庸的角色，展现出超凡的能力（Mosco，2004）。我们现在应当就云计算在社会和文化中的位置展开讨论，给予它应有的评价。

云计算是一个重要的发展，同时它也是一个棱镜，使我们得以观察到这个纷繁复杂的信息技术世界正在遭遇种种社会问题。"云"有着深刻的历史根源，对这些根源的反思很重要，但云计算也出现了一些新的特征，这就使我们有必要进一步研究是什么使云计算发生了质和量的变化。此外，云计算作为棱镜，也反映并折射了每一个信息技术领域以及社会领域的重要议题，其中包括脆弱的环境、所有权和控制权、安全和隐私、工作和劳工问题、国家之间对全球政治经济主导地位的竞争，以及我们如何在话语和文化表达的层面上理解这个世界。

云计算作为棱镜，也反映并折射了每一个信息技术领域以及社会领域的重要议题，其中包括脆弱的环境、所有权和控制权、安全和隐私、工作和劳工问题、国家之间对全球政治经济主导地位的竞争，以及我们如何在话语和文化表达的层面上理解这个世界。

第二章讲述的是云计算的故事，从 20 世纪 50 年代的计算机公共设施说起，直到如今遍布世界，建立在那些大面积开放空间里的大型数据中心。早在 20 世纪 50 年代，正如有关云计算最随意的历史叙事所描述的那样，对于是否需要"计算机公共设施"的争论与如今对于云计算的讨论如出一辙。在那个年代，熟悉马路、水电设施的人就开始设想：计算机通信是否需要配备一种公共的、可调控的设施？从本质上讲，信息难道不像道路、水和能源一样也是一种资源吗？随着"信息是一种资源和必需品"这样一种观点得到广泛的认可，人们得出这样一种结论，即让数个计算机设备中心策略性地分布在世界各地，通过电信网络与键盘和屏幕连接，这样就可以满足世界对信息的需求。如今，世界范围内有远不止"数台"大型数据中心，但公共性原则却深深嵌入云计算系统中，以至于人们又对这个古老的观点重新产生了兴趣。与此同时，问题也显现出来：计算机设备是否应该被国家持有，抑或即使保持其私有化但也至少受到公共管理呢？

第二章考察了从计算机设备还未成熟的阶段开始出现的一系列"云"的前身。20 世纪 50 年代，为了实施计划经济，苏联将自身经济发展策略的很大一部分赌注放在了建立大型"控制论"系统上。70 年代，智利政府推行了一种民主版本的战略实验，让基层工人通过计算机系统服务于"经济—计划"的进程。到了 80 年代，政府和商业系统通过使用可视图文系统和信息传视系统来提供即时信息从而获得了一定的发展。但是直到 90 年代，当互联网出现在台式计算机和《纽约客》的漫画上时，人们才真正认清它们的全部潜能。

第二章还进一步定义了云计算，并且提出了它的不同形式和特征。云计算有很多种定义方式，但是大多数人会赞同这样一种定义方式：云计算是一个面向组织和个人生产、存储、分析和发布数据、信息、应用以及服务的强有力的系统。如果你用谷歌邮箱（Gmail）与人交流，从 iCloud 上下载音乐，从亚马逊网站上买 Kindle 电子书，或者你的公司用 Salesforce（软营）①来处理客户数据库，那么你就算是了解并在使用云计算。云计算的主要特征之一是它可以即时自主获取信息和服务，这些信息与服务经由全球网络传送——包括但不仅限于互联网中的公共网络。信息和应用程序可以被汇集起来，根据用户需求提供和提取信息，按照标准服务账单来收费。这一章描述了不同形式的云计算：从仅仅提供数据存储中心这样的基础设施，到提供包括应用、软件、分析在内的数据增值服务。这一章还考虑了云计算的类型：包括所有用户都可以使用的"公共云"（尽管"公共"一词的意义相当有限）、只面向那些重视数据封闭性和安全性的高端顾客销售存储器和服务的"私有云"，以及将二者结合起来的"混合云"。

这一章还考察了云技术服务的一些领军企业，包括一些在互联网时代成长起来的知名企业，它们催生了社会化媒体，目前正在为公司和个人提供云计算服务。可以说亚马逊公司就是云计算供应商中的领军企业，而这份名单中还包括其他一些耳熟能详的名字：微软、谷歌、苹果和脸书（Facebook）。另外，像国际商业机器公司（IBM）、甲骨文（Oracle）②和思科（Cisco）③等一些早期的公司，在成功地服务于企业和政府的 IT 部门多年之后，也在试图转向云端服务。除此之

> 在互联网时代成长起来的知名企业，它们催生了社会化媒体，目前正在为公司和个人提供云计算服务。可以说亚马逊公司就是云计算供应商中的领军企业，而这份名单中还包括其他一些耳熟能详的名字：微软、谷歌、苹果和脸书（Facebook）。

① 又译作软件营销部队，是创建于 1999 年 3 月的一家客户关系管理（CRM）软件服务提供商，宣称可提供随需应用的客户关系管理（On-demand CRM），允许客户与独立软件供应商定制并整合其产品，同时建立其各自所需的应用软件。用户可以避免购买硬件、开发软件等前期投资以及复杂的后台管理问题。因其口号"软件的终结"，在业内常被称作"软件终结者"。
② 美国一家面向全球提供全面、开放和集成的商业软件及硬件系统服务的大型企业。
③ 美国一家网络解决方案供应商，在中国也有业务分布。

外，还有一些在云端诞生的企业，比如提供一般化或者专门化云计算和大数据服务的 Rackspace①，Salesforce 和 VMware②。第二章还揭示了云计算行业那些关键的竞争者之间的战争，以及在行业顶端日趋集中的力量。私人企业主宰着云端，但美国政府也更多地通过与行业领导者合作的方式促成其军事和情报部门在云端的扩张，同时在包括人文学科在内的教育领域也有所涉及。这使得一些人开始思考一个"军事信息复合体"的崛起，该复合体扩大了少数几家公司的权力，扩张了一个秘密监视国家的版图，最典型的就是美国国家安全局（National Security Agency，NSA）③ 近年来的所为。美国的云计算工业十分强大，但也逐渐遭遇了来自外国竞争者的挑战——尤其是中国，该国那些正在建造的"云城"正在缩小与美国之间的差距。

在全球范围内正在开展大规模的云计算推广运动，第三章就探讨了这一推广运动的诸多形式。这场运动的内容包括广告、博客、商业调查报告、咨询公司、国际经济政策组织、游说活动、会议和交易会等。云计算脱胎于平凡无奇的技术草图，在发展初期就连互联网的拓荒者们也看不清它的未来。然而现如今这张"云图"却在"广告狂人"们的手中呈现出一种更加丰富的美感，这些广告天才们正在极力营销这一新事物。从这个角度看，云计算的重要性不仅体现在建筑、电脑、软件和数据上，还体现在这些营销活动让原本枯燥乏味的计算机工程转变为折服众生的云端图景上。这一切的发生并不是施了什么魔法。云计算开始广为人知源自 Salesforce 公司策划的一场营销活动，该公司在 2011 年美国超级碗比赛中投放了两条价格不菲的广告，主角分别是黑眼豆豆合唱团④的成员威廉姆·亚当斯

8

---

① 美国一家托管服务器及云计算提供商，是全球三大云计算中心之一，在英国、澳大利亚、瑞士、荷兰及中国香港设有分部，其托管服务产品包括专用服务器、电子邮件、SharePoint、云服务器、云存储、云网站等。

② VMware 公司，生产同名的虚拟机软件，该公司是全球桌面到数据中心虚拟化解决方案的领导厂商。

③ 美国国家安全局，又称国家保密局。它是 1952 年根据杜鲁门总统的一项秘密指令，从当时的军事部门中独立出来，用以加强情报通信工作的，是美国情报机构的中枢。

④ 黑眼豆豆合唱团（Black Eyed Peas）是一支深受灵魂乐、爵士乐、拉丁节奏与现场演唱精神所启发的放克/嘻哈乐队。2003 年出道，由四位团员组成。Will. i. am（威廉姆·亚当斯）是该乐队的首要人物。

（Will. i. am）和一个活泼可爱的卡通人物 Chatty———一朵"魔力云"。在此之前，早在 2010 年 IBM 公司就开始尝试名为"智能云"的营销活动，它的目标客户是商业决策者。而微软公司的"直上云端"广告则定位于小型企业客户。苹果公司更是将在线服务域名从".mac"改为更个性化的".me"（也许有些人会说这完全是苹果公司的自我陶醉），从而加入云计算大军，之后它还推出了 iCloud。

商业广告的作用毋庸置疑，因其能够向各大组织机构和个体消费者投放。但是商业广告也仅仅是一系列推广手段的一部分，这些推广手段还包括提供该行业信息的博客和社交网站。它们一般都会通过反驳批评者、强化优势性能的方式来强调如何销售云计算产品。这些手段起到了一个非常重要的作用，即充当一条传送带，将更多合法专营机构（包括高德纳、麦肯锡、德勤和弗雷斯特研究公司）的发现，例如商业调查及咨询公司发布的报告传递给消费者。这些行业领先者每家都会至少生成一份关于云计算和大数据的报告，除了早期的个别公司（这家公司又在后来的报告中声称之前的结论无效）之外都非常看好云计算的发展前景。它们所传递的信息非常简单：向云计算迁移。正如第三章所阐述的那样，尽管生成的报告价格不菲，但这些重要的发现和乐观的心态正在通过数以百计的博客和新闻传递着，大家都对云计算充满了期待。越来越多的推广活动在全球范围内开展，所发布的报告将全球商业人士、政府机构聚集在一起共同营销云技术。第三章聚焦于以年度达沃斯（Davos）会议闻名的世界经济论坛①所发布的一份报告，该报告强调了信息技术、云计算和大数据分析不容置疑的重要性。因为云技术受到全球认可并且又有国际组织及各国政府、商业人士的保驾护航，世界经济论坛确认了其合法性并将其视为世界经济增长的前沿力量。这一章会通过说明两个相对重要的促销手段——游说团体和贸易展览会——做出总结。历史上的大多数时候，特别是自从互联网发展以

① 世界经济论坛（World Economic Forum）是以研究和探讨世界经济领域存在的问题、促进国际经济合作与交流为宗旨的非官方国际性机构。总部设在瑞士日内瓦，该论坛每年都会在瑞士的达沃斯召开会议。

来，信息技术产业并没有在游说华盛顿政府方面下很大的功夫。但是近年来随着社交媒体和云计算的发展，一切都发生了改变。第三章就说明了无论是针对地方、国家机构，还是国际的权力阶层的游说都十分重要。最后，贸易展览和会议让云计算和大数据的主要竞争者们聚集在一起，推广他们的产品、产业甚至是云计算的神话，云计算被视为一种解决世界难题的超常力量。这一部分的写作源于我在2013年前往纽约参加的一场云计算博览会，这场一年一度的博览会是世界上最大的云计算会议及营销活动。

> 云计算面临着诸多严峻的问题：对环境造成巨大压力，需要大量电力供应，对隐私造成侵犯，很难保障安全，给未来的信息技术工作带来挑战。

第四章解释了为何大力推广云计算如此重要。云计算面临着诸多严峻的问题：对环境造成巨大压力，需要大量电力供应，对隐私造成侵犯，很难保障安全，给未来的信息技术工作带来挑战。可想而知，这些问题在第三章所涉及的推广活动中不会受到什么关注。一旦涉及这些负面问题，推广活动的主办方要么闭口不谈，要么就说一些对云计算不能因噎废食之类的陈词滥调。第四章解释了为什么与厂商在推广云计算时所声称的正好相反，留意云计算造成的问题非常重要。

云计算公司承诺并且它们的顾客也希望数据中心可以一直运作，永无故障。单是这一点就已经对电力网提出了很高的要求。而且服务器还需要源源不断的电能来降温以避免温度过高，这就对电力提出了更高的需求。更糟糕的是，为了保障全年无休、全天候服务，必须建造一些备用能源设施，例如柴油发动机和化学电池，这些会对建有数字中心的地区带来严重的环境问题。向云端迁移远远不像真实的云朵图景或是云技术的迷思①所暗示的那样会进入一个如天空般纯净、轻灵飘逸的绿色无污染的环境。第四章中出现的另一朵"乌云"是对隐私及安全的威胁。在说明了一系列认知隐私及安全的方式之后，本章提出了三个主要问题。首先是攻击云计算系

---

① 迷思（myth），亦译作神话，原是人类学家列维-斯特劳斯提出的概念，后被法国结构主义大师罗兰·巴尔特移植到被信息传播技术不断推进的日常生活中，指出传播媒介在运用神话制造新意义。本书作者在其《数字化崇拜》一书中解构了伴随互联网诞生的"数字迷思"，认为迷思并非可以被纠正的错误观念，而是一些可以将我们从日常的平庸带入卓越的可能性中的叙事。

10 统的黑客行动激增，这些攻击行动源自提供云计算服务的公司内部或外部。网络攻击已经成为实现政府某些政策的工具。而且我所谓的"监视资本主义"①的本质也对隐私及安全提出了挑战。云计算和大数据中一个重要的收入来源就是将订阅者和消费者的信息卖给广告主。比如作为商业公司的脸书如果无法近距离监视其13亿用户，也就不可能在市场中生存。与"监视资本主义"同在的是"秘密监视国家"这一概念，正如被曝光的美国国家安全局（NSA）的所作所为那样，"秘密监视国家"完全有能力获取那些存储在云端并通过互联网及其他电子网络传输的数据。难怪各类机构以及消费者个人都开始担心，无论数字中心选址在中国、欧洲还是美国，使用云计算都会对安全造成威胁。

　　向云计算迁移的一个主要目的在于，即使各组织机构不会完全废除IT部门，也可以精简该部门，这无疑是飘在专业劳动力头顶上的一片"乌云"。更糟糕的是这个问题不仅限于IT部门。像Salesforce这样的专业化云计算公司完全可以接管客户公司的整个客户关系管理业务，这可以帮助其减少公司内部的销售和营销活动。而且，由于知识劳工的优势技能逐渐包括信息技术，所以无论是在教育业、新闻业还是医疗卫生行业，大部分职场的上空都笼罩着这片乌云。第四章梳理了这些劳动发展趋势，并且将其置于信息技术产业动态国际劳动分工的背景之下。当今信息技术产业中很多公司——无论是深圳的富士康还是库比蒂诺的苹果公司都想要向云技术迁移，却受到了一系列现实因素的抵抗。当越来越多的组织和个人决定向云技术迁移，世界劳动体系还能维持原样吗？一旦被破坏又会发生什么呢？

　　第五章转而讨论了云计算在文化层面的重要意义，并以此总结全书。这一章由这样一种视角引导，即文化反对各种类型的本质主义，包括在数字世界中倾向于（在如今的云计算中有一些具体体现）将云端仅仅看做是信息库或者是因大数据分析而引发的数字实证主义的基石。探索这一主题首先需要思考的就是：我们为了获得大规模的数据分析，即所谓的"大数11 据"而使用云计算，那么我们又能从这种云技术的迁移中获知什么呢？这一章评估了大数据的假设和构成要素，包括对量化手段的依赖、遵循相关

① 也译作监控资本主义。

性分析、挣脱理论束缚的思考方式、以预测行为作为目标。许多大数据的支持者狂热地相信数据自己能够说话，促使研究者们避免定性数据分析（或者避免量化这些定性数据），并且不再依靠因果关系、理论、历史等社会科学传统的分析基石。但是，无论从技术方面进行的批判多么有力，都仍然无法充分地阐明数字实证主义的哲学基础。于是这一章从云计算的文化层面入手，提出隐藏在大数据分析下具体的认知方式。这个问题很重要，因为每一种技术都会包含其独有的审美标准，一种观察和感知的方式。无论是机械的设计还是其各部分之间松散的联系都能够体现出这种认知方式。云计算也不例外。云技术的概要式草图如此简单，就像相互联结在一起的云，因此也就产生了"云"这个概念，这也为思考云计算提供了一种井然有序、自然神圣的方式。但这种认知方式却与云技术在文化层面的意义大相径庭，这种思想的暗流顽强地与数字实证主义相互抵触。

从互联网发展的早期开始，支持者们就并不以用哲学的语言甚至是神秘主义的方式来装点它为耻。举例说来，许多名人，包括杰出人士阿尔·戈尔（Al Gore）、汤姆·沃尔夫（Tom Wolfe），都称赞耶稣会神父皮埃尔·泰亚尔·德·夏尔丹（Pierre Teilhard de Chardin，即下文中的德日进）① 为赛博先知。他在 1955 年就与世长辞并且从未使用过计算机，但是《连线》（Wired）杂志依然宣称"德日进在网络到来的半个世纪以前就预言了这一切"（Kreisberg，1995）。尽管他没有预言计算机的出现，而且用令人费解的神秘主义语言写作，但是这位耶稣会的神父仍然吸引了大批赛博天才和其他人士，因为他预言了信息将会成为宇宙进化的首要力量。德日进认为，信息的增长会形成一个观念的圈层，他称其为强加在地球之上的"智慧层"（noosphere）。这个智慧层逐渐对地球施加压力，最终信息的压力会导致大爆炸，使得人类进入宇宙进化的下一阶段。无论他所描绘的图景有多么模糊，无论他的陈述是否与我们所掌握的一切物理知识相悖，都不会再有哪

① 法国哲学家、神学家、古生物学家、地质学家。本名泰亚尔·德·夏尔丹，德日进系其中文名字。1899 年加入耶稣会并在耶稣会学院就读，31 岁时受神职，当过战地救护员、大学教授，曾长时间在中国进行古人类学、地质学考察，是"北京猿人"的发现者之一。德日进对进化问题有着特殊的兴趣。他从考古发现出发，大胆提出关于宇宙、生物、人类、精神逐层进化的观点。

一种方式能像德日进对于宇宙进化的"知识云层"的描述那般具有戏剧性,将这个生机勃勃的数字世界塑造为神话。

但是,在云计算的文化层面中还会有其他声音站出来回答说:"不会如此之快"。这些声音更多地体现出云计算的隐喻性而非神圣之处。在云丰富的历史中,这一隐喻包含了一种批判,质疑了一种乌托邦式的想象——新技术即使不是神圣的也是超凡的。云无处不在并且自古有之,因此从许多充满人类想象力的表述中发现云的存在也就不足为奇了。书面文字、音乐和视觉艺术如果缺少了富有隐喻色彩的云会变得乏味。从文化中最宽泛的"云"这一意象出发,我从西方社会不同发展阶段中选取了三个例子来说明云的隐喻以及可能采纳这一隐喻的信息技术之间的矛盾。

首先是阿里斯托芬①所写的喜剧《云》(The Clouds),这部喜剧讽刺了公元前 5 世纪古希腊智者的生活。阿里斯托芬用一种清晰且幽默的方式向在大数据和云技术中也有所体现的顽固的理性思维模式提出挑战,并且质疑了表面上对政治漠不关心的哲学家是否天生就比其他人优越。这出喜剧提醒了观众,当时即使是看上去最客观的思想家,如伟大的哲学家苏格拉底也未能避免陷入政治世界,在这样的世界里,实践的经验常常会胜过技术性的知识。对希腊的剧作家而言,建立于 2 500 年前的认知方式并不是知识分子在抽象的云端过着冥想的生活,这种生活仅仅是柏拉图式的抱负。相反,只有那些掌握着修辞和宣传技巧的哲学诡辩家和知识分子大话精才会佐以足够的信息。在西方的认知方式中,没有什么纯粹的真相会在云端存储或是处理,只有在理性与修辞之间持续不断的争斗。这传递出一个信号,即今天生活在新云端的哲学大师、电脑天才和数据科学家们,不妨去看一看这出喜剧,或许会受益匪浅。

接下来我们会探讨公元 14 世纪后半叶的一本著作《不知之云》,这是本关于一位英国的僧侣教导年轻后辈该如何过上美好道德生活的书。尽管这本书是用中世纪英语写成的,但并不妨碍在今天阅读。现如今这本书有

---

① 阿里斯托芬(Aristophanes,约前 446 年—前 385 年),古希腊早期喜剧代表作家,雅典公民,一生大部分时间在雅典度过。

许多当代译本并且吸引了文学大师唐·德里罗（Don DeLillo）的注意，他在权威作品《地下世界》（*Underworld*）中曾加以引用。让这本书趣味盎然的是"云"在其中象征着阻碍人们认识自己和命运的东西。正如人们所料想的那样，《不知之云》中充满了宗教的习语。这位不知名的作者充当灵魂的导师，目标就是尽可能地接近上帝。但是就像我们不必非得接受德日进所谓的掌控信息的上帝一样，我们也没有必要去相信这个无名僧侣的上帝，在他的眼中逐渐浸透整个世界的信息之云会妨害人们达到圆满、崇高或是其他成就。年长的僧侣用富有张力的对话式语言劝解年轻的僧侣清空自己存储的所有信息从而成长为一个真正的人。在这里云如此吸引人的原因在于它实际上成为智慧的绊脚石，是一片"无知之云"。

13

《不知之云》带有东方哲学的印记，让它更引人注目的原因在于它出自一位中世纪英国僧侣之手，而那时的世界正在被黑死病撼动着。我们必须清空自己过往的知识才能获得真正智慧和圆满的人生这一观念当时正在西方日趋盛行，西方人开始为数据所折服，甚至努力去发掘能够与数字世界即刻相连的最新设备。之所以要在本书的最后一部分对这一点进行分析，是因为我想要说明我们对于云计算的思考和感知有着相互矛盾的地方。云计算从文化层面上看是一个多元观点相互交锋的地带，在这里对于认识论（认识意味着什么）、形而上学（存在意味着什么）以及道德哲学（有伦理地活着意味着什么）都有着诸多争论。

对于不确定性最精彩的文化表述莫过于大卫·米切尔的小说《云图》，这本小说后来由电影《黑客帝国》三部曲的制作团队翻拍成同名电影。《云图》的标题本身就反映出一种不太和谐的碰撞，因为传统的地图意味着要将固定的地理元素如海洋、大陆板块等等的位置绘制成图，而不可能展现由水蒸气凝结成的迷雾不断变化发展的过程。云幻化无常，绝不会是固定的实体，也无法以传统的制图方式绘出。正如我们在书中或者电影中所看到的，六个独立的故事跨越了几个世纪，而云就脱胎于《云图》的这些情节之中。对米切尔和电影制片人来说，云既不代表信息的确定性，也不代表阻碍完美的

> 云计算从文化层面上看是一个多元观点相互交锋的地带，在这里对于认识论（认识意味着什么）、形而上学（存在意味着什么）以及道德哲学（有伦理地活着意味着什么）都有着诸多争论。

屏障，而是几代人之间那纤弱且如迷雾般的联结。各种各样随机的行为结构促使人们超越生命去影响后人，因此《云图》在讲述这样一个故事：人与人之间的联系并不是依靠云计算这类网络图表，而是依靠更加松散却并不缺乏力量的真实的"云图"。这张云图重构了传统的图集，它以时间而不是以空间为轴绘制彼此的联系。基于这些理由，《云图》让我们重新思考云的文化意义，它绝不是在"已知之云"与"不知之云"之间做出选择那么简单。

本书最后谈及有关云文化的这些观念中有一些艺术表现形式，其中一个代表是勒内·马格里特（René Magritte）的作品《光之帝国》（*The Empire of Light*），这幅画的上方描绘出白日里明亮的蓝天中飘浮着蓬松洁白的云，而下方则是黑夜中的一排房子，云上和地面上画着一些很扭曲的元素。托马斯·萨拉切诺（Tomás Saraceno）① 引人注目的作品《云城》（*Cloud City*）则代表了另外一种当代视角，它采用透明、反光的材料聚集成一个巨大的由不同模块相互连接成的建筑。在 2012 年纽约大都会博物馆为期 6 个月的展览上，这个雕塑占据了整个屋顶花园。我们通过马格里特的作品去追问相互联结的云表面上所呈现出的和谐，也在萨拉切诺的"云"中透过反光玻璃审视我们自己。在云计算中，我们身处何方？一些艺术家开始通过创作关于云计算的作品来探索这个议题。由此我们可以想一想多美子·泰尔（Tamiko Thiel）的作品，她的《云之绿》（*Clouding Green*）展现了色彩斑斓的用以记录环境的云盘旋在硅谷八个主要云计算供应商的上空。这些具有美感的超现实主义代表作品为 2012 年国际绿色和平组织的环境评估增添了美学的力量："你的云有多清洁？"

《云端》这本书让我们意识到，现在不应该再止步于仅仅对云计算作技术层面的描述，而应该给予它批判性的评价。为了开启这一过程，下一章会从计算机公共设施这一视角探索云计算的起源，并阐明让云计算与众不同的原则，探讨云计算的实际用途以及云计算的行业现状。

---

① 托马斯·萨拉切诺，1973 年出生于阿根廷，是一位雕塑、装置和愿景艺术家，构筑乌托邦的实践者。在创作上萨拉切诺渴望填补艺术与科学之间的鸿沟，在国际上被公认为能够在艺术作品中运用高科技的艺术家。

第二章 | 从计算机公共设施到云计算

我们正处于一场如此重要的、根本性的变革之中，就像曾经的电力革命一样。这场变革发生的速度之快，超过了任何人的想象。(Hardy，2012a)

15   "云计算"之所以被如此命名，通常认为是因为在确定电信网关键要素的图表中常出现云朵的形状。"云计算"这个概念最早出现在 1996 年，当时一家大型台式电脑企业康柏公司①的技术领导者们聚在一起探讨计算机的前景，特别是互联网的未来。这些技术先锋尤其希望"云计算—应用程序"会刺激销售。尽管并不完全清楚，但他们相信为网络用户提供的文件存储器很可能会成为一种成功的应用程序。他们的预测使得康柏公司决定开始向网络服务供应商销售服务器，这一决策让公司获得了丰厚的回报——每年进账 20 亿美元。2002 年，惠普公司收购了康柏。无论康柏公司获益多少，销售服务器这一决定并没有给当年那场会议的参与者——肖恩·奥沙

16 利文（Sean O'Sullivan）带来同样的成功。他后来又成立了一家不算成功的公司，向个人消费者销售文件存储器和点播视频。那时，即使是充满预见性的创新者们也不敢打包票说这朵"云"会"下"美金。直到计算机处理能力有了极大提高，电信网广泛分布，当然还要等到 21 世纪初互联网经济崩溃后总体上又呈复苏态势之时，这朵"云"才取得了真正的发展。直到 2006 年，"云计算"这个概念才被谷歌、戴尔、亚马逊之类的公司广泛地使用，它被用来描述一个新的系统：通过互联网，而不是通过计算机自身的硬件和其他一些便携式存储设备，来获取文档和软件，提升计算机性能（Regalado，2011）。

定义云计算

      有人认为在 21 世纪第一个使用"云计算"这个概念的是谷歌公司的首

---

① 康柏电脑公司于 1982 年创建，主要销售个人电脑，2002 年被惠普公司收购。

席执行官埃里克·施密特（Eric Schmidt）。2006 年 8 月 9 日，他在一次行业大会中这样描述云："（现在）出现了一种有趣的新模式。我认为人们并没有真正理解这次改变到底意味着什么。这种新模式的前提在于数据服务及数据架构是建立在服务器之上的。我们称其为'云计算'，它们都应在'云端之上'。"个人电脑制造商戴尔公司在这一概念中看到了商业价值，2008 年该公司试图为"云计算"贴上自己的商标。这次尝试引起了行业内部很多人的不满，最终以失败收场。结果是任何人都可以自由地使用这个概念，许多公司都认为在网络服务发展的进程中，"云计算"将会是占据未来舞台的绝佳方式（Regalado，2011）。

"云计算"并没有一个被人普遍接受的定义。事实上，在一份研究综述中 25 个研究云技术的专家可能会有 25 种不同的定义方式（McFedries，2012）。一位教程序员们如何使用云计算的企业家将其形容为"互联网的隐喻"。这是一次互联网的品牌重塑，也是产生激烈争论的原因。既然"云"成为一种隐喻，也就会有不同的阐释方式。但是争论仍在继续，这是因为"它值钱"（Regalado，2011）。大多数的云计算分析人士不会将互联网等同于云计算。云系统不仅利用大量网站构成的大规模网络（如我们熟知的互联网），也使用私人网络去传输数据和应用程序。这种私人网络或许能接入互联网，但会保持独立并且只有一小部分用户可以使用。而且，云计算也会涉及提供定制化的应用程序和服务，因此通常被认为不仅仅是"网中之网"。尽管作为一个明确的概念，"云计算"最终可能会像电力一样归于平凡，但大多数人还是认为其普及程度还不够（Linthicum，2013）。

17

到了 2013 年，尽管距离云计算在公共话语中流通以及第一次在大众媒体上刊登广告（包括 2011 年美国超级碗比赛中播放的商业广告）已经有几年了，美国人仍然不清楚它的含义。2012 年 8 月，一项针对 1 000 名成年人的调查显示：很少有人知道云计算的含义，即使对最浅显的含义也知之甚少。但是，

私人网络或许能接入互联网，但会保持独立并且只有一小部分用户可以使用。而且，云计算也会涉及提供定制化的应用程序和服务，因此通常被认为不仅仅是"网中之网"。尽管作为一个明确的概念，"云计算"最终可能会像电力一样归于平凡，但大多数人还是认为其普及程度还不够。

大多数人都表示他们希望将来可以在"云端"工作。当得到进一步解释之后，他们都显示出在理解"云"潜在的问题——主要是价格、安全和隐私——方面的悟性（Forbes，2012）。

当美国政府认识到云计算是一种非常划算的传送服务方式时便开始推动其部门向"云端"迁移。然而，政府官员们却表示对云计算一无所知，于是政府的首席信息官要求美国国家标准技术研究院（NIST）① 对云计算下一个定义并进行描述（Regalado，2011）。因此，我们所能得到的最为普遍接受且正式的定义，用 NIST 报告中的话来说就是："这种模式提供广泛的、便捷的、按需定制的网络，可以连接到可配置的计算机资源共享池中（例如网络、服务器、存储器、应用程序和服务），这些资源能够快速提供，仅需投入很少的管理工作，或与服务供应商进行低限度的交互。"（Mell & Grance，2011）用更加平实的语言来说，云计算涉及数据、应用程序以及提供给个人和组织的服务的存储、处理、分配。尽管在 2012 年云计算只占据整个 IT 行业投资的 3%（Butler，2012），但总的来看，这是一个快速增长，或者说增长最快的 IT 领域。NIST 对云计算的定义作为一个对该服务的客观描述，在行业内被广泛接受。但是，我们需要认识到，无论对云计算的描述表面上看起来有多客观，它通常都是与推广行为挂钩的。无论是联邦政府的首席信息官、NIST，又或者是在 2012 年宣布负责为云计算提供研究资金的美国国家科学基金会②，它们的目标都是为了推广"云"而不仅仅是理解它。除了为云计算下一个清晰的定义，NIST 还宣称："云计算模式将来不仅会提高计算机技术的灵活性，还可以大量节约成本。为了应对艰难的经济制约因素，政府和各行业采纳这种技术至关重要。"（NIST，2013）

_18_

———————————

① 美国国家标准技术研究院（National Institute of Standards and Technology，NIST），直属美国商务部，从事物理、生物和工程方面的基础和应用研究，以及测量技术和测试方法方面的研究，提供标准、标准参考数据及有关服务，在国际上享有很高的声誉。

② 美国国家科学基金会（National Science Foundation），美国独立的联邦机构，成立于1950年。任务是通过资助基础研究计划，改进科学教育，发展科学信息和增进国际科学合作等办法促进美国科学的发展。美国科学界最高水平的四大学术机构之一，另外三个机构为美国国家科学院、美国国家工程院、美国国家医学院。

早期的云：计算机设备和可视图文系统

为了更深入理解云计算的真正含义，有必要考虑这一点：它既是计算机传播早期形式的延伸，又至少从规模上是信息技术使用的新发展。在20世纪50年代，计算机科学家赫布·格罗什（Herb Grosch）预言，整个世界将会共享计算机资源，为此仅仅需要15个数据中心就能满足全世界的信息需求。20世纪60年代，当斯坦福大学信息技术专家约翰·麦卡锡（John McCarthy）将计算机想象成一种公共设施时，"计算机公共设施"这个概念开始浮出水面。1966年，随着道格拉斯·帕克希尔（Douglas Parkhill）的大作《计算机公共设施的挑战》广为人知，这个概念才正式确立。为什么要将"云计算"看成公共设施呢？部分原因是一些专家仅仅将"云"看成"计算机公共设施"这一概念的延伸，它曾经指的是"时间共享"，因为中央电脑的使用时间由多个用户共享。举例来说，根据林西克姆（Linthicum）所言，"如果你认为似曾相识，那么你是对的。云计算就是基于这种时间共享模式，这一模式在我们能买得起个人电脑之前已经发挥了很多年的作用。它的理念就是在许多公司和个人之间共享计算机能力，从而为那些利用它的人降低使用计算机的成本。时间共享的价值和云计算的核心价值非常相近，只是现在的这些资源更好、更划算而已"（McKedrick，2013a）。

大多数人对于提供资源的公共设施非常熟悉，例如公路、水、电力，这些公共基础设施通过公共管理和运营为公众提供服务。它们可以为政府所有，也可以由私人企业拥有。但当所有权属于后者时，这些设备通常会受当地（城市、社区）或是区域（州、县和省）的监管。如果不去理会那些错综复杂的争辩，例如"它们是否能在市场竞争规则中仅为公众服务"或是"政府所有及私人拥有孰优孰劣"，人们还是有足够的理由宣称，选择对基础设施进行公共管理与运作通常是因为建造水、电这些基础设施

19

在 20 世纪五六十年代，一些与计算机技术相关的概念，例如控制论、信息处理、传播流，吸引了大批学者和政策制定者的注意，他们中的一些人开始将信息看作一种与水和电无异的公共资源。信息处理方法从模拟式到数字化的转变，提供了一种有形的、实质的输出结果，使得用资源这一类的概念来思考信息变得更加容易。

代价高昂。政府认为大量竞争者纷纷进入市场建造基础设施，将会导致资源的浪费，于是政府应自主建造公共设施并形成一种"自然垄断"。

在 20 世纪五六十年代，一些与计算机技术相关的概念，例如控制论、信息处理、传播流，吸引了大批学者和政策制定者的注意，他们中的一些人开始将信息看作一种与水和电无异的公共资源。信息处理方法从模拟式到数字化的转变，提供了一种有形的、实质的输出结果，使得用资源这一类的概念来思考信息变得更加容易。1949 年，数学家克劳德·香农（Claude Shannon）和瓦伦·韦弗（Warren Weaver）建立了一个广为人知的传播过程模式，这个模式强调在抽象的发送者和接受者之间流动的传播过程的物质性。他们更关心将传播定义为一种有形的"流动"，而不太关心是什么样的社会力量使得一些人成为发送者而另一些人成为接受者。当经济学家达拉斯·斯迈思（Dallas Smythe）和赫伯特·席勒（Herbert Schiller）分别在 20 世纪 50 年代和 60 年代将注意力转向传播时，他们把这个新的研究领域同经济学家研究了许多年的资源，例如农作物和石油，联系在了一起（Mosco，2009：82–89）。在那时，原来是计算机科学家后来又成为公共政策分析师的安东尼·欧廷格（Anthony Oettinger）提出了一套总体的资源理论，将能量、物质和信息联系在一起，这套理论也成了哈佛大学信息资源政策项目的概念式基础——欧廷格曾在该项目组担任了数十年的主席。当传播学者马克·U. 波拉特（Marc U. Porat）（1977）出版了他极具影响力的成果，描绘出经济体开始被信息劳工掌控的情形时，就是该去思考信息经济的时候了。

从邮政传播问世到电子传播技术出现，从电报到电话、广播和电视不断涌现，始终伴随着这样的争论：用一种"资源"的概念来定义这些设施合适且有效吗？如果的确合适且有效，那么这些资源是否都应该以公共设施的形式组织起来呢？而"信息经济"的发展又为这一观点注入了新鲜的力量。这些年对于这些问题，群星争辉的不同政治力量给出了不同的政策。但是，"将电话服务的提供看作是一种'自然垄断'"的思维方式始终没有改变。检视计算机技术的专家们开始考虑，是否有必要为信息经济的资源创造一种新的公共设施。

道格拉斯·帕克希尔曾经预言未来计算机公共设施将遭遇的挑战，这将如何组织信息资源的讨论向前推进了一步。从一开始帕克希尔就意识到把计算机系统确立为公共设施指日可待："甚至到了现在，计算机公共设施这个主题经常出现在公共视野中，无论是大众媒体还是科技类出版物上都有许多文章对此加以佐证。到处充斥着行业领导者及科学界人物的预言，也有迹象表明各地政府对之兴趣渐浓。"（Parkhill，1966：v）帕克希尔采纳了这个流行的观点并为其下了一个清晰的定义，推动着这个概念向前进了一步。对他来说，计算机或者信息设施有五个关键要素：

1. 最根本的是，许多分散各地的用户能同时使用该系统。

2. 能同时运行多种程序。

3. 用户能通过个人电脑获取至少与远程基站相当的计算能力和容量。

4. 基于统一服务收费的定价制度，使用情况不同费用也会相应发生变化。

5. 具备无限增长的能力，因此当用户量增加时，该系统可以通过各种方法无限扩展。

帕克希尔预想计算机公共设施将成为一种公共服务，在某种意义上任何人无论身在何方都能获取大量以在线形式呈现的信息资源和服务。照此来说，他没有对任何具体的管理形式作出承诺，反倒是提到了公有、私有和混合制各自的优势，因为"有必要单独考虑每种计算机公共设施应用的长处并且在具体情境中平衡采纳公共设施概念的得失"（同上，p. 125）。当昨日的计算机公共设施变成今天的云计算系统，有些元素发生了改变。但值得反思的是，如今关于云计算服务的讨论，在多大程度上仍在重复着帕克希尔的观点。现在我们更可能去问这个系统是否是可扩展的，而不是问它是否具有"无限增长的容量"，但是新的概念不应该遮蔽概念之间明显的相

21

> 可视图文系统只不过是在前互联网时代的几十年里出现的一种类似云计算的服务。事实上有趣的是,曾有大量不同的应用程序积聚在资源/设施之下,但随即消失在将过去仅仅看作是现在的先导的线性史观中。

似性。在实现他对计算机公共设施的想象时,帕克希尔依然会扮演重要的角色。他创造出清晰但却古怪的名字"可视图文系统"(Vediotex)。这项基于计算机的服务可以将信息从中央设备传递至用户终端,用户终端常设立在家中、公共场所,偶尔也出现在商业场合。用户能通过提出具体的信息要求与服务与系统互动。在帕克希尔的帮助下,加拿大政府资助的项目中最先进的 Telidon 系统诞生了。因为使用了彩色图像导致其处理的需求超出现有电信网的能力,这个系统并没有得到太大发展就被终止了,但以更易于管理的服务为特点的简化系统则广泛传播,最为人所熟知的就是法国的公共信息网络终端服务。图书馆、邮局以及其他公共场所都使用这种终端,为用户提供例如电话簿、火车时刻表、政府服务信息、股票报价等基本信息,还能与其他用户交谈并将信息发送至"邮箱"。这项服务每月提供数百万的连接,直到 2012 年才退出舞台(Sayare, 2012)。在一篇接一篇预测生活的方方面面将会遭遇巨大变革的报道中,可视图文系统同汽车与电视一样拥有远大的前景(Tydeman et al., 1982)。

可视图文系统只不过是在前互联网时代的几十年里出现的一种类似云计算的服务。事实上有趣的是,曾有大量不同的应用程序积聚在资源/设施之下,但随即消失在将过去仅仅看作是现在的先导的线性史观中。我们应该想想 20 世纪 60 年代苏联控制论系统所代表的云图、20 世纪 70 年代智利尝试引进的计算机"协同控制工程",还有从 20 世纪 70 到 90 年代早期五角大楼开发的促使互联网诞生的研究型计算机网络。

苏联的控制论

尽管第二次世界大战对其造成了毁灭性的影响,苏联仍然产生了控制论这一蓬勃发展的领域中的佼佼者——被正式称为关于"动物和机器的控制与通信的科学"。

在西方，计算机科学家诺伯特·维纳（Norbert Wiener）领导着这个人才济济的领域，1953 年前后，他们中的重要人物有约翰·冯·诺依曼（John von Neumann）、克劳德·香农（Claude Shannon）、威廉·罗斯·阿什比（William Ross Ashby）、格雷戈

里·贝特森（Gregory Bateson）、罗曼·雅各布森（Roman Jakobson）。1946 年至 1953 年期间在梅西基金会（Macy Foundation）的资助下他们经常会晤。出于对已有的理论研究路径和应用科学的反抗，他们改变了业已建成的学科并建立了新的学科。在生物学、传播学、计算机科学、语言学和心理学这样多元的领域中，几乎没有不受控制论影响的事物。在种种夸张的语句中，即使是最温和的观点，也认为控制论是普遍理论的圣杯，很多人相信它能带来人类思想的革命（Parkman，1972）。

这些思想也在苏联科学界慢慢酝酿，在斯大林仍然以铁腕掌控着政权之时，在特罗菲姆·李森科（Trofim Lysenko）的生物学著作和伊万·巴甫洛夫（Ivan Pavlov）的心理学著作中被奉若神明的严格理论已经遭受到了暗中的质疑。当赫鲁晓夫在 1958 年上台并巩固统治之时，变化开始加速，先前被官方谴责为"不仅仅是帝国主义反动的意识形态武器，而且是完成其侵略性军事计划的工具"的控制论在 1961 年被认为是实现共产主义理想的主要技术手段而备受推崇（Gerovitch，2010）。同年，苏联科学研究院出版了《为共产主义服务的控制论》一书，详细阐述了控制论如何在实践中改变了每一个知识领域及其应用，尤其让当年苏共第 22 次代表大会的与会代表们满意的是，控制论改变了苏联现代经济。

"对于那些不愿意理解基本真相的保守人士来说，无论这听起来有多非同寻常，我们也必将在广泛使用电子机械的基础之上建立共产主义，这些机械能在最短的时间内处理大量技术、科技、生物信息。这些机械，被恰当地称为'控制论机器'，能不断解决最优计划及控制的问题。"（Gerovitch，2010）事实上，这些话就宣布了苏联计算机公共设施的诞生。计算机中心的网络在苏联广阔的疆域内建立起来，数据从商店、工厂、办公室里流出，汇

> 在种种夸张的语句中，即使是最温和的观点，也认为控制论是普遍理论的圣杯，很多人相信它能带来人类思想的革命。

23

成持续不断的数据流。计划者可以使用数据来评估政策的成败，并且在最微小的细节上计划将来的经济活动。由于这个国家"对全国经济实行单一自动控制制度"（Gerovitch，2010；Spufford，2010），在中央经济数学研究院（Central Economic Mathematical Institute）的支持下，区域性的计算机中心能够接入全国范围的网络中。这是一个由国家领导的云计算计划，为中央的计划经济服务，美国情报部门——原本就十分担心苏联军事力量日益壮大——如今更害怕苏联的"控制论"可能带来的后果了。

美国中央情报局（CIA）在 1962 年作出回应，建立了一个特别小组来研究苏联控制论行动造成的威胁。在这个情报机构调查得出的结论中，最值得注意的是，他们对于苏联的计划真的会成功这一观点从开始的期待演变为后来的不安。特别小组的报告认为："作为生产控制论的结果，经济生产的巨大盈余可能会使整个世界市场崩溃。"（Gerovitch，2010）中央情报局认为经济成功会带来额外的威胁："一种社会模式的创造，以及西方社会—经济的堕落将会成为日益强大的意识形态武器。"情报机构十分关注这个问题，并且 1962 年古巴导弹危机前后，一直就这个问题同肯尼迪政府的官员进行讨论。美国民众也同样担忧。在给司法部长罗伯特·肯尼迪（Robert Kennedy）的备忘录中，历史学家、总统的特别助理小阿瑟·施莱辛格（Arthur Schlesinger Jr.）总结说："全力投入控制论将会给苏联政府带来巨大的好处。到 1970 年苏联可能会拥有涉及所有企业或工业复合体的全新生产技术，这种技术利用自主学习式计算机，通过封闭循环反馈控制进行管理。"他毫不留情地总结说，如果美国继续忽视控制论，"我们就完了"（同上）。

为使民众信服，当权者采取的行动常常需要夸张的措辞，但即使不考虑这些，施莱辛格与美国中央情报局的陈述也等于宣布：苏联"云计算"早期版本会大有作为，其通过控制论来贯彻中央计划，这可能会让他们非常顺利地击败美国。狂热仍在持续着，肯尼迪（John F. Kennedy）总统成立了一个特别小组来检视苏联控制论的威胁，中央情报局持续敲响警钟。美国军方也采取了行动，空军海外技术部的指挥官警告说："位于莫斯科的中央集权的、自动控制化的、拥有世界级力量的指挥控制中心会利用这一系统给我们带来大麻烦"（Gerovitch，2010）。

正如美国对于苏联威胁的诸多评估一样，后来这些恐惧被证实是夸大其词的。这些项目中只有一小部分被执行，因为政府将可用的资源转向军方，而军方的高级将领们则认为经济控制论专家们的项目毫无用处，因而一直拒绝共享资源。但这朵"云"并没有在一夜之间蒸发。苏联的控制论团队有能力修补以计划和分配资源为目的的计算机系统，打造一个不太稳定的网络，这样的网络与其说是"云"，不如说更像"雾"。这个网络还需要人工来进行维护，他们的职责是采取一切必要措施确保生产链和分配链持续运作，或者至少不让它们完全失灵。所以从表面上看，控制论的核心计划，及弗朗西斯·施普福特（Francis Spufford，2010）在其著作《红色富裕》（*Red Plenty*）中提到的信念是可以维持下去的。

苏联对待早期"云计算"版本时的漫不经心，同时显示出利用它实现全国计划经济的潜力和缺陷。大多数分析人士关注消极影响，包括为大型复杂经济体开发云计算模式本身的困难、苏联制度内在的结构性问题，以及计算机还没有先进到可以负荷如此大的工作量等，这些担忧都是可以理解的。学者们开始评估苏联控制论项目能达成政府经济目标的真实潜能（Dyer-Witheford，2013）。控制论项目对苏联解体的影响也非常值得思索——它允许科学家和知识分子去考虑改变斯大林的领导。如果有超过一代人继续从事控制论项目，控制论计划也许能为他们打开更多扇门。我们也的确知道一个早期计算机公共设施及云计算实验的备选方案——智利的"协同控制工程"（Cybersyn Project）项目深受苏联控制论影响，但其也以值得关注的方式偏离了苏联项目。

计算机公共设施（几乎）来到智利

在 1970 年智利人民选举萨尔瓦多·阿连德（Salvador Allende）担任他们的总统之后，他就开始进行一系列的社会民主改革，包括提高最低工资标准、扩大教育范围，以及开展为穷人提供公共住房及食品的项目。其中较具有争议性的是政府决定将智利利润丰厚的铜工业国有化，在这之前智利的大部分铜工业都由美国控制的跨国公司主宰着。1973 年，在美国的授意和支持下，智利军方在一场政变中把阿连德推下台，这场政变导致几千人死亡或被囚禁，之后军方统治了智利 15 年之久。

阿连德执政期间，在美国计算机专家斯塔福德·比尔（Stafford Beer）的帮助下，智利开始尝试实施由计算机辅助的经济计划。可以说比尔是控制论专家中第一个在商业上取得成功的人，也是被诺伯特·维纳称为"管理控制之父"（Miller，2002：3）的人。在阿连德当选之后不久，比尔就接受了在智利国家发展公司工作的工程师费尔南多·福洛雷斯（Fernando Flores）的邀请，建立了"协同控制工程"项目（西班牙语是 Proyecto Synco），这个项目旨在建立一个计算机通信网络，辅助智利的经济运行。就像苏联的系统一样，它要实时处理、组织、展示经济活动的信息。但与苏联制度不同的是，"协同控制工程"会通过提供信息、做出决策来促使工人和当地管理者加入。尤其是，该项目的开发者计划让工人们参与开发生产模式，参与技术的设计和落实，甚至是参与当地和国家层面的经济管理（Medina，2011）。

在 20 世纪 70 年代，"工人民主"这个概念风靡一时，它被看作是深化熟练工人的默会知识①的手段，是与普遍存在的工作场所的异化（尤其是对于年轻工人而言）作斗争的方式，是一种将民主参与从选举舞台扩展到现代工作场所的手段。当时工作场所民主及工人控制的实验在许多地方涌现，突出表现在美国、以色列以及后来的南斯拉夫等国家里（Hunnius，Garson & Case，1973）。随着工人民主运动的开展，计算机通信新技术领域的专家们开始考虑如何将他们的技术技能运用到这场全球运动中。正如比尔在 1972 年所提到的："在智利，我知道自己正在尽最大的努力去促进

---

① "默会知识"（tacit knowledge，又称"缄默的知识"，也称"内隐的知识"），主要是相对于显性知识而言的。它是一种只可意会不可言传的知识，是一种经常使用却又不能通过语言文字符号予以清晰表达或直接传递的知识。由波兰尼在 1958 年首先在其著作《个体知识》中提出。

权力的下放，政府也在革命，我发现了控制论的好处。"（Medina，2011：3）阿连德及其政府也认为控制论将会促使他们打造一个计算机系统，从而有助于"创造一个新的政治、技术现实……它打破了美国和苏联策略上的野心"（同上）。

有限的计算机资源和阿连德政府短暂的生命周期使得"协同控制工程"并没有实现，但是出于一些原因，它仍然在云计算的历史上占据着重要地位。它表明云计算的历史在美国、苏联以及其他世界权力中心以外，还拥有一个重要的篇章。这个无畏的"协同控制工程"主要由"第三世界"的工程师和策划者提出并设计。在一些人眼里，一个落后的国家本应专注于为跨国公司开掘铜矿，而不是进行计算机辅助计划的实验。而且，智利有意将"协同控制工程"设计成与美国和苏联提供的经济发展标准不一样的模式。比尔在中心化管理与去中心化管理之间、在公司的总体需要与各组成部门的自治之间寻求平衡，他的工作开发出一种思路，这种思路也能在关于云计算的讨论中觅得踪迹。我们如何创出这样一种既能利用中心化带来高效率，又不会损害地方自治的计算机系统呢？云端的大数据是会促进民主还是损害民主？比尔的想法与"人民联盟"政府①的利益相一致，该政府希望在不牺牲公民自由，拥有自由而开放的媒介和个人自治的条件下推进国家的发展。最终，"计算机公共设施"的智利版本这一构想证明在任何关于云计算的讨论中都需要考虑技术的社会关系。对于智利来说，"协同控制工程"不仅有助于促进国家发展，而且对于促进公民在国家政治、经济生活中的参与来说至关重要。这个项目是如此珍贵，以至于不能让它受控于私人监管，而应作为一个整体服务于社会。

人们很容易就产生这种疑惑：阿连德政府是过快地利用了新信息技术来国有化资源产业，促进工作场所的民主化②，还是在保护遭受到来自美国

27

---

① 1970 年阿连德当选总统，组成"人民联盟"政府。1973 年以皮诺切特为首的军人推翻阿连德政府上台，开始了军政府统治。

② 工作场所的民主化即将各种民主形式（包括投票制度、辩论、民主架构、法定诉讼程序、对抗制诉讼、上诉制度等）运用到工作场所中。

在背后撑腰的军事打击的支持者时行动过于迟缓？人们很轻易就给比尔贴上一个"古怪的人"的标签，因为他在自己不了解的领域里力不从心。但在此之前，我们很有必要将智利打算利用新技术带来彻底的社会民主化这一野心勃勃的计划，与今天云计算在政治方面的使用中的两个例子作一下比较。第一个例子通常被看成一场云计算应用的纯粹的胜利，因为大家都注意到它是让奥巴马重返白宫的一大功臣。他在竞选活动中使用亚马逊网络服务系统（AWS）——该互联网零售巨头的一个部门——提供的云计算和大数据分析，来确定潜在的选民并且成功地鼓动足够多的人参与投票，这大大超乎了一些专家的预期。这场竞选活动打造了超过 200 个在亚马逊网络服务系统中运行的应用，如此大规模的使用使得亚马逊公司首席技术官在确认竞选胜利之后发布了一条推特，向他在奥巴马竞选团队中的搭档们表示个人的祝贺。这次竞选活动在很多方面都使用了亚马逊的云计算，但最关键的是在数据库的建模、分析及整合方面技术纯熟的部署。尤其是，"这一系列的数据库使得竞选工作人员能够瞄准并细分潜在的选民，根据对特定广告的效果作出近乎实时的反馈来调动营销资源，并且驱动一个募集超过 10 亿美元的捐献系统（这次选举集资使得它成为世界排名第 30 位的商业网站）"（Cohen，2012）。竞选的另一个关键就是通过一系列工具帮助竞选团队决定最有效的电视广告购买方案（被称为"优化程序"），并将信息精准传递给推特和脸书的用户们（被称为"爆破者"）（Hoover，2012）。

在奥巴马的竞选活动与亚马逊的合作关系中并没有什么特殊的策略，似乎竞选仅仅是更好地利用了数据管理的资源。但是，让人吃惊的是这与任何层面的民主施行、公民参与、行动主义都没有关系。取代民主（包括在"协同控制工程"计划中设想的一切）的，是对人的管理和控制。

第二个例子来自英国。前首相戴维·卡梅伦（David Cameron）是个苹果平板电脑（iPad）迷，并且特别喜欢"水果忍者"游戏。他命人开发了一个应用，可以让他和他的内阁成员监控英国的经济。根据政府内阁网站的说法，这个被称为"10 号指示板"的应用提供了国内外信息概要，包括住房和就业、股价以及政府部门表现的数据。而且，该应用还能从投票、评论和推特的抽样中总结出"政治舆情环境"。卡梅伦对这款应用非常自豪，并在 G8 峰会上向连任的奥巴马炫耀。

从奥巴马对最大的云计算公司的利用和卡梅伦的"10 号指示板"中，我们可以轻易地得出结论：我们已经超越了智利的"协同控制工程"计划好几"光年"。毕竟 20 世纪 70 年代堆满房间的设备和软件如今可以浓缩在一个手持设备中。但当我们更近距离审视这两个例子时，我们就会发现一些本质的东西也消失了。"协同控制工程"的成果是可以在生产、建模、呈现、分配数据的透明过程中与全国上下共享的，其目的是提高智利的经济水平，同时促进社会及工作场所的民主化。卡梅伦的应用程序，还有奥巴马使用亚马逊网络服务系统，都是为了更好地管理人，而与政治决策制定中的公众参与没有什么关系。为了对这种类型的批评做出回应，奥巴马竞选团队的数据总监认为有必要澄清："我不是老大哥（Big Brother）①。"他坚持声称："竞选活动对于用户网上行为的了解，并不比任何零售商、新闻网站或是专家博主更多。"（Roeder，2012）尽管将一个在技术上花费了 1 100 万美元的竞选机构同一个专家博主的资源相提并论非常"狡猾"，但将竞选团队所了解到的线上、线下行为数据与沃尔玛（Walmart）、塔吉特（Target）或是其他大型全球零售商所了解到的信息作比较则是精确可行的（Gallagher，2012）。但是当涉及监视时，什么样的手段能确保总统竞选团队不会比沃尔玛这样的零售商更坏呢？奥巴马的数据总监可能不是"老大哥"，但这就能使这样的结论正当化了吗？"新的技术和大量的数据可能会让人惊慌失措，但它们也为美国政治带来了个人价值的全新增值。"（Roeder，2012）如果这句话出自塔吉特的数据总监，仅仅将"美国政治"替换成"美国经济"，我们又会作何感想？对于"10 号指示板"也同样如此。事实上，正如一个评论家所指出的，卡梅伦的应用"……对于政客来说是个非常恰当的隐喻，这些政客在全球化的浪潮和震动中沦为旁观者"

29

---

① 即乔治·奥威尔作品《1984》中利用"电幕"随时随地监视国民的领袖。

（Wiles，2012）。这个为"内部人士"量身定做的应用事实上没有赋予他们任何权力，从这个角度来看，这与为负责重组希腊债务的团队制作的 iPad 应用并无二致。但是这个结论忽略了更重要的一点：数据对那些能够制作应用程序去检视经济状况的政客总是有点帮助的，但对于这些数据能在何种程度上为公民赋权，或者对作为工人、选民或是消费者的公民如何参与民主创造的思考，即使存在也非常少见。这就是为什么重访像"协同控制工程"这样的云计算先驱们（而无论其结果如何）如此重要。而且我们不能仅仅惊叹于这几十年间技术上的进步，因为历史证明技术上的进步不一定会带来民主实践上的进步，有时还会导致真正的退化。

五角大楼和互联网

尽管"可视图文系统"、苏联的控制论、智利的"协同控制工程"留下了重要的遗产和教训，它们却不复存在了。另一方面，美国国防部高级研究计划局（Defense Advanced Research Project Agency，简称 DARPA）的成果不仅仅有助于我们理解云计算从哪儿来，也在现在军方的云计算计划中扮演重要角色。苏联在 1957 年成功地将第一颗人造卫星"伴侣号"（Sputnik）送上绕地轨道，这让美国政府大为震惊，时任总统艾森豪威尔在五角大楼创立了这个机构，职责就是不让这种"震惊"再次发生。

后来被人们熟知的高级研究计划局（ARPA）创立于 1958 年，负责科学技术前沿项目的研究及发展。这些项目通常都涉及与国家安全相关的事项，但并不仅仅受军方项目的约束。这种安排的一个重要成果就是在综合信息技术和电脑系统上开启了被称为"时间共享"的前沿研究。第一批电脑是在一个用户对应一个系统的原则上建立起来的，但个人经常间歇式地使用电脑会造成资源的浪费，对"分批处理"的研究使得电脑更加高效，因为它允许工作按时间排序，因此能压缩无用时间。通过使多位用户在同一时间使用相同系统，"时间共享"还能进一步自我扩展。高级研究计划局授权资助了麻省理工学院（MIT）的一个项目，强力推动了"时间共享"

的研究，该项目在立克里德（J. C. R. Licklider）的领导下聚集了来自贝尔实验室（Bell Labs）、通用电气公司（General Electric）、麻省理工学院的人才（Waldrop，2002）。"时间共享"诞生于一个系统服务多个用户的原则之下，它是云计算的基础之一。当时大约有三十家公司销售能接入"时间共享"的主机，包括像 IBM、通用电气这样大名鼎鼎的公司，它们在 20 世纪 60 年代和 70 年代兴盛起来。"时间共享"的基本操作系统是 Multics（为多路复用①信息和计算服务），这个系统最初被设计为模仿电话与电力设施运行的计算机公共设施。尤其是它的硬件和软件都以模块形式组建，因此系统可以通过增加每个模块所需的资源——例如磁芯存储器和磁盘存储——来自我扩展。这种我们现在称其为"可扩展"的模式将会在云计算概念诞生的 20 世纪 90 年代，以及云计算系统出现后的 10 年内以一种更加成熟的形式出现。尽管前者更简单原始一些，但"时间共享"系统与云计算系统关键的相似之处就是它们为用户提供了完整的操作环境。"时间共享"系统一般包括几个编程语言处理器、软件包、批量打印以及在线离线文件存储器。用户通常要租用终端并为连接时间、CPU（中央处理器）和磁盘存储空间付费。微型处理器以及后来个人计算机的发展渐渐取代了这些设备，终结了"时间共享"有利可图的时代。对那些曾经销售大型计算机的接口的公司来说，现在执行工作更加便捷了。

DARPA 甚至比阿帕网（ARPANET）——第一个使用包交换技术的广域网——的发明更为人熟知。包交换技术将数据分割成数据块、数据包形式，从而选择最高效的网络路径。数据块会在终端重新聚集，除非有大的网络问题，否则网络能把整体的数据、音频、视频传送给终端用户。这种网络将安全的军方装备与大型的研究设备联系在一起，成为今天互联网的直接前身。事实上，一些人指出互联网诞生于 1983 年 1 月 1 日，那一天高级研究计划局网络（即阿帕网）为了用 ICP/IP 网络协议替换 NCP 协议，完全关闭了向 400 位雇主提供的

31

---

①　数据通信系统或计算机网络系统中，传输媒体的带宽或容量往往会大于传输单一信号的需求，用一个信道同时传输多路信号可以更有效地利用通信线路，这就是所谓的多路复用技术（Multiplexing）。

一些人指出互联网诞生于 1983 年 1 月 1 日，那一天高级研究计划局网络（即阿帕网）为了用 ICP/IP 网络协议替换 NCP 协议，完全关闭了向 400 位雇主提供的服务。TCP/IP 网络协议从此以后定义了互联网。

服务。TCP/IP 网络协议从此以后定义了互联网（Kerner, 2013）。互联网的发展，在第一批微型计算机得到推广，以及后来个人电脑得到应用之后松开了云计算的刹车，并且出于对于有线、无线以及交换功能的关键扩张的要求，网络对于数据存储及处理的需求越来越高，这最终加速了云计算的到来。

云计算的前身表明了我们称为"云"的东西源自于不同的地方，它们当初为了各种目标使用计算机的计算能力。"可视图文系统"旨在将终端和电视接收器与远程计算机相连，在实践中为一小部分国家提供基本信息。苏联利用其在控制论领域的领先地位，开发出全国性的计划经济体系。尽管肯尼迪政府包括中央情报局非常害怕这个计划会使苏联经济超越西方的竞争对手们，但它充其量只能算部分成功。由于计算机系统有限的处理能力，以及强势的苏联军方坚决反对投入资源打造国内经济，这个计划被牺牲掉了。智利的"协同控制工程"想通过在全国范围内联结中央电脑和终端，从根本上建立一个经济决策的交互系统，从而创造一个社会民主版本的国家发展计划。萨尔瓦多·阿连德领导的政府短命的统治意味着"协同控制工程"从来没有成功地走出过计划阶段，但是，它证明云计算同南半球国家在历史上有过联系，在那里民主的价值观念与技术的视野并肩存在。最终，DARPA 在冷战期间耗费了大量军费预算，打造了"时间共享"计划与互联网。或许最重要的是，DARPA 不像苏联军方那样对于公民参与充满敌意，它选择与商业机构合作，这些商业机构开发出的商业应用最终促使云计算诞生。同时，DARPA 在军用的云计算发展中一直都非常积极主动。

剖析云计算

今天的云计算延伸了由上文提及的（或其他）前辈们建立的关键趋势。由一小部分公司掌控的数据中心的崛起延续了创造信息资本主义全球网络的进程（Schiller，2014）。那些曾经拥有 IT 部门以及人工传统的公司现在可以把一部分业务迁移到云端。在云端，IT 业及其劳动被集中和简化为一种生产、处理、流通和存储的产业模式。而且，云计算在创造"全球认知文化"的漫长进程中更进了一步，在这样一种认知文化中，信息生产通过数据中心、设备、组织和个人之间的连接而加速。通过数字实证主义，云计算同时带来了新的工业结构和认知文化。

人们很容易忽略云计算在信息资本主义和建立认知文化方面的重要性，因为在技术被发明出来的早期，关注那些华而不实的乌托邦或反乌托邦观点的趋势反复出现，这些观点组成了所谓的技术崇拜思想（Nye，1994）。这是可以理解的。就像网络页面第一次在家庭电脑屏幕上滚动时，很难抗拒那种有魔力的感觉。同样的感觉还出现在街灯第一次借助电力点亮夜空，以及声音第一次从一个后来被称作收音机的"音乐盒"中"飘散"出来时。云计算现在正处于这种神奇的崇拜阶段，在这个阶段，许多关于时间终结、空间终结、社会分工终结的夸张观点，往往会冲淡我们对于云计算系统的应用更加基础的、长期的、平淡的影响的认识。与之特别相关的是关于电力的经验，因为在电力发展的早期，人们也格外关注电力带来光和能量的能力，这种能力被公认为即使不是革命性的，也是一种重要的发展。但当人们习惯了随处可见的灯光，尤其是电力能够终结街头犯罪这一许诺没有被兑现时，电力崇拜的诱惑就逐渐消失了。但在这种崇拜归于平淡之时，电力才真正爆发出革命性的力量。直到电力设备被组建为公共设施，开始输送电能来驱动工业及家庭的应用（过去的 app）时，人们才可以安心地总结说电力是经济与社会转型的主要参与者。从驱动汽车工业的装配流水线到启动真空吸尘器，许多电力应用不再被极度崇拜，但的确带来了巨大变革（Nye，1990）。事实上，一些经济学家认为电气化，包括集中发电和近乎普遍的电力分配，是当代经济增长最重要的技术力量（Gordon，2000）。

云计算可能正在经历从充满无限憧憬的崇拜阶段归于同样的平淡的过程。在这个方面，"云"是公共设施的集合。它当然不完全等同于促使工业革命

云计算可能正在经历从充满无限憧憬的崇拜阶段归于同样的平淡的过程。

33

实现飞跃的发电机，但它也并没有与众不同到不能把它看成工作中一个简单进程的地步。神圣的"云"正在逐渐褪去光环，人们很少再将它视为一个独立的存在，而更多地将关注点放在它所驱动的变革性应用上。正如一位分析人士所说："在19世纪中叶，集中化发电使得电力能够作为一种公共品被提供，这意味着消费者只需要为他所用的电能付费即可。消费的电量可以在不需要基本建设费用的情况下，根据需要按比例上升或下降。一个半世纪之后，云计算对企业也产生了这种解放性的影响。组织再也不需要为了所需的或多或少的计算资源，而去建立、维护、更新笨重的IT基础设施了。"（John，2013）

　　云计算建立在它的前身之上，但也有足够重要的特点使其区别于这些较早期的模式。从云计算设施在绝对的规模和覆盖范围方面的卓越发展开始考虑这些特点是很有必要的。要理解云计算设施的规模之大，需要极大地延伸我们的概念视野，这绝非夸大其词。考虑一下正在建造的（在花费、规模以及处理能力上）最大的数据中心计划吧。2012年9月，中国大型社交网络公司百度——结合了谷歌与脸书特征的中国版本——宣布将花费16亿美元在山西省阳泉市建立一个云数据中心。这个数据中心占地12万平方米（大约30英亩），相当于美国五角大楼的占地，是世界上最大的单体建筑之一。阳泉数据中心的设备能够存储4 000拍字节（PB）的数据容量［1PB相当于100万吉字节（GB），见下表］。到2016年完全建成之时，数据中心将会有70万台中央处理器。[①] 虽说这样进行对比和评估是有失严谨的，但是据估计，如果将美国国会图书馆中存储的全部印刷品、音频、视频资料进行数字化，大约也只会达到15太字节（TB）的数据。百度公司云数据中心的存储能力使得它能够存放26.8万个国会图书馆的数据。从兆字节（Megabytes）到泽字节（Zettabytes）换算关系如下：

　　　　1 000[②]兆字节（MB）=1吉字节（GB，又称千兆字节）

---

① 本书英文版出版于2014年，所以对2016年数据是估测。

② 由于数据传输以2进制表示，各字节之间的倍数并非10^3，而是2^{10}，因此，正确的换算关系应为1 024GB=1TB，1 024TB=1PB，1 024PB=1EB，以此类推。

1 000GB＝1TB（太字节）

1 000TB＝1PB（拍字节）

1 000PB＝1EB（艾字节）

1 000EB＝1ZB（泽字节）

等到 2016 年开始运营时，百度的数据中心将会为数字设施建立一个新标准，但是现在已投入运行的数据中心规模也绝对不小。截至 2013 年 12 月，现存最大的云数据中心是一栋 40 万平方英尺①的建筑，它是一个占地 220 万平方英尺，相互连通的数据中心集群的一部分，由 Switch 公司②运营，坐落在远离自然灾害，安全系数较高的拉斯维加斯。不得不承认的是，这种规模的数据中心并非通常意义上的云数据中心的主流，但云数据中心发展的趋势就是建造得越来越大，因为只有这样的规模才能提供持续增长的数据存储及处理所需的高效率。事实上在中国，一家 IBM 的合资企业正在廊坊——邻近北京的一片老工业区中建造自己的"云城"。这座"云城"的基础设施占地将达 600 万平方英尺，其中包括一个大型的数字中心和诸多提供给 IT 企业的办公室（Zhu，2013）。

思科集团（Cisco）这个云计算行业的主力军已经整理了全球数据中心通信量的索引，虽然其中有估计的成分，但这份索引对于云端数据的绝对增长提供了一个总体的认知——这同样需要我们扩展想象力。据思科集团估计，到 2017 年末，69% 的互联网协议（IP）通信量将在云端处理，而不再由具体的机构——如企业、政府或是个人消费者——操作的设施来处理。预计全球年度 IP 通信量在 2017 年末将达到 5.3ZB（或者更形象地说，相当于 2 500 亿张标准制式的 DVD 的容量，或者足以播放 3 600 万年的高清视频），到那时，全球云计算通信量将在现在的基础上增长六倍（Cisco，2013）。这使得一些人担心云的"管道"问题，因为数据存储量的增长速度远远快于处理和分析数据时需要的网络连接的带宽增长的速度（Wegener，2013）。

35

---

① 1 平方英尺约合 0.09 平方米。

② 美国一家域名提供商，为支持美国《互联网域名条例》，从 2015 年 1 月起不再出售域名，而转型为网络解决方案供应商，为用户提供安全保护和云存储服务。

人们或许很难自然地将它与云计算联系起来——猪粪，更委婉的说法是"黑金子"。北卡罗来纳拥有占全美总量14%的猪，产生的猪粪可以制成甲烷以满足数据中心大量的能源消耗的需要。

这一行业的统计数据无法轻易获取，因为云计算中心要么掌握在私人手中，要么由政府运作，它们都不愿分享数据，导致各项评估的结果可能会有所不同。但一项调查显示，截至2011年底，全球范围内共有50.9万家数据中心，总占地近3亿平方英尺。这些分布在世界各地的云计算中心都倾向于集中建立在那些地广人稀、离通信和能源设施不远的地区，包括人口密集的城市郊外和曾经是农田的地方。在那里，云计算公司能从低廉的劳动力价格中获益。基于这样的考虑，苹果公司将它的云数据中心设立在北卡罗来纳州的乡村地区以及俄勒冈州。选址在北卡罗来纳州对于苹果公司和谷歌公司都是特别有利的，因为那里不仅有廉价的劳动力，还有便宜的能源——北卡罗来纳州的能源价格比全美平均水平低30%。而且，北卡罗来纳州还拥有一种价值日益提升的商品，人们或许很难自然地将它与云计算联系起来——猪粪，更委婉的说法是"黑金子"。北卡罗来纳州拥有占全美总量14%的猪，产生的猪粪可以制成甲烷以满足数据中心大量的能源消耗的需要。苹果公司与谷歌公司不仅仅争夺点击率及消费者，它们也在比拼谁能最好地利用北卡罗来纳州这种看起来不太可能被开发的资源（Wolonick，2012）。

随着数据和云计算设施规模和价值的日益增加，其安全问题也日益受到关注，云计算公司将它们的设施建立在远离城市的山区以提供更多的保护，发生地震或是极端气候活动的可能性也逐渐被纳入了选址的考虑。数据中心每周七天、每天24小时不间断的运行，使能源开支也成为选址时一个需要考虑的关键性因素。一些云计算公司想出了新的解决方法——把设备安置在靠近冷水水源地的大山之中，这样可以减少对空调制冷的需求。举个例子，挪威的绿山数据中心（Green Mountain Data Centre）就建立在伦讷斯岛海滨靠近一个大型峡湾的山洞里的混凝土建筑物中。这个曾被用来存放北大西洋公约组织（NATO）军火的大厅里，现如今摆满了服务器机柜。这个地方之所以如此吸引人，正是因为它靠近峡湾。峡湾可以源源不断地提供冷水以避免这些敏感的计算机系统温度过高。像伦讷斯岛这样的地方能同时为数据中心提供高度的安全性和低廉的能源成本。

一个有趣且非常讽刺的事实是，这项曾许诺不再受地理空间的限制的技术被自己束缚住了，因为它既要将存储大量数据的能力最大化又要保证系统的稳定性。渐渐地，各大公司开始瞄准那些"最佳位置"：最好能拥有寒冷的气候、可以使用的廉价能源、丰富的水资源供应、高速的宽带网络连接、稳定的政局以及经济上的驱动。在能满足这些要求的国家中，没有一个比得上加拿大，该国已经逐渐成为建立数据中心的最佳选择（Perkin，2013）。在加拿大，设备可以利用一种被人们称作"免费冷却"的技术，大约能将能源需求降低一半——利用室外冷空气参与冷循环以满足数据中心的能耗需要。专业化的热交换器利用室外空气给服务器机柜中循环流动的水和乙二醇降温，这样就减轻了压缩机和离心泵的负担——这些都曾经是数据中心能源消耗的"大户"。IBM 公司耗资 9 000 万美元在加拿大安大略省的一个小型社区中建造了一个数据中心，部分原因是在这里全年有 210 天不需要启动耗能的冷却装置为设备散热。当山脉或是峡湾这样的特殊地形吸引了人们的注意力时，加拿大便成为许多公司的不二选择。因为几乎整个加拿大都处在非常寒冷的气候中，很多地方靠近能源和水源，而且靠近大城市。正如一家信息技术研究公司的管理者所说的："加拿大的优势在于既能够便捷又便宜地为能源提供数据，也同样能够为数据提供能源。而将你的数据安置在水坝①旁边就更便宜了。"（Stoller，2012）安大略省巴里市的小镇——前文中所提到的 IBM 和一些大银行的设备所在地——有丰富的、可靠的、廉价的水电供应，并且其优势还在于这里距离多伦多市很近，因此可以提供优质的网络连接。加拿大的云数据中心公司在使用节能系统方面也是遥遥领先。OVH. com 是一家总部设在魁北克的公司，它使用了一种独创的散热、制冷系统，使其在加拿大地区的服务器完全不需要空调系统来制冷，在世界上其他地区，使用这套系统也可使制冷的需要降低98％。

37

---

① 指水力发电的大坝。

加拿大和那些斯堪的纳维亚半岛上的国家一样，都因其稳定的政局和强大的数据安保能力在作为数据中心的选址地方面占据优势。而加拿大的优势还在于与美国接壤，但位于其境内的数据不受《美国爱国者法案》①的监管，该法案允许美国政府不需要搜查证就能拦截并窃听在其境内的数据。除了加拿大和斯堪的纳维亚地区之外，瑞士由于长期保持政治中立，也渐渐受到青睐，但选址在那里费用高昂。所有关于规模和资源相关性的讨论都清晰地表明，云计算是一个对地理位置有所要求的、有形的产业，这和"云"瞬息万变的形象不符。云计算数据中心是过去那些工业交通枢纽在传播领域的版本。例如，芝加哥就曾经在美国工业扩张中扮演着重要角色，而直到现在世界上最大的数据中心仍然坐落在那里也不足为奇。当然，数据中心不是火车站。但正如交通运输中心是全球工业网的关键节点，云计算中心也是全球信息及传播流的物质枢纽。无形的数据穿梭于云端，这一图景表现了社会学家齐格蒙特·鲍曼（Zygmunt Bauman）在2000年所描绘的当今时代"流动的现代性"。如今，数据、信息、消息这些"象征性"产品通过一根细细的线，甚至仅仅通过空气围绕着整个世界流动。但它们根植于物理结构，对于资源有着重要的物质性需求，且能让我们回忆起更早些时候的工厂。要想理解云计算，必须去理解云计算的物质性、实质性以及对环境提出的特殊需求。

> 云计算是一个对地理位置有所要求的、有形的产业，这和"云"瞬息万变的形象不符。云计算数据中心是过去那些工业交通枢纽在传播领域的版本。

> 正如交通运输中心是全球工业网的关键节点，云计算中心也是全球信息及传播流的物质枢纽。无形的数据穿梭于云端，这一图景表现了社会学家齐格蒙特·鲍曼（Zygmunt Bauman）在2000年所描绘的当今时代"流动的现代性"。如今，数据、信息、消息这些"象征性"产品通过一根细细的线，甚至仅仅通过空气围绕着整个世界流动。

---

① 《美国爱国者法案》（USA PATRIOT Act），2001年10月26日由美国总统乔治·沃克·布什签署颁布的国会法案。正式的名称为"Uniting and Strengthening America by Providing Appropriate Tools Required to Intercept and Obstruct Terrorism Act of 2001"，中文意义为"2001年通过的使用适当之手段来阻止或避免恐怖主义以团结并强化美国的法律"，这个法案以防止恐怖主义的目的扩张了美国警察机关的权限。根据法案的内容，警察机关有权搜索电话、电子邮件、通信、医疗、财务和其他种类的记录；扩张美国财政部长的权限以控制、管理金融方面的流通活动，特别是针对与外国人士或政治体有关的金融活动；加强警察和移民管理单位对于拘留、驱逐被怀疑与恐怖主义有关的外籍人士的权力。

还有许多方式可以描述以拍字节和泽字节为代表的大数据之舞，随后我们也将分析到它们，但我们可以断言，在传播和信息处理的历史长河中，再没有什么能在存储、处理、分配的程度上达到云计算所能实现的规模了。话虽如此，我们仍有必要去留意云计算所遗漏的东西。但为此我们需要再提及一些云计算的特征。

按需式自助服务：云计算允许用户自动选择存储需求及服务器时间，而不需要与每项服务的供应商进行人际互动。

广泛的网络接入：用户能够以标准化的方式通过任何平台——例如平板电脑、智能手机或者个人电脑——接入云端。

资源库：供应方可以将存储、处理、记忆、宽带、网络、虚拟机这些资源整合在一起，向多位用户提供服务，不同的物理性、虚拟性资源可以被迅速分配、调动以满足用户需要。这使得供应方在吸引用户时无需考虑地理位置问题，除非用户要求供应方将地理位置具体到国家、地区或数据中心。举例说来，出于对执行《美国爱国者法案》的担忧，欧洲或加拿大用户可能不想由美国数据中心提供服务。

高度灵活性：云资源可以根据用户需要快速地扩张或收缩。用户不会被困在 IT 投资中，可以仅仅利用他们所需要的东西。但是这同时也意味着他们只能依靠供应方，而供应方并不像内部 IT 部门那样熟悉组织的文化和历史。由于向云端迁移了业务，组织机构可能会精简其内部的 IT 部门，这就使得该组织机构要在缺乏内部的技术专长和默会知识的辅助的情况下决定信息—技术需求。

标准服务：云计算公司通过采用基于一种或多种具体服务——存储数据量、使用的带宽或者处理量——的测量方法，来高效地提供、控制服务。如果提供方使用的测量标准能够合理反映它提供的服务，那么无论是对提供方还是对用户都具有透明度。

云计算的类型

除了云计算服务的这些特征，人们还定义了三种不同类型的云服务模式，这些模式分别聚焦于基础设施、平台及软件，为用户提供不同层次的控制服务。对于云计算并没有十全十美的分类标准，尽管在边缘地带仍然存在着大块的灰色区域，但这些分类仍有助于我们进一步了解不同类型的云服务模式对应的不同目标——从最简单的提供存储服务到为用户提供附加应用及软件。

IaaS：基础设施即服务（Infrastructure as a Service）。在这种模式下，云服务供应方管理着存储了用户数据的基础设施，而用户可以调配自己的软件，包括操作系统和应用程序。在这种模式下，用户还可以控制特定的网络部件，例如防火墙。对于需要灵活性和快速扩张及收缩能力的重复使用来说，这种模式的云服务是很理想的。这样的例子包括网络游戏站点、在线网络广告、视频分享网站以及社交化媒体应用程序。

PaaS：平台即服务（Platform as a Service）。在这种模式下，云服务供应方除了提供存储设备之外，还配置了云服务基础设施应用，用户可以使用供应方支持的编程语言和工具创建或获取这些应用。同样，用户不需要管理这一基础设施，所有的一切都交给云服务提供方来处理。但是，用户要管理供应方配置的应用。举例来说，加拿大阿尔伯塔省埃德蒙顿市与一家云服务供应商签订合同，创造了属于该市自己的工具——开放数据目录，这使得该市的城市服务信息向公众开放。当美国国防部（DOD）需要模拟战场情况时，也会借助一家云服务供应商的服务。在后一个例子中，美国国防部的技术人员在微软的云计算平台 Azure 上开发出了一款应用程序。

SaaS：软件即服务（Software as a Service）。在这种模式下，云计算公司提供自己的应用，用户可以在云服务基础设施上使用这些应用。用户通过所谓的瘦客户端①接口——例如一个可以为用户提供文件处理或网页邮件的网页浏览器——接入这些应用。用户让供应方来管理像操作系统、网络、服务器存储以及应用性能这样的基础设施项目。举个例子，用户可以不再

40

---

① 即 Thin Client，指客户端—服务器网络体系中的一个基本无需应用程序的计算机终端。

购买微软公司的 Word 软件，而是按每月固定的价格或者按次付费来租用这款文字处理软件。为了使用这一软件，用户要登录云服务公司的系统。同样，一个小公司可能会向 Salesforce 这样的云服务公司租用一个完善的销售数据库，因为买下这样一个数据库并不划算。能否获得成功取决于租来的软件质量如何以及云服务供应方的可信度，特别是当该软件涉及服务于公司内部不同部门（销售、会计、行政管理等）的多种工具时。SaaS 一个主要的优势就在于其最小化或者完全消除了公司对于内部 IT 专业人士的需要。通过云端销售软件的公司会有定期的收益，特别是当它们有能力将流行软件的付费模式转换为按月订购时，比如 Adobe 公司就推出了其大受欢迎的一款软件 PhotoShop 的"云版本"（Pogue，2013）。

区分不同的部署云系统的模式也非常重要，这其中包括私有云、公共云、混合云和社区云。

私有云：该模式下，云是定制的，且专门为一个单独的机构所配置。这种"云"可能设置在该机构办公场所内部，也可能在别处。当"云"在该机构的办公场所之外时，该机构的防火墙也会保护它。私有云常常会受到像银行这样的机构的青睐，出于安全性和监管性的考虑，它们不会使用可以广泛地被大众获取的云服务。本质上，私有云是一个有门槛的共同体，它是为了那些愿意为额外的安全性付费的人设置的。就此而言，私有云体现了一种令人担忧的趋势，它会将互联网分解成一系列由私人运营的网络（Moses，2012）。这个模式很吸引人，因为私有云可以充当一个地下掩体，保护数据免遭他人窥视，而这就是 Reputation. com[①] 这类公司商业模式的本质（Singer，2012）。

公共云：该模式通常由亚马逊网络服务系统（AWS）这样的大型云服务商提供，这一模式会向普通大众或是产业协会提供软件、平台和基础设施。本质上，这种公共云可向任何付费用户开放，预计到 2016 年，其增长

41

---

① 又称 Reputation Defender，美国一家提供搜索引擎优化（Search Engine Optimization，SEO）服务的公司。

速度将比整个 IT 行业的扩张速度快五倍（Lee，2013b）。公共云 SaaS 配置是最为人所熟知的，它们包括谷歌的 Gmail 邮箱、苹果公司的 iCloud 以及 Salesforce 所提供的市场服务等。需要更优质管理，但又希望使用公共云的机构，可能会选择像微软的 Azure 云计算平台或者谷歌的应用引擎这样的平台即服务（PaaS）公共云。而那些仍然需要对数据进行更多控制的机构则可以转向亚马逊和 Terremark① 提供的基础设施即服务（IaaS）公共云服务。

混合云：即使云服务的基础设施由公共云和私有云共同组成，它们仍然会保持独立的实体，但是二者由允许转移数据和应用程序的技术联系在一起时，我们称其为混合云。许多机构会区分自己的需求，在多数情况下使用公共云，而使用私有云的配置来保障敏感性数据的安全。混合云供应商同它们的客户机构共享所有权、共同管理，这使它们能够从两种类型的云服务配置中获利。尽管混合云看起来似乎是"最佳选择"——因为它可以满足客户的一切需求——但它仍然需要谨慎的管理，从而维持云的构成组件的平衡。Rackspace 公司是这一类混合云模式提供商中的佼佼者。

社区云：在这一模式下，几个拥有共同利益点——例如相似的组织使命，一系列相似的监管要求、安全需要、合理期待以及策略——的机构聚集在一起。社区云由这些机构中的一家或者几家来管理，或者更常见的是，它们可能会雇用第三方来管理，在其中一家机构的数据中心运行云系统，或者在这几家机构之外独立运行云系统。例如，一些航空公司可能打造一个社区云来运行一个共有的订票系统。机构选择社区云，是因为它们可以根据组织化团体——例如几家对共享基于文件的数字媒介内容感兴趣的媒介公司——的具体需求提供定制化服务。有意思的是，社区云让关于早期云计算的讨论仍具有生命力。早期的云计算计划建立一个并不主要由供应

---

① 美国一家 IT 服务提供商，为客户提供的服务主要包括主机托管、灾难恢复、数据安全、数据存储和云计算服务。

商控制的系统，并且以更具环境可持续性的方式操作这一系统（Briscoe & Marinos，2009）。

> 尽管云计算使用"公共"、"公众"、"社区"这样的字眼，但每一种云模式都被假定为一种以利益最大化为目标而运营的私人服务。

忽略了什么？

尽管云计算使用"公共"、"公众"、"社区"这样的字眼，但每一种云模式都被假定为一种以利益最大化为目标而运营的私人服务。使用私人服务的政府系统（甚至 CIA 都将使用亚马逊网络服务系统价值 6 亿美元的云计算项目）主要是用来管理、控制和监视的（Babcock，2013a）。在云计算的语境中，"公共"仅仅意味着卖方会向公众销售而不是只卖给单一客户，而"社区"指的是商业利益由这种云服务模式下的用户共同享受，比如所有的航空公司。对于"公共"、"公众"、"社区"这些概念的使用即使不是完全扭曲的，也是很狭隘的。"公众"的主体在传统意义上指的是参与影响自身生活的决策的公民，而"社区"指的是有共同利益的公民主动形成的集合体。在计算机发展的历史中，曾经就对公众及社区在网络建设及服务提供方面的参与这一问题进行过广泛的讨论。除非某一个云服务系统是专门为公众或社区公民提供信息而打造的，否则大多数人并没有作为公民参与到云计算中。相反，他们受到重视的原因不在于他们参与了关于云的决策过程，而是他们有购买服务的意愿并且能为公司提供与消费模式有关的信息。

云计算相比早期类似云的系统在处理、存储能力上有了质的飞跃，它和之前的计算机系统的区别则体现在它是由市场驱动的项目，而对于有没有可能改变云计算的管理控制模式毫不关心。利用云计算扩大经济或政治民主的讨论去哪儿了？现在还有关于工人参与企业决策制定，或国家社区生活中更大范围的公民参与的讨论吗？还有关于公众参与云数据中心及云系统决策的讨论吗？早期的传播系统无论效果如何，都会遭遇到关于它们是否具备扩大公民权及提升民主潜质的强烈质疑，但云系统对这些问题基本上保持沉默。无论多么实用或者多么有利可图，关于云计算处理、存

43

储、传播信息的能力的巨大迷思与它现阶段应用的平淡之间有一条巨大的鸿沟。

尽管几乎所有的云系统都按照商业模式来运行，却仍然会有一些例外。例如，网格计算（grid computing）就是一种自下而上建立云的方式，它利用数以百万计的个人电脑联合起来的力量去执行一些项目。但即便是这样的云计算也通常是由商业公司组织的。自 2004 年开始，IBM 公司就赞助了世界共同体网格计划（World Community Grid，WCG），这个计划的原则是主要利用家庭电脑闲置的空间去处理各种各样的公共健康及环境研究项目，尤其是公众及非营利组织可以获取这些联合起来的计算机力量来进行人道主义研究。在公共领域内所有的成果都向这个世界研究共同体开放，项目包括清洁水源及能源、开发治疗疟疾和登革热的药物、对于肌肉萎缩症和儿童癌症及艾滋病的研究等。例如，高级计算方法可以确定出哪些待选药物的构象及化学特性能抑制 HIV 病毒。商业项目也正在开始利用这种分散式处理模式，包括利用闲置的家庭电脑（Novet，2013）。这为大规模计算打开了另一扇窗，使之不再需要自上而下的云计算模式。

云计算以两种基本方式将其与早期模式区别开来。第一，最受关注的是云计算超凡的数据存储、处理、传递能力，曾经的"超级计算机"如今在全球大约 50 万家数据中心都已经成为标准配置。第二，即使它超越了它的前身们，云计算的运行也始自一种狭隘的观点，即它几乎完全由双重目标——利益和控制——驱动运行。但现在没有人关注云计算是否会促进民主、公民参与的设计及使用、工人控制甚至是工人参与决策。尽管在云计算的历史发展过程中，所有这些都被提到过，但是当下或是未来的云计算仍然将会与这些问题无缘。

44 云是公共设施吗？

可能在不久之后，情况就会发生改变，因为在云计算中心存在着一不小心就会使争论升温的矛盾。简单地说，一些关于计算的预言正在实现，

云端展现出了作为真正的公共设施的更多特征
（Clark，2012a）。现在不仅仅是学术共同体和政治
共同体开始把当今的 IT 环境当作一种公共设施来讨

> 一些关于计算的预言正在实现，云端展现出了作为真正的公共设施的更多特征。

论了，当被问到他的两个公司 Twitter 和电子支付公司 Square① 有什么共同
之处时，杰克·多尔西（Jack Dorsey）② 回答说："它们都是公共设施。"此
外，脸书的创始人马克·扎克伯格（Mark Zuckerberg）花费数年试图将他的
公司定义为一种社会设施而不是社交网站。但是，当被问到他的公司是否
应该被监管时，这位脸书的创始人退缩了："有些很酷的东西也许会褪色，
但是有用的东西绝对不会——这就是我所说的公共设施。"当然，我们认为
会持久存在的大多数"酷的东西"指的并不是设施。但是无论定义或回应
是什么，公共设施这个概念都渐渐成为这场关于计算机世界发展框架的持
续辩论中的一部分（Fox，2013）。而云计算使它成为一个被更加频繁使用
的概念。

　　想想早期关于公共设施的经验，例如水、汽油和电，一位能源专家认
为一个公共设施市场需满足以下要求：

> 能源生产的源头
>
> 运输交通网络
>
> 传输和分配的能力
>
> 计量能力
>
> 定价机制
>
> 能确保遵守规则的监管机构
>
> 消费者（James Constant，引用自 Clark，2012a）

　　这些特点还有争议，但大多数人会同意这样定义公共设施。根据克拉

---

　　① 美国一家移动支付公司，其创始人是杰克·多尔西（Jack Dorsey）。Square 消费者或商家用
户利用 Square 提供的移动读卡器，配合智能手机使用，可以在任何 3G 或 WiFi 网络状态下，通过应
用程序匹配刷卡消费。它使得消费者和商家可以在任何地方进行付款和收款，并保存相应的消费信
息，从而大大降低了刷卡消费支付的技术门槛和硬件需求。

　　② 杰克·多尔西，Twitter 和 Square 公司的 CEO。

45

克（Clark）的说法，云计算满足了以上大多数标准。它是能源生产的源头，因为它有能力计算并存储数据；互联网和电信系统连接云计算从而形成一个运输网络；数据中心解决了传输和分配问题，因为它们拥有存储和处理能力；云服务，尤其是"公共云"服务，可以精确地测量出在某一特定时刻有多少存储及处理空间被使用，尽管不同的云计算供应商使用不同的定价方式；云服务的价格由接收和存储数据，以及响应存储、处理、分配数据的请求的成本决定；尽管云服务涉及大量的要素，但通常云服务供应商直接控制着硬件和软件的成本，因为它们设计了自己的系统，而其他的要素，例如设备、人员、电力的成本，则取决于它们运作的具体市场；最后，云计算也从来不缺消费者，事实上，云服务市场正在朝着一小部分供应商满足几乎每一个消费者的方向发展，正如水和能源市场所做的那样。正如克拉克总结的那样："云服务市场唯一缺乏的是监管机构，云计算行业是否应该被监管是一个复杂的议题，要不了多久，毫无疑问就会有一场激烈的争辩。"（Clark，2012a；M. O'Connor，2013）

人们也许会就政府的监管对云计算行业是否是至关重要的这一议题发表不同看法，但是云计算应该受到监管这一点则是无可争议的——出于对一般的管理、协调、监督的需要。这些需要可以像历史上大多数公共设施的案例那样由政府来满足，也可以由市场的力量来满足。无论是政府还是市场，都是监管结构的一部分，尽管人们常常鼓吹市场有只"看不见的手"（invisible hand）的神话，但这个神话往往更关注"看不见的协调"的魔力，而不是事实上看得见摸得着的那只"手"。对于大多数云计算的观察者来说，显而易见的是，虽然可能也感觉到了政府的监管，但权力还是日渐集中于一小部分云服务供应商手中，这些供应商大多数也在软件与内容的生产与分配中拥有主导性力量。公共设施市场通常受到政府的监管，因为一家或几家生产者在服务和定价方面行使着重要的权力，最终会控制整个市场。[1] 历史上，这样的案例在美国传播媒体的发展进程中很容易找到，例如，西联（Western Union）[①] 控制了电报业，美国电话电报公司（AT&T）控制了电话业，广播网控制了广播业，随后又控制了电视业。在这些案例中，人们都呼吁政府监管来缓和垄断或寡头控制的威胁。这种模式在其他一些国家也被采用，也有一些国家采用公有制，来保证民众能广泛地（即使不是普遍地）获取这些重要服务。因此伴随着公共设施这个概念，"监管"进入了如今计算机以及社交媒体世界的公共探讨中也就不足为奇了（Marshall，2013）。像谷歌阅读（Google Reader）这样的云服务，因为公司无法从供应中收回固定成本而走向终结，这使得一些经济学家开始设想，将公共设施收归政府所有或由政府监管对于至关重要但却无利可图的服务来说是不可避免的，例如搜索服务（Kaminska，2013）。在欠发达国家的企业开始接受云计算时，它们甚至担心如果政府不能提供稳定的监管，云计算的危害可能会大过好处（Hanna，2013）。

专家的注意力开始转向云计算中的公共设施这个概念，其中一个关键原因是这个行业正迅速被少数几家公司掌控。亚马逊公司、苹果公司、谷歌公司、脸书公司以及微软公司的权力给人们带来了足够多的困扰，使得人们开始怀疑"看不见的手"是否足以限制这些公司垄断云计算市场的能力（McKendrick，2013b）。因此，有些人坚持认为我们要开始考虑更广泛的国家化甚至是国际化的监管，并选出代表来执行。正如一位相关分析人士所指出的："互联网已经取代电话，成为世界上基础的、多用途的双向传播媒介。所有的美国人都需要高速的网络接入，正如他们需要清洁的水资源、新鲜的空气，以及电力，而他们却幼稚地被'自由市场'的力量及好处遮蔽[②]了自己的视线。从现状来看，美国在两方面是最糟糕的：'没有竞争，没有监管。'"（Crawford，2012）根据克劳福德的看法，在互联

> 亚马逊公司、苹果公司、谷歌公司、脸书公司以及微软公司的权力给人们带来了足够多的困扰，使得人们开始怀疑"看不见的手"是否足以限制这些公司垄断云计算市场的能力。

46

---

① 曾经的西联电报公司，于 2006 年终止了它的非常重要的电报服务，如今主要从事国际汇款业务。

② 原文是 cloud，一语双关。

网方面，美国也应该遵循其他公共设施的先例。例如，当电力掌握在那些只为付高价者提供服务的少数几家大公司手中时，来自公众的压力促成了受监管的公共设施和公有企业的诞生。而反对这个观点的人则认为互联网和云计算与公路、水、电力有着根本的区别，政府的监管将会扼杀那些有风险的创新动机。2013 年，云计算与电力设施之间的鸿沟变得模糊——有研究表明越来越多的云计算公司除了提供存储数据的空间之外，还通过将电力转卖给消费者而获取高额的利润。这种被称为创造了"从事非法商业活动的电力设施"的行为使得更多人呼吁政府对云计算行业实施监管（Glanz，2013）。

除了这些关注点，还有关于数据保存的问题。在 IT 行业，特别是一些大型云服务供应商，由于缺少监管，或者企业和用户相互之间没有达成协议，并没有规定一定要保留照片、电子邮件、视频、帖子、数据和文件，但个人及组织都相信它们被安全地存放在世界各地的数据中心里。正因如此，无论这世界上充斥着多少云数据中心，许多个人用户日常生活以及组织决策和活动中所留下来的"数字化痕迹"都蒸发了。正如一位相关的技术作家所指出的："我们真的很擅长将东西做得更快、更小、更便宜，在这个过程中的每一步都会成为报纸的头条。但我们真的很不擅长将一代人技术数字化的东西传递给下一代，并且我们对能确保其'长寿'和延续性的商业模式心怀恐惧。"（Udell，2012）另一个在网络世界中活跃了多年，主办了许多网站和档案库的人也表示担心："我死后不超过 40 天，甚至更快，我所创办的所有内容都将消失，这不是什么戏剧化的事情。"（Winer，引自 Udell，2012）迄今为止，一些资料被保存下来的唯一原因是一些个体做出的英雄般的努力——在技术和标准变革时，他们迁移了档案库。参照了几个可以追溯到世纪之交的档案库，尤德尔（Udell）在《连线》杂志的专栏中评论道："如果我没有迁移走它们，它们现在就已经消失了。不是'某个人死了'，而是企业把它们转移了或是对它们失去了兴趣，使得这些数据从互联网上消失。公开发表这些数据无助于将它们留存在公众的视野中，至于 wire. com，如果这个《连线》杂志的网络专栏能在我不干预它的情况下存活到 2022 年，我会非常吃惊的。"（Udell，2012）另一些保存数据的努力来自政府部门，它们会将文件收集归档并加以保存，最著名的例子莫过于美国国会图书馆，它甚至会将 Twitter 上发布的帖子的大型数据库整理归档。这些都是非常重要的行动，但它们仍然是孤立的，而且丢失的数据远比保存下来的多。当然，有人认为大量的数字内容并不值得花费代价去保存，在过去没有将历史记录的全部信息代代相传的情况下，社会仍然延续了下来。然而，现在大多数的记录都已经数字化了，难道不值得发展一种策略，以一种系统的方式来保存至少一部分数据吗？

现在，有必要提供一个关于云计算市场中的主要参与者的概述，首先是五家通常被认为垄断了互联网和云计算行业的公司。

> 有人认为大量的数字内容并不值得花费代价去保存，在过去没有将历史记录的全部信息代代相传的情况下，社会仍然延续了下来。然而，现在大多数的记录都已经数字化了，难道不值得发展一种策略，以一种系统的方式来保存至少一部分数据吗？

描绘云行业：领导者和挑战者

亚马逊公司称得上是美国云计算产业的领导力量和全球巨头，它最初利用计算机的力量改变了出版业，随后又改变了普通零售业。它取得的成就是惊人的，一位评论家总结道："让这个星球上的任何人都能获得几乎无法想象的计算能力，这就是这个公司越来越大、越来越隐秘的目标的注脚。"（Hardy，2012a）截至 2013 年，根据大多数记录，其分部门亚马逊网络服务系统（AWS）成为美国云计算行业的领导者。福特雷斯（Forrester）咨询公司的一位分析人士这样描述："几乎所有大型咨询公司都支持亚马逊的云计算服务；几乎所有的广告代理商都在亚马逊的平台上运行；如果我明天需要招聘十个人为我打造一款应用程序，会很容易找到有在亚马逊工作经验的人。"（Miller & Hardy，2013）但亚马逊公司在云计算方面

> 亚马逊公司称得上是美国云计算产业的领导力量和全球巨头，它最初利用计算机的力量改变了出版业，随后又改变了普通零售业。

48

的收益并没有出现爆炸性的增长，2012 年估计从 8 亿美元上升到 24 亿美元（Miller & Hardy，2013；Mims，2013）。亚马逊在前面提到过的 AWS 中运行云服务，并在 2012 年引起了公众的广泛关注，因为奥巴马在总统竞选中使用 AWS 组织了成功的选民分析，并引导了投票。到 2013 年中期，一位一贯谨慎的行业观察者总结道，亚马逊第 37 次降低其云服务的价格，这给整个行业都带来了震动。"证据来了：亚马逊完全控制了云。"（Linthicum，2013c）这个结论可能并不成熟，并且有些夸大其词，但它正确地将亚马逊定义成为云计算行业中日益强劲的控制性力量。

AWS 建立于 2004 年，当时大约有 40 名员工，它是第一家向其他公司出租数据存储和计算能力的公司。尽管该公司大部分的运行都是高度保密的，但截至 2012 年，亚马逊已经在它的公司网站上公开列出了超过 600 个招聘岗位。AWS 在美国有几个大型数据中心，每个数据中心都拥有多栋大楼以及成千上万的服务器。在世界上的其他地方 AWS 也有数据中心，还有一些正在建设当中。根据量化的标准，例如数据中心的规模或者服务器总量，AWS 并不算美国最大的云服务供应商。但可以说它是美国最强有力的云服务供应商，因为它是亚马逊商业帝国的一部分，它们之间的关系标志着常用的流行词语"协同效应"（synergy）终于不再是一种轻描淡写的说法。AWS 从母公司规模庞大的计算能力上获益良多。例如，尽管亚马逊并没有透露自己的运作规模，但一位非常了解亚马逊的执行总监坚持认为，仅亚马逊在美国东部一家数据中心所拥有的用于云计算的服务器数量，就超过了大型的混合云公司 Rackspace 提供服务所需的全部服务器数量——Rackspace 在 2013 年拥有 20 万客户，主要是商务消费者，在它的 9 个数据中心里共有约 10 万台服务器。AWS 也从亚马逊所收集到的客户信息中受益，数以百万计的消费者通过亚马逊购买书籍、家庭用品、衣服等，AWS 可以利用这些信息预测消费者行为，并促使母公司以及其他公司购买它的服务。在它的大型客户中，还有像网飞（Netflix）[①]、图钉（Pinterest）[②]、音乐雷达（Shazam）[③]、声破天（Spotify）[④] 这样的流行传媒公司。AWS 在云服务方面获得如此巨大的成功，以至于公司管理层希望它能成为亚马逊最重要的创收部门，甚至超过颇具声望的零售部门。到 2017 年，它的营业额预计能实现 45% 的年增长率。

市场的力量在竞争上给了亚马逊相当重要的影响力，正如 AWS 的一位负责人在被问到如何应对来自谷歌公司持续增长的挑战时所说的："我们始终善于以尽可能低的成本来做事，接下来我们会将成本降得更低。"（Miller & Hardy，2013）这家公司有能力为自己的服务定价，尤其是为它的服务器的存储和数据分析能力定价。这些服务是如此合算，以至于无论是早已成立的还是刚刚起步的公司，都不愿意再投资建立自己的服务。例如一个极为成功的社交网络图片公司 Instagram[⑤]（现在是脸书的一部分）就不再大费周章地投资自己的计算机业务。初创不久的公司 Cue[⑥] 承认每月在 AWS 服务上花费 10 万美元，利用其扫描数以百万计的电子邮件、脸书的帖子以及商业记录，从而向订阅者提供加强版数据，这些数据在其任何网络活动中都可以使用。超过 185 个联邦政府机构也用 AWS 来提供它们的一部分服务，亚马逊公司与美国中央情报局（CIA）就签订了价值 6 亿美元的合同，向该机构提供云计算服务（Babcock，2013a）。该公司在国际上也主动出击，除了在亚洲、欧洲和拉丁美洲设立数据中心之外，它还在美国以外的地区拥有许多商业和政府背景的客户。例如，一家德国公司利用 AWS 制作了 2 万个电视节目的数字版本，这项工作的花费比在其内部制作时消耗的电

50

---

① 美国一家在线影片租赁提供商，能够提供超大数量的 DVD，同时提供免费递送服务。

② 美国一个在线图片社交网站，用户可以将感兴趣的图片在 Pinterest 上保存，其他用户可以关注或转发图片。

③ 一个音乐识别软件，通过手机的麦克风采取音乐样本，将音源的波段数据发送到 Shazam 公司的服务器内，经过快速分析识别得到这段音乐的相关信息，如曲名、主唱、专辑名、发行商等数据，再传回 Shazam 软件内显示出来。

④ 一款 P2P 音乐试听软件，已经得到了华纳音乐、索尼、百代等全球几大唱片公司的合法授权，为用户提供音乐在线收听服务，但不可以下载音乐。

⑤ 一个图片分享应用，已被脸书收购。

⑥ 一家提供网络个人助理应用服务的公司，现已被苹果公司收购。

设在美国加利福尼亚和爱尔兰的服务器，让身在非洲的人只需要将智能手机连接到AWS上，就能在买汽车时货比三家。

费还要少。设在美国加利福尼亚和爱尔兰的服务器，让身在非洲的人只需要将智能手机连接到AWS上，就能在买汽车时货比三家。并没有什么声音去质疑亚马逊在消费者搜索及购买方面拥有丰富的数据库，这增加了AWS所提供服务的价值。正如一个消费者的评价："现在你只需要花费几千美元，就可以测试一件面向数以百万计的用户的产品，或者成立一个只有一两个人的公司。"（Hardy，2012a）

为了复制这些成功，亚马逊必须成功应对两大挑战：提供持续可靠的服务和避开竞争。从总体上来看，亚马逊是一家可靠的云服务供应商，但是有那么几次著名的服务中断损害了它的名声。其中最严重的一次发生在2012年的圣诞节期间，这次服务中断使得网飞的客户在平安夜失去了一部分乐趣，亚马逊自己也无法在圣诞节时为客户提供服务。在2013年，网飞公司对于数据中心95%的需求都依赖亚马逊公司。在高度竞争的视频流市场中，这家公司不能承受如此重大的停机故障。正如一位独立分析人士所总结的："网飞以及其他依赖AWS的机构必须重新审视它们如何将服务的需求分配至多家供应商，以减少过度依赖和风险。"（Finkle，2012）亚马逊不是唯一有过故障经历的公司，这些主要由电力引起的故障影响了整个行业，并且平均会持续7.5小时（Talbot，2013）。它们也会导致无法预估的后果及隐性支出（Franck，2013）。

可靠性需要安全保障，这是公共云服务公司要面对的另外一个问题，亚马逊公司也不例外。2013年，一位独立的安全研究人员设法找出了1 260亿份仍然向公众公开的文件，从这些文件的4万个样本中，他发现了来自一个中等规模的社交媒体被曝光的数据、汽车交易销售记录、雇员的电子数据表格和来自一个移动游戏开发商的视频游戏源代码。这些非正常曝光的文件还包括安全性不高的密码。亚马逊采取了措施来保障数据安全并且警示消费者，但可以理解的是，这一事件使它的客户担心，公共云被泄露的数据会超过任何人的想象（Brian，2013）。

亚马逊也需要去应对竞争压力，特别是来自几家在新媒体硬件、软件以及媒体服务方面同样拥有领导力的大公司的压力，其中一些公司，像微软、IBM、甲骨文，在大型企业客户的市场中比亚马逊经验丰富。AWS成功的秘诀之一，就是给云服务疯狂打折，等竞争对手被驱逐出市场时，再提高价格。这个策略在亚马逊零售图书的运作中已经被证明是成功的（Streitfeld，2013）。毫不夸张地说，甚至在发展的初期，为主宰云计算而发生的竞争，正如在整个互联网行业中一样，集中于几家水平相当的企业中（McChesney，2013）。这些企业中包括一些熟悉的名字：苹果、谷歌和微软。在这些行业领导者当中，微软可能是最热衷于提供通用型云服务的，尤其是它提供的商业云服务，使得微软保住了其在云服务领域的地位，即使其他公司成功地挑战了它在消费者服务市场中的地位。商业和政府机构长期信任微软的软件，而现在微软为了利润正致力于将新老客户们对物理程序（physical programs）的依赖转化为对网络服务的依赖。迄今为止，微软取得了合理的成功：现在有超过10万家公司使用微软提供的云计算服务。强调这一点很重要，因为现在大众媒体的日常关注逐渐转移到了其他公司，像谷歌公司是搜索的"老大"，正如苹果之于音乐，脸书之于社交媒体，甚至推特，一个比微软小得多的公司，也获得了比微软更多的关注。但是这家由比尔·盖茨在1975年创办的公司，在商业软件方面有着很强的基础，随着软件逐渐迁移到云端，微软在云平台上大量投资。在过去几年里，微软悄无声息地就建立了服务器和工具部（Server and Tools division），现在这个部门每年的进账有180亿美元，并且其中有6个子部门达到了10亿美元的规模。

现在微软依靠提供服务的云计算平台Azure，使客户能够开发应用程序和其他服务，或利用自己的信息盈利。Azure既提供平台又提供基础设施作为服务，并再一次证明了像微软这样的大公司的服务和系统的价值——微软利用其成功的"必应"（Bing）的一些元素开发出Azure（Wilhelm，2012）。这些年，微软在消费者服务上并不怎么成功，但它也在极力推动个人和家庭——正像它的广告文案所重复的那样——"迁移至云端"。其中包像亚马逊一样，谷歌再次证明了嵌入式的影响力十分重要。

括其线上服务平台 Windows Live，一个涵盖文件存储、图像、视频、电子邮件、消息、必应搜索引擎（在美国第二流行的搜索引擎）、电子游戏主机服务平台 Xbox Live 在内的云服务套装软件。最终，微软公司希望其大受欢迎的文字和电子表格处理套件，以及相关程序的云版本能在云计算上获得成功，例如被称作"Office 365"的 Office 办公套件云版本开始在订阅的基础上向用户发送。

谷歌公司是搜索引擎的先驱，它关注的是消费者服务，这使得它更重视云计算的市场。在搜索之外，谷歌公司还扩展了该公司为消费者提供的云服务，包括文件存储 Google Drive、文字处理 Google Docs 以及娱乐应用 Google Music。而且无论技术观察者有多担心，该公司还是会出售自己的硬件设备，这些设备的数据存储及应用完全依赖于云端（Gilmoor，2013）。包括为人熟知的谷歌网络笔记本 Chromebook 以及谷歌眼镜。对于谷歌眼镜，谷歌公司希望它能根据人们的眼球注视广告的次数来向广告公司收费——谷歌公司拥有此项技术（Pay-per-gaze 技术）的专利（Bilton & Miller，2013）。但是，由于 AWS 与微软带来的竞争性威胁，谷歌开始携谷歌计算引擎（GCE）——一个基础设施即服务（IaaS）装置全力进军商业市场。像亚马逊一样，谷歌再次证明了嵌入式的影响力十分重要。在这个案例中，谷歌公司用支持谷歌搜索的同一技术来运行它的 IaaS，这让谷歌声称它的云服务比 AWS 更具有可靠性，尤其是在 2012 年后者经历了一次臭名远扬的故障之后（Chen，2012）。2013 年，谷歌将 GCE 与谷歌 App 引擎以及它的 app 开发商的全球网络绑在一起，希望通过为消费者提供优先接入赛博空间（即互联网空间）中最大的一套 app 的云服务来击败竞争者（Hardy，2013d）。这就是为什么谷歌公司能毫不犹豫地声称："GCE 被定位为一种消费者可以通过谷歌对谷歌自己的基础设施的投资而长期获益的方式，这些投资包括从我们的数据中心的设计，到我们的运维实践，到我们的硬件设计和软件设计，再到我们的软件栈（software stack）① 的一切。"（Clark，2012b）尽管一再保证安全，但故障还是让用户们担心云计算服务商无法密切关照自己的数据。事实上，对于亚马逊和谷歌这样的公司来说，关键的挑战之一在于，焦虑的客户希望建立一个覆盖全球的数据中心网络，以此来满足他们在地理上与数据更为接近的需求，并拥有足够的资源来保障其服务持续不间断地运行。

就像该行业内其他有力的竞争对手一样，谷歌非常顺利地迁移到这个新的领域，在这一领域中，商业应用市场被微软公司长期掌控着。事实上，谷歌公司一直致力于开发创新产品，以至于人们都称其为 21 世纪的通用电气（Gapper，2013b）。很多年来，谷歌的企业应用套件 Google Apps 主要面向小公司或是创业公司，因为微软公司掌控着大企业市场。但是谷歌公司已经开始打破这种利益分配的局面，像制药巨头霍夫曼-拉罗歇（Hoffman-La Roche）这样的大型私企客户中有 8 万员工使用谷歌的企业套件，像美国内政部这样的公共部门客户有 9 万人使用 Google Apps 作为他们主要的商业生产力软件。借鉴亚马逊公司的成功案例，谷歌公司长期依靠低价策略，在这一点上微软公司很难与之匹敌（Hardy，2012b）。微软也进行了回击，但它似乎并没有严肃地将谷歌看做这个市场中的竞争者。有些人可能认为这是微软的失误，但微软很清楚谷歌并不是商业云市场上的一个威胁，因为根据微软商业部总经理的说法，在对待企业应用上谷歌"还没有表现出它们真正的严肃性"，"在外界看来，它们是一家广告公司"（Kerr，2012）。这个观点很有道理，毕竟在 2011 年谷歌公司的年收入中只有 4% 来自商业服务，而 96% 来自广告业务。微软公司基于云计算的 Office 365 企图阻止谷歌进一步抢占商业服务市场，且已经证明这项服务被广泛采用，因为担心安全性和故障问题的公司仍然倾向于使用它们更加熟悉的微软旗下的 Office 软件（同上）。2013 年初，谷歌公司进一步向亚马逊及微软的云服务提出挑战。它在西雅图地区的办公面积增加了一倍——这里距离它的两家竞争对

① "软件栈"在此处指实现某种解决方案所需的一系列软件所组成的系统。

54

手的总部很近——并且开始大规模聘请云计算专业技术人才。除了在原有收入流之外又多了一笔收益，该公司还期待引进技术人才会带来更多的效益——吸引 App 开发商以及其他公司使用谷歌的产品，并在谷歌的平台上发布。

苹果公司已经成功地创造了消费者云，这一点很难被否认。凭借 iCloud 和云音乐匹配功能 iTunes Match，苹果公司在美国的消费者云服务市场中占据了最大的市场份额，遥遥领先于 Dropbox①、亚马逊的云驱动（Amazon Cloud Drive）以及谷歌驱动（Google Drive）。而且，苹果数据中心的庞大规模（仅其在北卡罗来纳州的设施就是世界上最大的云计算设施之一），以及似乎永不停歇的扩张，表明这家公司一直广受欢迎，它的电脑、平板电脑以及智能手机的销售情况也同样能说明这个问题（Fingas，2013）。这一成功很大程度上要归因于苹果公司创始人史蒂夫·乔布斯的眼光，他在 2008 年意识到云计算的重要性，并且从 2011 年开始致力于此。尽管他身患癌症并因此而去世，但他于 2011 年的全球开发者会议（Worldwide Developers Conference）上就宣布了该公司的"下一个重要洞见"："我们正逐渐将个人电脑仅仅视为设备，并将数字重心转移到云计算上。"（Isaacson，2011：533）尽管谷歌、脸书以及推特作为媒介领域的颠覆者而获得了广泛关注，但苹果公司仍然通过创建传统媒体的云端版本成为世界上最大的媒介公司之一。人们通过苹果公司的 iTunes 商店和应用商店（App Store）购买音乐、视频、电子出版物，仅这两个部门为苹果公司所赚的钱，就超过了《纽约时报》（New York Times）、西蒙与舒斯特（Simon & Schuster）出版公司（该公司还出版了苹果创始人的畅销自传）、华纳兄弟电影公司（Warner Bros. Film Studio）以及时代股份有限公司（Time Inc.，美国最大的杂志出版商）所有收入的总和。在截至 2012

尽管谷歌、脸书以及推特作为媒介领域的颠覆者而获得了广泛关注，但苹果公司仍然通过创建传统媒体的云端版本成为世界上最大的媒介公司之一。

---

① 著名云存储系统，能够通过客户端将存储在本地的文件自动同步到云端服务器保存。

年9月的财政年度①里，苹果公司的媒体云服务盈利85亿美元，比上述其他媒体一年的总收入还多3亿美元（Lee，2012）。因为苹果公司并没有明确地从它的非媒体应用收入中分离出纯粹媒体收入，所以并不是所有的iTunes收入都来自媒体内容。苹果的内容部门与新闻集团（News Corp.）②、迪士尼这样的媒介集团相比，仍然是小巫见大巫。但是苹果公司的云媒体收入以每年35%的速度增长，这使其成为世界上增长最快的商业媒介机构。

相比于其在消费者服务中取得的成功，苹果公司在提供云服务的商业市场中略微薄弱。例如，当它在尝试推出一个网页出版服务iWeb时，并没能从提供商业服务的竞争对手那里赢得多少客户。当苹果公司退出iWeb时，那些需要应用程序来设计网站以及需要主机来服务于应用程序的客户，通通被留在了云端之外的严寒之中。不像亚马逊、谷歌以及微软，苹果在商业领域的存在感只有在它的硬件销售中才能感受到。必须承认销售硬件对于苹果公司来说是非常重要的，但它的硬件和平台、应用、服务几乎没什么交叉。正如一条评论所言："尽管iCloud再一次成为个人用户偏爱的云服务，但是公司用户还是会认为它们最好选择由安全的数据中心里的终端服务器连接到商业服务器VPN（虚拟私人网络）或者选择另一个基于云的文件共享方案来提供服务，这样才能确保只有被授权的用户才能安全地获取商业数据。"（Eckel，2012）换句话说，消费者将会选择继续在AWS、谷歌、微软或者像Rackspace这样的云商业服务公司的云端上购物。

像苹果公司一样，脸书也是云计算行业中的重要力量，它需要利用云计算来保证自家网站上总计约13亿用户的需要。在经历了2006年该公司的电脑硬件几乎完全"融化掉"的灾难后，脸书开始涉足云计算。当时，

55

---

① 财政年度又称预算年度，是指一个国家由法律规定的总结财政收支和预算执行过程的年度起讫时间。从财政角度看，称为"财政年度"；从预算角度看，称为"预算年度"；从会计角度看，称为"会计年度"。这三者应当是一致的。

② 由默多克（Rupert Murdoch）创立的传媒帝国。

脸书公司在美国加利福尼亚州的圣克拉拉租了一小块地方，用以放置服务器机柜，这些服务器用来存储、处理脸书用户账号的活动。当这个依赖电力的日渐庞大的系统使得关键组件温度过高时，首席工程师以及一些员工购买了当地所有的电扇来为设备降温。电扇起了作用，服务器被拯救了，而余下的部分，正如他们所说的那样，已经"成为历史"。当时脸书有1 000万注册用户，如果不掌握云计算的话，它无法拥有如今的10多亿注册用户——这些用户每天上传的照片加起来超过3亿张（Glanz，2012b）。现在，每月在脸书上传的图片已经达到了7拍字节的数据量，一个云服务器系统通过计算用户获取信息和图片的可能性来调节存储环境（包括温度）。例如，在访问量较低的平时，温度较低的存储器读取时间较长，但在万圣节一天就有几十亿张图片上传的情况下，这套云服务系统却很奏效，因为脸书用户不太可能想要等到万圣节戏服都脱下来以待来年之用以后再去读取图片。这些问题都是挑战性的，但脸书受益于将其所有数据需求都保存在其内部。结果是，脸书能比那些为上千家不同的企业提供服务的公司更好地解决所有云服务供应商和用户都面临着的分享、安全、同步的压力问题。

56　　　亚马逊和微软（谷歌公司在略小的程度上）通过持续降价使一般用户获益，并将小竞争者赶出市场，从而向客户展示它们对云计算市场的掌握力。这对于Oracle、惠普、IBM这样的"老"公司来说确实是个问题，因为这些"老"公司需要为之前延续下来的，不具备像云计算那样潜质的原有服务持续投入大量资金。于是，这些公司开始革新，要不就是与云计算公司建立合作关系，要不就是收购有潜力的小公司，正如这三家公司在2013年中期所做的那样（Hardy，2013b，2013e，2013h；Kolakowski，2013）。在全世界拥有26家数据中心的IBM公司开始化身为一家聚集了WPP集团①、

———————————

① 世界上最大的传播集团之一，总部位于英国伦敦。WPP集团拥有60多个子公司，主要服务于本地、跨国及全球客户，提供广告、媒体投资管理、信息顾问、公共事务及公共关系、建立品牌及企业形象等服务。

奥姆尼康集团（Omnicom）①、阳狮集团（Publicis）② 等巨头的公司（Waters，2013c）。所有的一切都在发生改变，正如这些类似的广告代理公司也将自己转型为由云端"大数据"（big data）驱动的公司。奥姆尼康集团和阳狮集团合并从而形成世界上最大的广告代理公司，这是基于应对来自整合的云信息技术公司的新竞争的需要（Vega，2013）。

降价对于云计算产业，尤其是对于日益依赖这项服务的用户来说，似乎并不怎么划算。然而，对于像亚马逊或是谷歌这样的行业领导者来说，降价仍然是在市场中建立霸权的经典策略，这在经济发展史上已经多次被证明，包括在传播产业中，西联对电报的垄断和美国电话电报公司（AT&T）对电话的垄断。多年来，AT&T 在电信行业中应对不构成威胁的竞争对手时首先采用了降价策略，在竞争消除时再提价。它在联邦通信委员会（Federal Communications Commission，FCC）的眼皮底下完成了这一举动，这本身就证明了公司权力之大，以及政府在承担监管责任时的屡屡失效。直到电信服务最大的商业用户联合起来进行反抗，AT&T 在市场中的霸权才被打破。今天，分析人士很好奇：云计算的发展是否会遵循同样的路径？一位分析人士说："在云计算的定价问题上，供应商们都是竞争到底的。大的云计算供应商试图在这个爆炸性的市场中占据尽可能多的份额，这带来的消极影响是小的供应商没有巨额资金参与竞争，投资者们也对这些小企业缺乏耐心，这使得它们没有钱来抗衡大企业的要价。很多小公司只能挣扎着挺过无利可图或获利甚微的日子——其中一些小公司要么认输，要么就等着被对手击败。"[2] 长期有利的局面只会出现在大型供应商身上，"一旦小型供应商被挤出竞争，你就可以提价。嗯，这听上去很像在大卖场中发生的情况——这对于云计算的采用者来说是一个警告：不要指望低价，不要把低价看作是常态"（Linthicum，2012）。

57

---

① 大型国际广告传播集团，拥有 BBDO（天联广告）、DDB（恒美）、TBWA（李岱艾）等全球运作的广告公司，以及由业务多样的代理商组成的多元代理服务系统。

② 法国最大的广告传播集团，旗下拥有阳狮（Publicis）、盛世长城（Saatchi & Saatchi）、李奥贝纳（Leo Burnett）三个全球运作的代理商及实力传播（Zenith Optimedia）、星传媒体（Starcom MediaVest）两大媒体公司。

　　创造和维持市场控制的关键之一，就是在生产链的每一环节都展示霸权。一些公司一方面通过降价，另一方面通过和关键的 IT 生产商——特别是市场中的巨头、世界上最大并且是最具有价值的半导体制造商英特尔公司——的关系来巩固地位。英特尔公司担心它所统治的硬件世界——那个由宝贵的个人电脑所主宰的世界正在衰落。一位分析人士指出："英特尔公司仍然大有赚头，但是它的旧世界正在破裂。"（Hardy，2013f）结果是，英特尔忙于取悦它的"四巨头"：谷歌公司、微软公司、亚马逊公司和脸书（苹果公司主要从三星公司采购芯片）。称它们为"四巨头"不仅仅是因为它们的规模，也是因为它们主导着一个关键性的且持续增长的市场。英特尔公司在个人电脑市场上的收入一直遭受损失，这使得它的行业领导者地位已经成为历史。尽管在 2012 年，它的 PC 业务组仍然获得了 258 亿美元的可观收入，但是这个数字与之前一年的前三个季度相比下降了 2.25%，而原因是人们的需求不断从标准个人电脑及笔记本电脑转向平板电脑和智能手机。另一方面，该公司的收入在数据中心业务上暴涨了 6.7%，有 79 亿美元的进账。这促使英特尔公司完成了一次大转型，现在它更多地将自己定义为一家云计算公司，而不是一家"客户端—服务器"（client-server）①公司（Hardy，2013f）。

　　英特尔数据中心组的领导者意识到该公司不得不转换方向，并相信此举一旦成功就会在 2016 年促使数据中心收入达到 200 亿美元。但是为了实现这个目标，英特尔需要向有影响力的大公司学习，有时还要获得它们的指导，这些是英特尔公司不习惯的做法。英特尔数据中心组的总监描述了这一情形："四大巨头以一种非常不同的频率运行着，它们现在精通科技，所以不想有太多投入。它们都拥有成熟的销售团队，同我们排名前 40 的客户一样，但是它们的销售部门会进行更多的直接创新，有许多共享的观点。"（Hardy，2012c）现在"四巨头"在设计、创新、测试新的半导体方面非常活跃，英特尔公司在 2011 年 9 月注册了一款芯片②，但它一直到

---

① 客户端—服务器系统，即将个人计算机用户与中央计算机的服务器连接起来的网络系统。
② 指在 2011 年英特尔公司计划发布的 "Westmere-EX" CPU。

2012年3月才被公之于众。英特尔承认它是为了改善与新芯片相关的潜在产品问题才推迟发布的，以使其成为英特尔公司的一个全新产品。同时，此前主要依赖三星公司提供大部分芯片的苹果公司，也开始严肃地考虑制造更多自己的芯片，部分原因是

> 亚马逊正在打造一个全球计算机系统，包括它自己的定制化电脑、数据存储系统、网络系统以及发电站。

韩国制造商在2012年宣布它将会把卖给苹果公司的芯片售价提高20%，但这也是因为苹果公司想在更多的生产过程中体现控制权（Whittaker，2012）。同三星公司的专利大战确实是促使它们这样做的因素之一，但苹果公司对控制以及执行能力的需求是更重要的原因。

　　大型云计算公司在产品链的各个节点上都在挑战着其他公司——从小的云计算竞争者到芯片制造商。它们也在追逐那些制造电脑硬件的公司。亚马逊公司、苹果公司、谷歌公司、微软公司以及脸书现在都在制造自己的设备，这些设备达到甚至是超越了英特尔、惠普这类公司的产品性能规格，从而对它们形成了挑战。或许在这个领域最让人吃惊的是脸书的行动，因为它并不被认为是一家设备生产商，该公司与惠普和英特尔达成合作，宣布共同开发一款新的芯片。谷歌甚至开始开发自己的半导体设备，却没有申请专利，因为它担心这样做会过多地泄露自己的计划（Hardy，2012c）。亚马逊正在打造一个全球计算机系统，包括它自己的定制化电脑、数据存储系统、网络系统以及发电站（Hardy，2013a）。

　　这些例子表明大型云计算公司正在以控制市场的方式扩张。它们进行内部整合来使从硬件到软件、应用程序的产品和价格合理化。这些举动使得公司能够扩展它们对于云计算市场的控制，并在其中建立信息资本主义的关键节点。一种看待这个过程的方式是将其视为通往计算机公共设施之路的一系列步骤。这种看法非常准确，但也像早期的其他公共设施的案例显示的那样，在当前和未来都没有有效的监管运作方式。将这些举动视为通往全球卡特尔①之路的步骤也是合理的，它与影响全球能源市场多年

59

――――――――――

① cartel，生产垄断组织。

> 云计算正在迅速成为世界上一股强大的力量，既因为在信息的生产、处理、存储、分配中量和质的飞跃，也是因为云计算卷入了全球寡头垄断，并正走在通往全球卡特尔的路上。

的石油卡特尔既有区别，又有相似之处。或许不久之后，我们就要开始考虑全球信息资源卡特尔可能的影响了。正如在石油领域，这种卡特尔将为个人和组织的需要提供能源，对生产和分配环节的各个阶段施加控制，而这些阶段驱动着全球资本主义的利益和控制的扩张。正如在石油市场以及其他全球商品市场中，有一些小型的或者中等规模的生产者/制造商正在逐渐破坏这个系统。地缘政治的剧变和技术的变革也会产生影响。总之，云计算正在迅速成为世界上一股强大的力量，既因为在信息的生产、处理、存储、分配中量和质的飞跃，也是因为云计算卷入了全球寡头垄断，并正走在通往全球卡特尔的路上。观察那些可能会形成卡特尔的公司是如何开始为了它们的新角色而内化合适认同的，也是很有趣的。想想谷歌公司，它的创始人埃里克·施密特（Eric Schmidt），在谈论谷歌公司和它的竞争对手们需要将自己视为一个"国家"，尤其是涉及争端解决时所说的："运行公司的'成年人的方式'，是像管理国家一样经营它们。它们之间会有争端，但它们也要有能力和其他'国家'进行大型贸易。它们不会向彼此投下炸弹……我认为像蒂姆·库克（Tim Cook，苹果公司首席执行官）和拉里·佩奇（Larry Page，谷歌公司首席执行官）这样的史蒂夫·乔布斯的继承者——如果你认为还包括我的话——都会理解这种'国家'模式。"（Lessin，2012）

施密特对于这种观点的态度可能比人们想象的还要严肃。在2013年1月，他受到美国国务院极其严厉的批评，因为他未经美国政府允许就前往朝鲜进行私人访问，并与其领导人会晤。考虑到美国对朝鲜在一个月前的火箭发射行动的关注，一位国务院发言人评论说："实话说，我们并不认为这一举动的时机特别合适"，而且，"他们这次非官方的旅行没有任何美国官方代表陪同，他们没有为我们传递任何信息，他们是以公民个人的身份自己做出决定的。"从这个负责美国外交事务的机构的态度中我们可以发现，它对这位卓越的美国公民的措辞十分强硬（Gordon，2013；

Schmidt & Cohen，2013）。

　　这样的发展使得一些人开始考虑我们是否很快就要面对垄断型市场支配的问题，这一问题一度使得政府出面干预标准石油（Standard Oil）公司、IBM 以及 AT&T 的权力。一些人坚持认为，是政府对 IBM 公司施加的压力——即使在 1982 年终止了长达 13 年之久的反托拉斯诉讼①之后——使得 IBM 将它的软件业务从硬件业务中部分分离出来，从而促进了美国信息技术工业的大规模增长。而大约同一时期 AT&T 的解体，使得互联网的出现成为可能。此外政府在 20 世纪 90 年代对阻碍像网景（Netscape）② 这样的创新公司发展的微软公司实施反托拉斯诉讼，使得像谷歌和脸书这样的公司更容易出现。

　　并非所有人都认同寡头垄断或者卡特尔将会出现。一些人坚持认为，随着云计算服务持续降价，亚马逊将会面临来自大型云计算供应商内部或外部的激烈竞争，包括来自小型创新公司的竞争。也有人关注苹果能否在“云端”维持其精英地位。分析人士指出，苹果公司所遭遇的困难在于，其基石 iTunes 服务是否能够实现无缝融合以及跨平台同步的承诺。况且，苹果公司还没有将服务扩张到那些为谷歌公司和微软公司赢得了云服务公司巨擘声誉的订单上。同样，尽管人人都认同微软在将它成功的商业服务迁移到云端的过程中同样获得了成功，但仍有人怀疑 Windows 8 操作系统和云存储服务 SkyDrive 能否成功地在消费者市场中为云计算赢得一席之地（Cloud Tweaks，2012）。也有人坚称，尽管许多公司看似被“四巨头”（或者说“五巨头”，如果你把苹果公司也包括在内的话）击败了，但它们仍有能力反击，并且已在摩拳擦掌了。这其中包括一些眼睁睁地看着自己的受众随着数字化社交媒体的扩张而逐渐流失的大型广电公司。一位分析人士称：“但是，随着越来越多接入互联

----

　　① 1969 年 1 月 17 日，美国司法部开始调查 IBM 是否违反《反托拉斯法》，司法部控诉 IBM 垄断或企图垄断通用数字电子计算机系统的市场，尤其是商业设计的电脑市场。诉讼一直持续到 1982 年，长达 13 年之久。

　　② 网景通信公司（Netscape Communications Corporation），曾经是美国一家计算机服务公司，以其生产的同名网页浏览器 Netscape Navigator 而闻名。1998 年 11 月，网景被美国在线（AOL）收购。

61

网的智能电视走进千家万户，广电公司们发现了保持在全球广告行业里的中心地位的新契机。"（Steel，2012b）它们可以在这方面有所作为，因为互联网电视的新浪潮使得像 CBS（美国哥伦比亚广播公司）这样的广电公司可以直接向广告客户的营销人员出售新的广告形式。这些营销人员通常不想购买商业广告，而更关注优惠券、搜索广告以及直复营销（direct marketing）①。互联网电视终端允许广电公司插播网页广告来进行品牌宣传——正是这些品牌广告塑造了这一行业。现在，在每年的直复营销花费的 600 亿美元中，只有 100 亿美元花在了广电公司身上，但转向互联网电视使得广电公司有潜力扩大其在这一市场中的份额并进入新市场。所以尽管 CBS 研究员声称广电行业将迎来"互联网电视的黄金年代"有些夸张，但这确实预示着 NBC（美国全国广播公司）、CBS 以及 ABC（美国广播公司）这样的"前朝遗老们"在新兴的消费者云卡特尔上也有一定的发言权（同上）。

亚马逊和其他主要的云服务提供商遭遇的最主要的三个挑战者，是任何在近 20 年里买过计算机或打印机的人都熟悉的 IBM、惠普以及戴尔公司。这些公司希望通过提升自己在数据的存储和处理方面的现有基础能力，来向云计算的客户们提供服务，或通过服务于其他云计算企业来盈利。IBM 已经卷入云计算，这没什么值得大惊小怪的，这家公司已经在每一种与计算机发展史有关的设备上打上了自己的烙印。除了作为主机服务商提供应用程序这一标准业务之外，用一位分析人士的话来说，IBM 在"成为云计算的'军火供应商'，向政府、大中型企业、网络开发者出售定制化的硬件和软件"方面同样游刃有余（Ante，2012）。IBM 公司涉足云计算服务的方方面面，但在 2012 年，它迈出了重要的一步：继 AWS 和 Salesforce 这些市场领导者之后，开始向中型企业推销它的云计

---

① 即"直接回应的营销"，起源于 1872 年，由美国人蒙哥马利·华尔德创造的邮购方式。它是以盈利为目标，通过个性化的沟通媒介向目标市场成员发布信息，以寻求对方直接回应（问询或订购）的社会和管理过程。

算服务。这一举措一开始就很成功，为公司的云计算业务带来了两位数①的增长。然而，如同其他提供软件和另外的 IT 服务的历史长于云计算发展历史的公司一样，IBM 在云计算方面的成功可能是以核心服务的损失为代价的。IBM 最大的风险在于它的全球服务部门以及软件销售的收入在持续下滑。像 IBM 以及惠普、戴尔和微软这样的公司所遭遇的问题，是云计算服务会冲击它们原有的关键业务，包括销售软件和为运行自己的"IT 连接供应链"提供咨询服务。随着越来越多的 IT 企业涌入云端，它们不太可能要求软件和服务能够维持自己的信息技术的孤岛。一位投资分析人士指出："大批传统应用程序服务的能力正在日益收缩，我们已经能看到这种重要力量的冰山一角了。"（Ante，2012）这些"传统应用程序"正好代表着 IBM 公司全球服务业务的主体部分，只要云计算能兑现它降低公司的信息技术支出的承诺（到现在为止它们也确实做到了），这一问题就会进一步加剧。历史悠久的公司的云计算收入不可能比得上它们从前向大量单独的企业销售软件和服务时的收入。像（提供 AWS 服务的）亚马逊这样的公司不会遇到这样的问题，因为它没有销售软件和服务的业务"遗产"需要保护。IBM、惠普、戴尔、微软以及现在的苹果公司如何处理好"创新者之困境"这一经典案例，将决定它们是否在云端或云端之外拥有长期前景（Bradshaw，2012）[3]。

Rackspace 代表着另一类云公司，不像 IBM 公司，它没有历史业务的优势或劣势要操心，而能将全部注意力集中在提供云服务上。这家由它的创始人理查德·于（Richard Yoo）1998 年在自家车库创办的小型网络服务供应商，很快就成为一家提供私有云、公共云、混合云服务的托管服务供应商。Rackspace 被广泛认为是全球领先的云计算公司之一，它已经拥有了超过四千名员工，以及被称为 OpenStack② 的一款软

62

> Rackspace 代表着另一类云公司，不像 IBM 公司，它没有历史业务的优势或劣势要操心，而能将全部注意力集中在提供云服务上。

① 指10%以上。
② 由 NASA（美国国家航空航天局）和 Rackspace 合作研发的自由软件和开放源代码项目。它是一个旨在为公共及私有云的建设与管理提供软件的开源项目，支持几乎所有类型的云环境。

件——这款软件基于开源原则[4]，能被普遍获取。到 2012 年，它的用户量达到 20 万，使用的服务器数量接近 10 万台，并在世界各地拥有共占地 25 万平方英尺的数据中心。该公司的年收入超过 15 亿美元，这证明它有实力与其他重量级的云计算供应商们一较高下。但是，随着历史悠久的公司纷纷向云服务供应领域砸钱，Rackspace 的未来充满不确定性。仅戴尔一家公司，就在 2012 年对自己的云服务投资了 10 亿美元。一个年收入并没有那么高的公司该如何与之匹敌？而且，Rackspace 也通过对那些不确定技术和市场、不能很好地计算价格的公司采取复杂的定价来盈利，随着所有用户采用基于小时数的标准定价方法，Rackspace 将经历一段区别于戴尔和 AWS 这样的大公司的艰难时期。

与 Rackspace 这样一般云计算服务的领先者不同，像 Salesforce 这样提供使用云计算管理客户服务的公司，以及像 VMware 这样通过虚拟服务器提供云计算服务的公司，属于专业类云计算服务的领导者[5]。Salesforce 公司在 2011 年美国超级碗比赛中耗资 300 万美元投放了两则商业广告，从此进入了公众视野。该公司由马克·贝尼奥夫（Marc Benioff）创立于 1999 年，它最初提供软件即服务（SaaS），随后将平台即服务（PaaS）也纳入了自己的服务供应中。它的专长是客户关系管理（CRM）——这是一个能管理与客户和潜在客户的互动关系的系统，不仅能扩大销售，还能管理客户服务并提供技术支持。Salesforce 的 CRM 系统已经投入使用了约二十年之久，如今开始向云端扩张。它使得公司能够通过操作软件管理它们的销售和售后服务进程，并且评估其效果。现在，公司不用在其自身内部进行客户关系管理，而是与 Salesforce 签订合同，由 Salesforce 在云服务器上提供软件及服务，包括存储所有与某一具体公司的营销及销售有关的数据，并连接大约 2 000 万份商业往来文件。公司还可以与 Salesforce 合作，在 Salesforce 云端开发属于自己的应用程序及工具。2012 年 4 月，Salesforce 公司拥有近 8 000 名员工，年收入也在这一年达到了 22.5 亿美元。2013 年，该公司加入了行业内的并购浪潮，花费了 25 亿美元收购了一家专门管理销售活动的公司

ExactTarget①。当像 AWS 这样的云计算巨头通过并购活动大口鲸吞时，Salesforce 感觉到自己也需要迎头赶上了。专业化的优势在于它能使公司集中资源和专业知识，而劣势则是其脆弱性。Salesforce 在 2007 年成为一场"钓鱼攻击"的受害者。黑客引诱一名员工泄露了公司用来收集客户往来数据的凭证。黑客紧接着伪造了 Salesforce 单据来对客户发起进一步的攻击，一些客户陷入了骗局，向黑客泄露了更多信息。对一家专业从事安全的客户关系管理业务的公司而言，这场极其严重的危机几乎带来了毁灭性的打击。像亚马逊这种较大的公司也遭遇过类似的挑战，但像这类高度多元化的公司能更好地应对这种风暴。

专业化的云计算公司所遇到的另外一个挑战，是来自行业巨头的强大竞争。这些巨头可以为一项重大创新提供资金上的支持，并在没有直接利益回报的情况下维持它的运营。一个巨大的挑战来自于微软公司，它继 Salesforce 之后向 CRM 进军，并开始在客户、市场和股票发行方面迎头赶上。微软 Dynamics CRM② 的重要优势在于用户很熟悉微软的产品，像 Office 办公软件以及 Outlook 邮件收发软件等，这使得用户在采用基于微软的云端 CRM 时更有安全感。而且，因为微软公司有着多年服务本地部署的 IT 部门的经验，所以能够为客户提供兼有云端和本地部署的数据中心的混合型服务。这里的关键点在于，对 AWS 和微软这样领先的云计算公司而言，挑战来自于云计算市场的多样化，这些云计算巨头也对云计算的细分业务公司产生的实质性影响作出了强有力的回应（CRM Software Blog Editors，2011）。无所畏惧的 Salesforce 管理层正在重新思考公司的未来，他们准备了所谓的"二号云"（Cloud 2），或者供社交媒体（特别是移动传媒）使用的云。2012 年，该公司在这个方向上再进一步，花费 2 亿 1 200 万美元收购了 Heroku 公司——一个领先的云计算平台即服务（PaaS）供应商，来帮助公司开发基于云的应用程序。

64

---

① 一家提供在线营销 Web 软件的公司，拥有6 000多家客户，其中包括可口可乐和耐克等。2013 年 6 月被 Salesforce 公司收购。
② 即微软推出的动态客户关系管理系统。

很难说 Salesforce 能否承受住任何一家行业巨头所带来的竞争压力，并成功转向新的业务线，何况结果还取决于 Salesforce 能否抵御将软件云服务作为关键业务部门的其他公司的压力。这些竞争对手中包括甲骨文，这家大型商业软件供应商为了维持直接向商务客户销售其软件的商业模式，直到 2012 年仍然避免涉足云计算业务。事实上，据了解，甲骨文公司的 CEO 拉里·埃里森（Larry Ellison）曾将云计算贬低为一时的风尚，后来 Salesforce 以及类似公司的成功改变了他这一看法，在拖延了数年之后，甲骨文终于也加入了并购的狂欢中，一举收购了 11 家新公司，除了一家以外其余全部通过云端销售软件应用程序。[6] 在 2013 年，甲骨文通过启动一系列的合作关系，包括与微软和 Salesforce 的交易来扩张其在云端的势力范围。这吸引了很多人，尤其是那些担忧云计算行业日益集中化的人的关注（Hardy，2013h）。Salesforce 面临的另一个挑战者是德国软件公司 SAP①，这家向来比甲骨文更具侵略性的公司花了 80 亿美元来并购云计算软件公司。甲骨文和 SAP 都担心云计算会扰乱它们向商务客户提供软件的传统模式（Waters，2013d）。它们的并购行为相当于同时在日益增长的云端软件销售市场和日益巩固的云计算软件市场中加剧了竞争压力。尽管一些小公司依然存在，但它们中的大多数都面临着或主动或被迫的并购。正如一位行业专家所说："一波交易之后留下来的，很可能只有少数几家规模更大、更多元的公司。"（Waters，2012）

电信公司入侵云端

出于一些原因，电信公司在云计算方面也有相当重的分量，它们在同云计算行业领导者的战役中占据了优势地位。我们有必要了解，这些电信

① 德国一家企业管理软件解决方案提供商，成立于 1972 年，总部位于德国沃尔多夫市，在全球拥有 6 万多名员工，遍布全球 130 个国家，并拥有覆盖全球11 500家企业的合作伙伴网络。

公司，尤其是像美国电话电报公司（AT&T）、威瑞森（Verizon）① 这样的
巨头，并不仅仅是其他公司的数据渠道。通过其下属公司，它们成功地将
自己整合进数字经济的整体，包括内容供应之中。结果是云计算挑战了整
个电信行业，为其带来了提供服务的新方式，而这些服务多年来都是电信
业的一部分。当一些整合的企业集团和数字巨头——如谷歌、苹果、亚马
逊、脸书以及微软——巩固了它们对云计算服务的控制时，挑战就进一步
深化了。当这些 IT 业巨头纷纷建立了自己"摩天高楼"时，昔日主宰行
业的电信公司也渴望着它们在云计算经济中拥有一席之地。像 AT&T 以及
威瑞森这样的公司并没有坐以待毙，它们迅速采取行动抓住了救命稻草。
尤其是威瑞森，利用它在行业历史上曾经一次又一次地使用过的策略——
当下一个新生事物出现时，买下它——已经成了云电信公司的主要领导
者。2011 年，威瑞森耗资 14 亿美元买下云计算公司 Terremark，并且兼并
了云应用程序公司 CloudSwitch②，使得该公司该年度在云计算领域的投资
总额超过 20 亿美元。电信公司纷纷向云端迁移，而威瑞森的几笔交易无
疑能够让其在这个迅速增长的领域中称雄，用一位行业分析人士的话说：
"威瑞森时刻准备着未来的大幅增长。"（Hickey，2012）威瑞森买下这些
资产固然重要，但更重要的挑战是将其与自己其他的业务线相整合，尤其
是无线网络和FIOS③，后者把网络连接、电话和通过光纤传输的有线服务
连接在一起。

　　对威瑞森来说，云计算是传媒、电信和信息融合战略不可或缺的组成
部分，掌握云计算使得该公司在向个人以及组织用户提供存储、处理、分
配服务的网络中能够控制所有的关键节点。而且，Terremark 赋予了威瑞森
公司它一直缺乏的重要国际影响力，尤其是在拉丁美洲的影响力。威瑞森
的这一战略能否奏效仍未可知。许多"不容错过"的兼并交易，其中最著

66

---

　　① 美国本土最大的无线通信公司，也是全世界最大的印刷黄页和在线黄页信息的提供商。
　　② 美国一家云应用程序公司，提供连接云端应用程序的软件，使得应用程序无需改写代码
就可以直接迁移到云端。该公司于 2011 年 8 月被威瑞森公司收购。
　　③ 光纤服务。

名的就"美国在线 – 时代华纳"（AOL Time-Warner）收购案，都已经搁浅了。而威瑞森能否跻身于基于云的通信行业领导者行列，仍然需要一段时间的观察。对于威瑞森来说，棘手的事情在于竞争压力的加剧会威胁到它与 AT&T 在美国电信市场双头垄断的有利局面。在收购了斯普林特（Sprint）公司①和科维（Clearwire）公司②之后，软银（SoftBank）③——用一位分析人士的话来说——成为"第三家实力雄厚，能开发出廉价的无线数字产品的公司"。T-Mobile④ 和 Metro PCS⑤ 的合并产生了美国电信市场上第四大竞争者，频道资源丰富的 Dish Network⑥ 也进一步破坏了威瑞森一度享有的市场控制局面（Globe Investor，2012；Taylor，2013b）。

美国政府：信任"云端"以及供应商

　　并不是所有的云计算业务都控制在私有组织的手中，但观察一下美国政府在其云计算需求方面对私有组织的依赖程度，包括与最大的云计算供应商之间基于未经招标的、独家承包的合同关系却很有趣。这其中的重要处之一在于涉及的金钱数额，一份报告显示，美国政府每年在信息技术方面花费 800 亿美元，并计划将 IT 预算的 25% 投入云计算中。一个转向基于单一来源且未经招标的云计算的例子是美国海军供应系统司令部（NAVSUP）计划利用 AWS 来存储和发送数字影像和视频。军方的理由是 AWS 能提供单

---

　　① 　美国一家全球性的通信公司，主要提供长途、本地和移动通信业务，拥有美国的第一个全国性、全数字化光纤网络，在全球约有 7 万名员工，年营业额达到 270 亿美元，是美国第三大移动运营商。

　　② 　美国一家提供全球微波互联接入服务的无线公司，由无线通信先驱格雷格·麦考（Graig McCaw）于 2003 年创办。

　　③ 　日本一家综合性的风险投资公司，1981 年由孙正义在日本创立并于 1994 年在日本上市。主要致力于 IT 产业的投资，包括网络和电信。软银在全球投资过的公司已超过 600 家，在世界上主要的 300 多家 IT 公司拥有多数股份。

　　④ 　一家跨国移动通信运营商，是德国电信的子公司。T-Mobile 在欧洲和美国运营 GSM 网络，并通过金融手段参与东南亚等地的网络运营。该公司拥有 1.09 亿用户，是世界上最大的移动通信公司之一。

　　⑤ 　美国一家无线通信设备制造商。

　　⑥ 　美国一家卫星广播服务提供商，为美国用户提供卫星电视、卫星网络、广播等服务。截至 2013 年 11 月，该公司服务订阅者有将近 1 400 万人。

一的整合套餐，相比其他云计算服务，它可靠并且不容易遭受攻击（Foley，2012）。而且，参与研发 OpenStack 这个被 IBM 的云端采用的开源标准的美国国家航空航天局也与 AWS 签订了合同（Thibodeau，2013）。甚至美国中央情报局也计划与 AWS 签订价值 6 亿美元的合同，在这一计划被 IBM 公司披露之后，人们开始质疑联邦政府操纵云计算合同，迫使联邦政府重新审查了与 AWS 的这项协议（Woodall，2013）。在等待中央情报局这项云计算业务招投标结果期间，IBM 从内政部（the Interior Department）获得了最大的一单政府云计算合同，价值 10 亿美元（Miller & Strohm，2013）。当亚马逊公司正式获得了中央情报局的合同时，内政部的订单也给了 IBM 公司一定的安慰（Babcock，2013a）。

　　鉴于美国政府与大型通信公司的关系史，这些举动并没有什么值得大惊小怪的（Mazzucato，2013）。多年来包括国防部在内的政府机构都在计算应用方面与 IBM 有着密切的关系，而在电信服务方面与 AT&T 有着更加紧密的关系。即使商业消费者为了获取更低廉的价格，纷纷要求分拆 AT&T 并解除对电信行业的监管，国防部也会辩解说国家安全需要 AT&T 提供的端对端（end-to-end）服务。直到五角大楼被"即便分拆 AT&T 也能满足国防需要"的观点说服，它才放弃了反对（Schiller，1981）。鉴于政府青睐大型稳定的公司，它们会利用 AWS 来满足一些云计算的需要也就不足为奇了。

　　坚信云计算一定会成为满足信息技术需求的核心手段，这种想法推动美国政府在现阶段向云端迁移。2010 年 12 月，联邦首席信息官委员会（Chief Information Officers Council）发布了一项改革政府信息技术的计划，该计划包括要求各机构在进行新的 IT 部署时采取"云计算优先"政策。根据这项计划，"云计算优先"由三种相关的力量驱动。首先，从满足联邦政府对于"计算机应用基础设施"持续增长的需求的角度来说，云计算是经济的选择。对于联邦信息技术规划者来说，将数据集中在少数几个大型数据中心里，比放在各部门的办公室里要更合算。其次，

　　坚信云计算一定会成为满足信息技术需求的核心手段，这种想法推动美国政府在现阶段向云端迁移。

68

云计算系统有能力按需提供几乎所有类型的计算应用。处理和分析所需的服务类型和速度是难以预测的，规划者与那些相信云计算系统足以灵活地满足需要——包括现阶段难以预测的需要——的人站在同一阵营。最后，云计算释放出史无前例的对于大型数据集的分析能力。从联邦信息技术规划者们将大数据列为云计算的主要优势就能很清晰地看出这一点。数据中心不仅仅被视为各大机构可随时按需取用数据的存储仓库，还要能够从存储的数据集中提取信息，成为信息生产者（Page，2011）。2011 年美国国家标准技术研究院（NIST）发布的一份报告对于云计算下了定义，并且谨慎地描述了云计算的特征，使得在联邦机构中工作的管理人员及员工能更好地了解云计算——在某种程度上他们是第一次清楚地了解这个曾经被命令去使用的工具。2012 年美国国家科学基金会发布了一份简短报告支持 NIST 的结论，并提醒政府要向云计算研究提供资金支持（NSF，2012）。联邦政府的首席信息官（CIO）、NIST 以及 NSF 联合提出的主张为国家大力支持云计算提供了基础。

在教育和研究领域的一系列的政府示范项目中，云计算也产生了重大的影响，其中最重要的一项是国家人文基金会①数字人文办公室（the National Endowment for the Humanities Office of Digital Humanities）的项目，该项目表明政府使用云计算以及大数据的方式正在促成教育的重构，而且重构不仅发生在我们预计会发生变化的领域，例如计算机科学以及与之有关的学科，它还深入到社会科学甚至是人文学科领域。人们不仅能从创造云计算的力量大小中了解到变革的方向，也可以从其延展范围了解到，因为政府的项目已经延伸到了传统上与计算机化无关的领域。第五章将在评估云端大数据的语境下检视数字人文计划。在这里我们可以说数字人文计划代表着一个非常重要的开端，虽然它曾经屡屡出于一些可以理解的原因被更

---

① 美国国家人文基金会（National Endowment for the Humanities，NEH）成立于 1965 年，是一家独立的联邦机构，也是美国最大的人文学科投资机构之一，其使命是建设卓越的人文学科，所资助的高水平人文学科项目包括四大领域：文化资源的保护与传播、教育、学术研究、公共服务。其资助的机构一般包括博物馆、档案馆、图书馆、高校、电视台、广播电台等，此外还资助学者研究。

大的军用或是民用计划所掩盖，但其对于未来教育和研究的重要性要远远超出预算的规模（Gold，2012）。

　　尽管政府对云计算热情十足，但关于将数据迁移到企业所有的云计算系统中，仍然存在着军事和情报部门特别关注的一些问题。其中最为重要的可以说是安全问题，人们至少会关注把对于军事任务至关重要的机密数据和计算机力量迁移至异地的位置。美国国家航空航天局的云系统中存在的数据安全性的问题也日益引起人们的关注（Kerr，2013）。

　　政府尤其是军方计算机系统的规模和复杂性使其迁移至云端的前景代价高昂。这并不仅仅是依靠可获取的技术这么简单的事情，因为许多政府部门特别是军事和情报部门需要定制化的系统，而且这些系统需要在部门内部或是跨部门整合。最后一点，虽然一些大型供应商已经为客户开发出卓越的备份系统，但政府尤其是国防部需要的技术支持要求更高，现在并不能确定这些支持能否由现阶段的云计算行业提供（Gangireddy，2012）。

　　尽管面临着这些担忧，但政府仍然对于私有云计算公司表示出一定程度的信任，这让一些专家感到不可思议。这种信任还扩展到利用私有云公司为政府的系统提供安全保障。例如，美国海军战争学院（Naval War College）与软件即服务（SaaS）供应商云锁（CloudLock）① 公司签订了单一供方的合同，以此来保障像谷歌文档（Google Docs）、谷歌驱动（Google Drive）这样的在线工具的安全使用。一位关注云计算的分析人士对利用云来保护云的行为作出回应并总结说："很明显，各大机构正在用这种方式否定传统智慧。"（Foley，2012）更重要的一步是，情报机构正在开始利用商业云计算，包括为全体客户服务的公共云，而且根据一位情报圈子里的IT负责人所说，各大机构现在对公共云有足够的信心，相信其"能在我们的警戒线内使用商业云计算能力"（同上）。

　　使用商业云服务的替代性方法就是保留本地的IT活动，或是发展政府、

69

---

　　① CloudLock 原名叫 Aprigo，成立于 2007 年，原来是一家专注于存储分析软件的公司。2011 年，该公司更名为 CloudLock，业务方向也转向了云安全及云数据安全。CloudLock 的 SaaS 云安全服务可为客户的云数据提供安全及合规性管理。服务支持与 Google Apps 及 Salesforce 的集成。

军事和情报机构的云计算能力。这些计划也确实在进行之中，洛斯阿拉莫斯国家实验室（Los Alamos National Lab）开始用自己的数据中心提供软件即服务（SaaS），并且已经与国家核安全管理局（National Nuclear Security Administration）联手研发能够扩展到整个能源部门的社区云（Foley，2012）。更关键的策略性重点在于国防部门决定打造一朵"军用云"，作为防御近年来日益增多的网络攻击的手段。这些网络攻击中包括 2011 年对美国无人机武器进行的病毒攻击，攻击者利用恶意软件记录键盘的敲击，并持续发送删除和重建硬盘驱动器的请求。为了避免这些攻击，DARPA 在 2011 年建立了"边缘的云"（Cloud to the Edge，COE）项目，这一项目始于为安全通信开设一系列热点。一位分析人士说，COE 看上去有点像缺少搜索引擎功能的谷歌在线服务包（Tanaka，2012）。COE 由国防信息系统局（Defense Information Systems Agency）服务器的安全系统托管，国防信息系统局与联盟科技集团（Alliance Technology Group）签订了价值 4 500 万美元的单一供应合同，其数据存储设备能提供 4 艾字节的存储能力（Hoover，2013）。为了支持这个云计算首创计划，国防部还额外花了 500 万美元完善它的赛博战场计划，这个计划有一个好名字"X 计划"，可以让国防部"预演并控制官员们所谓的'实时、大规模、动态网络环境中的赛博战'"（Nextgov，2013）。[7] 为了执行这个计划，五角大楼聘请及征调了 4 000 名军事或民用技术专家为美国网战司令部（U. S. Cyber Command）工作，但这似乎还不够（Brannen，2013）。这一举措使得一些人预测将会出现短期的云计算专家短缺的状况（Weisinger，2013）。

引发美国国防部对云计算的兴趣的不仅仅是安全问题，它还想通过云计算更好地管理它的 IT 预算，并希望到 2016 年向云端的迁移能有助于节约 30% 的 IT 预算。在致力于数据中心的巩固及现代化工作以来，国防部已经精简了许多机构，并且削减了一半的技术支持部门，总体上还要精简 80% 的网络、数据中心以及咨询部门（Tanaka，2012）。

存储了从非机密到最高机密的一切信息的军用云以国家安全局（NSA）领导的测试案例为开端，它能够收集、存储、处理、分析海量数据。由于公众的注意力通常会更多地放在 CIA 和 FBI 上面，NSA 的举措并没有引起太多人的注意，但是在 2013 年春天，这个拥有三倍于 CIA 的规模，耗掉美国情报总开支三分之一的机构突然出现在全球报纸的头版。一连串的曝光和新闻报道揭示出，和它此前声称的相反，该机构与美国电信供应商以及最大的几家互联网公司联系紧密，通过抓取、分析美国人甚至外国人的电话谈话、邮件、社交媒体帖子以及其他电子通信来收集数据。耗资 2 000 万美元的棱镜计划有众多大型的硅谷公司和电信公司参与，它们将用户信息共享给 NSA。这个间谍机构希望能够通过分析元数据——在这里指的是谁与谁有接触，以及大数据分析师可以用其关键词来识别出恐怖主义嫌疑人的内容——更好地瞄准那些对于美国的威胁（Luckerson，2013）。但是，直到事件被披露出来，许多批评人士才开始争论说这是一场史无前例的对于用户隐私的秘密性攻击（Wilson & Wilson，2013）。在搁置这些争议的前提下，政府政策制定者希望云计算能帮助 NSA 以更高的安全性和更低的价格来达成目标，从而展示其他政府机构向云端迁移的价值。但是相关专家担心，如果将军方信息集中在一个大型的云系统中，无论这个系统有多安全，都为世界各地的网络攻击提供了一个诱人的目标。其中一位专家担心，向云计算迁移相当于"描绘出 NSA 和军方的网络靶心"——用军事用语来说就是："云计算营造了一种多目标环境，因为让云计算如此具有吸引力的因素，恰恰也使其成为诱人的标记。正因如此，大量的数据将被存储在云中的高可能性，使得攻击者仅仅需要一点运气——正如他们在攻击遗留系统时多次拥有的那样——便可得手。出于这种考虑，对于 NSA 而言更加合适的问题是：'贵机构哪种信息不会放在云端？'"（Tanaka，2012）

　　并不是说军方的规划者们不知道云计算所引发的安全问题。根据 DARPA 的说法："尤其是云计算基础设施，利用高速连接构造将大量主机紧密联结在一起，相比于传统的网络系统会更快地传递攻击。今天的主机当然是高度脆弱的，即使连接到云端的主机被合理地保护，主机中其余任何部分的弱点也都会导致严重的后果。"（同上）但是像许多

对于军方来说，重要的是，它能否开发出所谓的"以任务为导向的弹性云"，从而在战争中有效部署它们。

71

其他机构一样，军方的规划者们笃信在采取恰当的安全措施后，云系统的军事优势会超过其风险，"云端和分布式计算环境可以提供更多的主机，在协作中关联攻击信息，跨网络提供多样性"（Tanaka，2012）。对于军方来说，重要的是，它能否开发出所谓的"以任务为导向的弹性云"，从而在战争中有效部署它们。

中国之云

云计算系统坚定地以美国为据点，那里拥有世界上 40% 的数据中心，但是这些数据中心也在向全球扩散。除了美国之外，斯堪的纳维亚也成为一个大型的数据中心聚集地，对中东地区来说云计算也并不陌生，但中国在云计算的总体发展中取得了最显著的进步（Horn，2011；Glover，2013）。到 2012 年底，中国占有全球云计算市场 3% 的业务，这个数字预计将以每年 40% 的比率增长，到 2013 年底，中国在云计算方面的年收入已经达到了 186 亿美元。在中国的领导下，到 2016 年，亚洲地区预计会在云计算流量和工作量方面处于世界领先地位（Ong，2012）。中国迅速发展的云工业受益于几乎没有大型的美国云服务供应商与之竞争——亚马逊的云计算没有进入中国市场，微软公司也才刚刚向中国提供 Azure 云服务，这为本土云计算服务留出了许多发展空间，其中就包括阿里巴巴集团。该公司通过阿里云网络向各类国内外客户提供云计算基础设施以及云计算服务。而且，在西方人眼中，凭借在搜索服务方面的超凡技术而获得"中国谷歌"之称的百度公司，在云端的存储和处理方面投入巨资——2012 年投资 16 亿美元建立了一个新的数据中心，并且达成协议为安卓手机用户提供免费的个人云端存储器。百度主要的竞争挑战来自腾讯公司，这是一个拥有 4 亿用户的即时通信与在线游戏公司，2012 年，腾讯的市值估价为 600 亿美元，这使它成为世界上最大的"消费者—应用"（consumer-application）型云计算公司之一。2013 年腾讯公司宣布它将首先在中国的西部城市重庆建造一个数据中心，这标志着它在云计算市场中取得了巨大的飞跃——规划者预计该公司的云计算在重庆将实现新的巨大发展（*People's Daily Online*，2013）。2012年，世界通信设备生产的领导力量——华为公司也开始向云计算及存储领域进军，这个决定使得该公司的利润大幅提高（Reuters，2013a）。中国的云计算发展得到了像亚太环通（Pacnet）① 这样的亚洲企业的帮助，这类公司在亚太地区（包括中国香港、新加坡、澳大利亚）凭借成熟的网络和数据中心服务而获益（Powell，2013）。2013 年，百度公司与法国电信公司签订协议，在非洲以及中东地区为这家法国公司的智能手机提供手机浏览器（Thomas，2013），这标志着它们开始向国外企业提供服务。除了这些网络驱动的云计算供应商，提供存储服务的公司也在不断涌现。在这个领域里，领导者 MeePo 提供类似于 Dropbox 的存储服务。该公司经历了显著的增长，到 2012 年，它的可靠容量估计有 50 太字节（TB）（Chou，2012）。

　　世界上最野心勃勃的云计算计划之一，莫过于中国正致力打造的"云城"。这个计划的目标是建造巨型数据中心，将提供增值服务的公司和国内外市场的研究与发展连接起来。该计划总体由本地企业控制，但也部分涉及与提供资金和专业知识的国际巨头合作。例如，总部设在中国的润泽科技公司（Range Technology）与 IBM 公司合作，在北京附近的廊坊建造了一个占地面积为 660 万平方英尺的云计算中心。该中心为政府以及私有机构提供云计算服务，同时还托管云计算系统和移动设备（Bundy & Haley，2012）。除了连接像百度公司这样的计算机服务供应商以及像联想这样的电脑公司之外，云计算中心也欢迎中国的大型电信公司的加入。例如，2011 年中国电信公司与全球云计算服务公司 SAP 达成合作，为中国的中小型企业提供云计算服务。2012 年中国三大电信公司——中国电信（China Telecom）、中国移动（China Mobile）、中国联通（China Unicom）达成协议，投资 470 亿美元用以发展数据中心（其中包括世界上最大的数据中心之一），从而在中国西南部四川省成都市打造一个经济枢纽。成都已经生产出世界上五分之一的计算机，这项计划则扩张了与云数据中心有

---

　　① 亚洲最大的独立电信服务供应商，总部设在中国香港与新加坡，2014 年被澳大利亚电信巨头 Telstra 公司以 6.97 亿美元的价格收购。

关的天府软件园（Tianfu Software Park）。通过这种方式，成都将会从价值链中计算机制造业的位置，爬升到数据存储、处理和传输的位置——它正在通向研究和发展中心的道路上前进（Evans-Pritchard，2012）。由于在该市的51所大学中每年会有20万未来的科学家以及工程师毕业，成都拥有登上价值链更高位置的人才基础。

中国无疑时刻准备着成为世界云计算行业的领导者，在这片土地上，正在热火朝天地建造巨大的云数据中心。不满足于仅仅建造云计算设施，中国还正在创造一整个"云城"。同样关键的是，中国正在执行一个详细的云计算策略，其中最重要的就是整合所有主要的参与者，包括在全球服务器生产市场中正在成为领导力量的硬件制造商、软件设计公司、应用程序开发商、商业服务供应商和电信公司。但在这个成功故事的背后还有另一面。中国面临技术上的挑战，包括网络连接问题，以及缺少对云计算公司及其员工的认证程序，而这些在像亚马逊这样的领先公司中都已经制度化了。而且，正如第四章所要提到的，云计算面临着许多环境、社会和劳动力层面的挑战。

云计算带来了严重的环境问题，这些环境问题首先与云计算大量的能源需求有关，其次还与云计算材料及设备的建造和废弃有关。这一切在中国也有所体现，因为随着能源需求的不断提升，这个国家早已因广泛的空气污染问题而苦不堪言，而依靠火力发电厂会加剧这一问题。打造世界上最大的云计算设施，包括整个"云城"，将会使已经十分严峻的环境问题面临更大挑战。

> 云计算带来了严重的环境问题，这些环境问题首先与云计算大量的能源需求有关，其次还与云计算材料及设备的建造和废弃有关。

本章对云计算的概述，涵盖了其谱系、起决定性作用的要素、关键特征和主要范例这些重要的特性。下一章将建立在检视云计算在营销神话中是如何被推销的这一基础之上，并且描述为什么支持者们要将这个复杂的——尽管还是老一套的——技术捧为技术神话。

第三章 | 销售"云崇高"

Windows 给了我理想中的家人。(微软云的电视广告)

77　　　　"海量数据工厂"怎样制造云的图像？云的隐喻在早期的远程计算讨论中也时常出现，其直接答案可以从大多数关于该主题的技术入门资料中找到：云的图像通常被用于制作示意图，来描述计算机通信网络中互相关联的要素。云的图像起初是乏味的技术图表，但是它现在已经变得更加美观，企业营销在这里起到了带头作用。

　　　　如果要领会云计算的重要意义，必须想得比那些技术书籍中所描述的更深远，同时还要理解它是如何被建构成话语并出售给商业企业、政府部门以及普通消费者的，因为这同样有助于我们理解什么是云计算。不局限于数据中心、计算机、软件、移动应用和数据，云的实际存在形式也体现在那些把平淡无奇的工程材料改造成引人入胜的审美的活动中。正如上一

78　　章中所提及的，对云计算的技术、政治和经济维度进行描述很是重要，但其实研究在广告、社会化媒体、私人智库报告、政府内部报告、市场炒作、贸易展会中云计算怎样被出售也同样是必不可少的。人们构建的话语、神话、魔法在云的创造中也发挥了决定性的作用。

　　　　有时候，科学技术确实会表现得像魔法一样，不是"来自技术的神明之力"，而是"来自神明之力的技术"①——正如机械出现于那些天才发明家之手（也许还是在他们父母的车库里进行的发明创造）。即使是那些著名的传记作家，如《乔布斯传》的作者瓦尔特·艾萨克森

> 人们构建的话语、神话、魔法在云的创造中也发挥了决定性的作用。

---

① 原文为拉丁文：deus ex machina, machina ex deo。

（Walter Isaacson）①，在写作的时候也希望能借助"神明之力"。的确，当我们谈及技术的时候，神明之力往往是故事必不可少的一部分。神话中充满了对这类不可思议力量的赞颂，我们对此也要足够重视，因为这有助于我们认清自己该如何思考和感受云技术。然而，我们也需要掀开"伟大而光荣的魔法师奥兹"（the great and glorious Oz）②的帷幔，从而揭示这个赋予技术力量"魔法"的过程。之前在第二章中提到过，数据中心、服务器、软件、移动

> 云也是由词语组成的，从"云"这个名词概念到图像和话语都在形塑着我们如何看待云计算。换句话说，技术也不仅仅是由发明其所需的材料组成的，它同时也被那些设计、建造、操作它们的劳动者以及我们用来描述和想象它的语言所定义。更正式地说，技术脱胎于物质、劳动和语言的共同体。

应用和数据等组成了云计算，这些组成要素又是被成千上万从高级工程师到基层工人的诸多劳动者所设计、生产和操作着的，以上这些为完善的云系统提供了普遍的基础。但是云也是由词语组成的，从"云"这个名词概念到图像和话语都在形塑着我们如何看待云计算。换句话说，技术也不仅仅是由发明其所需的材料组成的，它同时也被那些设计、建造、操作它们的劳动者以及我们用来描述和想象它的语言所定义。更正式地说，技术脱胎于物质、劳动和语言的共同体。本章将从销售，即"云崇高"的销售出发，主要讨论云计算是如何通过语言和话语来建构的。

评估云计算销售的成果是十分必要的，因为说服客户公司、政府机构、普通消费者注册使用云业务对云服务供应商来说是一座难以攀登的高峰。销售云业务意味着说服潜在客户们交出它们的雇员、顾客、产品、服务以及竞争者的信息并相信在需要时可以直接调用，这就引发了一系列有关数据的安全性、交易的隐私性、系统的可靠性以及客户公司 IT 部门的未来的问题。商业企业和政府机构都能够认识到，云服务供应商试图让它们买下

---

① 瓦尔特·艾萨克森，美国著名的传记作家，生于美国新奥尔良，曾先后就读于哈佛大学和牛津大学。毕业后，成为英国《星期日泰晤士报》的一名记者，由此开始了他的职业生涯。曾出任美国著名杂志《时代》周刊总编辑和世界传媒巨头 CNN 公司的总裁，撰写过《乔布斯传》、《本杰明·富兰克林：一个美国人的一生》、《聪明人：六个朋友和他们创造的世界》（和伊万·托马斯共同撰写）、《爱因斯坦：生命的全部》等传记畅销书。

② 美国童话《奥兹国历险记》中的人物，在此指虚张声势的做法。

79

服务而不再依赖分离式资料仓库，这并不仅仅是一个节约成本或提高效率的问题，也意味着商业机构或者部门的运作、组织以及内部结构的权力流动发生了根本性的改变。

赢得客户对云而非其他一些最基本的工具如 Gmail 的使用绝不是什么简单的事情。明明可以把自己的文件、音频和视频放进自己的计算机设备或备份到移动硬盘里，为什么还要把它们存放在一个未知的地方？即使提供云服务的公司享有很高的声誉，撇开云存储的费用不谈，人们也会考虑，把自己的家庭生活照、珍爱的音乐收藏、个人邮件和一些隐私文件交给它们是否明智。也许这些公司会保证你的文件是安全的，并且在你需要的时候可以被随时调用，但是到底有何种程度的安全？它们的服务有多可靠？你的通信记录保密性如何？或者说，当政府机构试图访问你的资料时，你的云服务提供者将如何应对？还有，万一该公司破产了，你的个人资料怎么办？所以无论是对个人还是对商业企业而言，下决心使用云端存储并非出于自然本能的选择，这需要很大的勇气。也正是因此，才需要大力推广云。

广告中的云

2011 年 2 月 6 日，包括 1.11 亿美国人在内的全球数亿观众在福克斯电视台收看了超级碗年度总决赛，那一天的电视收视率达到了美国历史上的顶峰。除了那些热切关注是 "匹兹堡钢人"① 还是 "绿湾包装工"② 能够赢得隆巴迪奖杯成为年度总冠军的观众外，还有一些人是为了观看和评价其中的商业广告而来的。正因为观众量巨大、比赛场面精彩激烈，赞助商们

---

① "匹兹堡钢人"（Pittsburgh Steelers）是一支宾夕法尼亚州匹兹堡市的橄榄球队，美国国家橄榄球联盟（National Football League，NFL）的成员。

② "绿湾包装工"（Green Bay Packers）是一支威斯康星州绿湾市的橄榄球队，成立于 1919 年，是 NFL 中队史第三长的球队，也是 NFL 中唯一一支非营利性质、由公众共同拥有的球队。

纷纷在这个盛会期间投放自己最好的广告。在那年的最佳广告中，有大众汽车那位扮作黑武士试图施法释放原力启动身边的物品的小孩①；有优雅淡定地驾驶着雪佛兰卡玛洛汽车穿越危险的伊芙琳小姐；还有可口可乐的一个插播广告系列——沙漠边界守卫篇和火龙篇。考虑到这些购买观众注意力的广告费用在当时高达每 30 秒 300 万美元，这些广告都由大公司所垄断也就不值得惊奇了。

　　然而"鸡立鹤群"的是一个不怎么出名的公司，绝大多数美国人都在使用它的产品但却对其知之甚少，那就是 Salesforce 公司。正是在第 45 届超级碗年度总决赛上，Salesforce 公司首次推出了它的两则聊天服务广告。这两则广告都用了流畅的动画来向观众推介它们公司推出的一项免费的个人商务网络平台服务，企业可以在这个云平台进行内部的交流与协作，也可以借此对外扩展自己的业务。音乐团体"黑眼豆豆"的主唱威廉是该广告的主角，他在片中发问："你怎么看待云？"这个问题为观众们开启了他们的云端聊天室之旅：镜头切换到了 Salesforce 的云聊天室的界面，我们可以看到一些乐队活动信息，如成员聊天记录和日程更新，新的 DJ 演出行程整齐地呈现在同一个页面中，乐团有了它简直如虎添翼。以上这些信息是完全私密并十分安全的。在末尾有这样一句广告语："团结起来，挑战不可能！"这标志着云服务将给世界带来扭转乾坤的大变革（Chatter.com，2011a）。第二个场景中，威廉和"黑眼豆豆"成员们展示了一些看似不可能的挑战：比如找到一份工作、搜集到令人惊羡的服装，以及将一个破败萧条的工厂改造成为硅谷的企业那样的工作场所。广告在最后结束的时候还展现了所有场景中最不可能实现的例子：为敌对的共和党大象与民主党驴子②带来了和解，片中它们深情地拥抱在了一起。这个

_80_

----

　　① 大众这个广告是对《星球大战》及该片热情的粉丝们可爱而准确的致敬——该广告以一位化装成《星球大战》中黑武士的小孩为主人公。这位小孩试图对各种物体施法释放出原力而一直不能成功，直至他父亲同时在屋里按下了家里的新帕萨特汽车的遥控按钮。

　　② 美国的民主党以驴子作为标志，而共和党用象作为标志。

系列中的每一则广告都指向 Salesforce 公司的云服务网站，在那里观众们可以获得更详细的信息。

比起那些更典型的消费者商品或服务在拥有大量观众的赛事中投放的广告，云聊天室的广告显得不同寻常。既不是香车美酒，也不像广告内容打情色擦边球的 GoDaddy 公司①，更不算是什么重大成功。其实，即便绝大多数分析者并没有把这一系列的广告归类到超级碗失败广告案例的行列中去，它们也因为缺乏冲击力而难以给人留下深刻印象。但是如果一定要说有什么影响的话，那么应该就是借用著名流行歌手的影响力，Salesforce 公司成功地让观众们知道了一样新事物——云的存在。

可以这么说，这则广告的精华都在最后那至关重要的宣言里："团结起来，挑战不可能！"在这句话里，云服务听起来更像是一个神话。在这个语境里，神话并不是指那些真实或虚假的事物，毕竟"挑战不可能"本身就是个伪命题。[1]相反，不应靠真实性，而是应该以其反响——在人们的想象中是鲜活抑或是死寂的——来判断某种东西是否是神话。在生活中，我们互相传播着这种神话以解决那些悬而未决的问题，当涉及技术时，此类神话甚至可以促使那些最前沿的"新事物"变得更加卓越。曾经，有关通用常识、虚拟世界、无限制交流的美好图景只能在宗教和大自然中出现，而现在却可以通过数字技术达成。云计算使人们"完成不可能的任务"的宣言实质上与"电报可以带来世界和平"或"街道照明可以终结犯罪"一样（Nye, 1994）。当我们发明了一种新技术，其实我们也制造了新的神话，这样的说法并不能算夸张。此外，和曾经的宗教或自然世界一样，技术尤其是通信技术也已经成为"崇高"的来源。直至今日，许多

---

① 这是一家提供域名注册和互联网主机服务的美国公司，服务产品涉及域名主机领域基础业务如域名注册、虚拟主机、独立主机，以及域名主机领域的衍生业务如独立 IP、SSL 证书、网站建设、邮箱、相册、速成网站、加速搜索引擎收录、网站分析等。

人已经成了"云"的崇拜者（Lohr，2013c）。

具体而言，某些超能力曾经仅存在于宗教和超自然界或罕见的自然奇观中，不管这种神力是邪恶还是神圣的，当我们将其加之于技术时，技术就变得崇高化了。在推动现代文明的科学技术发展之前，铁路、电报、电气化之类的技术在宗教和大自然界里只是一种超自然的"崇高"想象。这首先是因为，只有神或上帝才能实现这种程度的超然性——超越所有语言使人类得以四通八达，当然，这也已经超越了平凡的日常生活。如一位评论家所言，耶和华这个名字"同样也表明了上帝的绝对超然性，上帝在所有的'论断'或语言属性之上：他是一切可能性话语的来源和基础，因此，他也凌驾于任何确切的描述之上"（Parsons，2013）。这个"不能直接称呼"的名字同时催生了"崇高"的两种特质——热烈的敬畏之情与深刻的震撼。对许多人来说，宗教的"崇高"更多地与自然的"崇高"相合，比如像科罗拉多大峡谷这样的自然景观，像地震或火山爆发这样的自然现象，抑或是像日食这样奇幻的天象变化，这些景象也可以使人产生敬畏之心和极度恐惧感。在这世上，宗教"崇高"保持着强大的力量，然而自然"崇高"也并不因此而黯然失色——它使得气候变化，制造出令更多人瞠目结舌的可怕结果，并以此来彰显其重要性。丽贝卡·索尔尼（Rebecca Solnit）①（2010）也在著作中描述了人们如何应对那些难以形容的灾难。有相当多的证据表明，如那些在"耶和华时代"极其坚韧的社群那样，自然灾害频发时期的社群也有很多崇高行为。

其实很难用语言来形容"崇高"，因此不妨用一些场景来帮助理解：呼啸轰鸣的火车迅速驶过广阔的草原，这样的场景在19世纪70年代实为罕见，震撼着目击者的心灵，并带来"崇高"的恍惚感；或者是在晨光绚烂时分，科罗拉多大峡谷那难以计数的岩层闪耀出灿烂的色彩。一些伟大的现代主义作家也通过意识流的手法创作出了令人惊叹的作品，如弗吉尼亚·伍尔芙笔下的人物克拉丽莎·达洛维，她就在伦敦的一次晨间散步中

82

① 美国作家，作品题材主要是环境、政治、场景和艺术等。代表作有《浪游之歌：走路的历史》。

穿越了时空。实际上《达洛维夫人》中云创意的首次出场可以算是那些最"崇高"的场景之一了：一架直升机在天空喷射烟雾书写文字，这一举动抓住了地面上人们的眼球，当人们的心提到了嗓子眼时，才发现这只是一个糖果品牌的普通商业广告而已。摄影师塞尔吉奥·德拉托雷（Sergio de la Torre）的作品中也有类似的云创作，2003 年他用数字技术在天空中写下了云创意文字"Thinking About Expansion"（想象无边疆域），以此来为普通的蓝色天空增添新意。如今，像斯蒂芬·斯皮尔伯格（Steven Spielberg）那样的著名电影制作人也在具有他鲜明特色的视觉技术中制造出了"崇高"，被编剧马特·帕奇思（Matt Patches）戏称为"斯皮尔伯格脸"[①]。想象一下在电影《世界大战》中，达科塔·范宁（Dakota Fanning）从她爸爸的汽车后视镜中凝视这场外星人对地球人的大屠杀，这个场景在一个视频短片中被凯文·B. 李绝妙地描述为："在那一刻时间仿佛静止了，她睁大眼睛，只能默然而恍惚地凝视着这一切。她还是个孩子，眼神中却充满了屈服。"（Scott，2012）

没错，"完成不可能的任务"是一种夸张的营销说法——有的人称它为营销惯例。但这也是那包含超人力量或者崇高威力的神话之基础。文化历史学者利奥·马克斯（Leo Marx）[②] 对这一点的论述十分精妙，他认为技术"崇高"这样一种修辞实际上包含了对进步的赞美："就像波涛汹涌的利己之潮，席卷了所有的疑虑、问题和矛盾。"（1964：207；Mosco，2004）自从摆脱了约 250 年前柏克（Edmund Burke）[③] 所谓的"陈腐而乏味的熟悉感"，"崇高"的技术变得更具超然性了。

Salesforce 的广告已经算是有关云计算的广告中覆盖面最广的了，但是它并不是唯一搭乘美国国家橄榄球联盟顺风车的公司。实际上，也许听起来很怪，它最大的竞争对手之一 SAP 公司早已通过付费成为美国国家橄榄

[①] 一种电影拍摄手法。一般指以拍摄角色凝视某个方向的眼神来交代情节发展，因斯皮尔伯格擅用这种手法而得名。

[②] 利奥·马克斯，美国麻省理工学院科学、技术与社会课程凯南荣誉退休教授。

[③] 埃德蒙·柏克（1729—1797）是 18 世纪英国著名的政治家和保守主义政治理论家。

球联盟"云计算解决方案软件官方赞助商"。而且，Salesforce 也不是第一家试图向大众销售云服务的公司。此前，微软公司也尝试通过投放广告获取企业和普通消费者观众的关注。这个软件巨头的广告活动反映了云服务公司在营销时面临的首要挑战——怎样把服务同时卖给企业客户和个人消费者。微软的答案是建立分销渠道，并尝试在两种渠道都进一步推动万能的云的神话。如大多数试图销售技术的广告活动一样，微软也把更多的精力用于普通消费者这条渠道上。2010 年，随着最新的商业云服务的推出，微软围绕着"云力量"策划了许多广告。其中典型的一则是管理者和 IT 专家们吹嘘他们依靠云这个新生力量所能做到的事情：

> 我可以改变每个人的工作方式……却又能使每个人的工作方式保持不变；
>
> 我可以使处理飙升的客户需求量这一过程变得十分愉快；
>
> 我可以在一夜之间将业务扩展到海外；
>
> 我还可以在 15 分钟内开发若干个 APP；
>
> 我是我自己的云的主人和支配者；
>
> 我是"我能行"企业文化的优胜者；
>
> 我拥有云的力量，我拥有云的力量，我拥有云的力量！
>
> 世上最好的云解决方案供应商——微软。

这是一则简单的广告。技术将给人们的生活带来改变，在这同时也可能遭遇到不安和焦虑，从而削弱技术"崇高"感。而微软将通过提供多种选择来避免这类不快。所以，它们的重点是"新技术令人愉快"。同样，本令人不安的市场需求飙升不再是 IT 界的噩梦，取而代之的是轻松愉快的解决方案。一夜之间发生的全球化扩张完全可以使软件在 15 分钟之内修复任何漏洞或错误指令。企业高管们现在是绝地武士①般的主宰者，而那些在工

84

---

① Jedi，绝地武士，美国著名导演乔治·卢卡斯拍摄的科幻系列电影《星球大战》中的虚幻角色。他们可以使用一种超自然的感应力量，称为原力。他们使用的主要武器为光剑。绝地武士的使命是保卫和维护共和国和宇宙的安定。

作的时候总是感到"不行了"的老板们现在却可以说"我能行"了。这些都是企业神话里的愿景，但也不完全是空想，不会削弱销售渠道对于精明高管们的重要性。这些愿景体现于真实，体现在那些由微软提供的云服务里。其产品本身如 Windows Azure，微软 Office 365 及其虚拟机服务 Windows Hyper-V 等，总是以最简洁明了的方式投入市场，往往强调服务供应商的企业价值观。在各种推广者口中，微软已经被赋予了神话般的色彩。这些推广者来自不同国家，他们在演说中描述了这样一个覆盖全球的公司：英国的经理将市场变化化作快乐，而印度商人可以一夜之间走向国际。也许归根结底这就是"云"的功劳，但事实上完美地覆盖了全球的是微软公司（Warren，2010）。

不久之后，微软发布了一个与以往完全不同的广告并引起了诸多争议。这场广告运动直指一些普通消费者，而且他们已经意识到"直上云端"是解决很多问题的方案。这个广告里，一位妈妈凝视着想要保存的全家福照片。她神情沮丧地抱怨：多么心不在焉的一家子啊！女儿正在不停地发短信，儿子正在把活动玩具人偶戳在弟弟的耳朵上，而爸爸在试着把它（人偶，可不是耳朵）弄下来。不过妈妈从"云端"找到了解决方法。在云端平台上，妈妈可以把这些心不在焉的照片替换成正正经经对着镜头微笑的照片。这意味着要从云图像库中下载每位家庭成员神情自然的照片并用修图软件粘贴处理到目前这张上，这样一来这张全家福就完美了。妈妈对此感到十分激动：多亏了云数据库，"我终于可以在社交网站上分享一张不那么丢人的照片了"。不过仿佛事情到此还没有结束：妈妈看了看她"现实中"的家人们，除了爸爸神情郁闷，惭愧地低着头，其他人都一副无所谓的样子。这则广告的最后，妈妈充满感激地总结："Windows 给了我理想中的家人。"[2]

这则广告激起的争议来自以下几方面。首先，相比起她拍照的"心不在焉"的真正的家庭成员，在这则广告中的妈妈似乎更喜欢用软件修过图的版本。如果使用云功能可以制造出更好的照片效果，或者至少因此可以自主选择拍照方式，不用对着镜头假笑摆拍，那谁还会想和家人真正地去照一张合影呢？其次，还有个奇怪但却无可否认的疑虑是，妈妈根本没有真正地用到云功能。这两种质疑都围绕着一种显而易见的云技术狂热展开："这是错误的、低劣的、有误导性的。这与云服务一点关系都没有。只是使用了一台 Windows7 系统触屏电脑本地安装的 Live Essentials 修图软件包来拼接处理一张全家福罢了，哪里用到'云'了？唯一的线上体验大概是把修过图的假照片发布到 Facebook 上这一步骤了。这广告可以说是当时最差劲的'新瓶装旧酒'的案例了。"[3] 很难弄清妈妈的新"Windows 家人"和微软在广告中声称她已经使用了云服务的说法哪个更假一些。有人也许会理直气壮地指责微软，这样把其他服务功能说成是云服务的做法是一种诡辩，因为妈妈似乎只是用云服务来搜集更合适的家人照片。也有人可以因此反驳云功能确实为妈妈提供了更多的选择，她可以选择大家心不在焉的原片，也可以选择后来用云功能加工过的照片。这则广告的有趣之处正在于，它明确地传达了科学技术对"自然崇高"的胜利。

这则广告很容易被人过度解读，但是别忘了，它和之前那些使用了激将法、简单化，以及通过夸张手法传达信息给观众留下印象来销售自己产品的广告一样，只是普通的商业广告而已。当然这么说也不为过——这则非同寻常的广告不只是在向观众灌输云计算的好处，它同时还反映并提出了一种通常被称作"后人本中心主义"的思潮。人本中心主义价值观出现于文艺复兴时期，直至后来成为启蒙运动的出发点，而后人本中心主义思潮则对其提出了质疑（Hayles，1999）。人本主义会认为，对于任何人来说，用技术合成的"家人"来代替活生生的家人都是无比凄惨的，更何况对一位母亲而言。而对后人本主义者来说，这只不过是接受我们这个时代的现实，并且将其优势为人类所用罢了。妈妈完全可以因为用技术手段来达成目的而感到自豪，而不应该因此举看起来似乎违背人类本性而感到愧疚。后人本主义者的想法使得那些普通人——不仅仅是专业的哲学家——对科学技术展开了思考，无论是从生物学还是信息系统科学的方向。也有些人站在严肃的立场上，坚持认为这与认可一种假冒新式技术哲学的财富机器而放弃人类的进步价值观没什么区别（Winner，2004）。这

86

场围绕着后人本主义的争论还延伸出许多比上述替换家人照片的伦理问题更严肃的话题，其中包括使用技术手段来延长寿命或结束生命、创造生命或者在新生命诞生之前将它终止。在争论中他们还提到机械、自动化以及那些由智能决策感应机器所带来的机遇与威胁。"妈妈的家人"只是个广告，但是它也给了云计算和微软公司一个介入公众激烈辩论的机会。显然，在自然"崇高"和技术"崇高"之间人们选择了后者，这个选择促使一种强大技术的神话或故事在全球文化中日益凸显：作为一种超越万物的工具，技术优于人力。

微软公司选择了在其云计算营销活动中同时追逐企业客户和家庭个人消费者。但其他两个 IT 巨头却选择了不同的战略——IBM 公司将精力集中在企业客户上，而苹果公司专注于开发个人消费者市场，这两种情况对于理解云功能的话语建构来说都非常重要。2009 年 IBM 发布了第一个云广告，是发布过云计算广告的公司里最早的一家。尽管这则广告仅仅凭借几个演员的交谈传递了简短的信息，但 IBM 的广告却仍然属于大成本制作。2012 年的广告"一切尽在云中"调用了 32 位动画制作人、设计师、插画师和建模师来塑造了一个栩栩如生而充满想象的云中世界（IBM，2012a）。按照 IBM 自己的说法，"场景中所有的东西均由手工绘制，然后再映射到三维线框上来创建完全定制的外观。每个角色背后都有故事，这体现着动画制作者们闪耀的灵感。制作者还广泛调查了每一处'地点'，来确保这个虚拟转换的世界和真实世界看起来一模一样"（Marshall，2012）。广告以招呼观众的旁白开始：多亏了"IBM 的智能云"，我们才得以"照常营业"。正如我们所看到的，其实，照常营业本身就没什么特别的。第一个动画场景是柏林的一个小研究所，在那个研究所中人们正在使用云计算来对抗癌症。第二个是中国，在那里，云正在帮助一个工业城市在四年之内成为一个高科技中心。然后回到西方国家，英国正在建造一个智能减排管道网络，使得废气排放量缩减为原来的 80%。最后，我们回到亚洲，发现"即使是在马来西亚的一间独立制片室里也能制作出电影大片"。然后，广告中出现了一个女子，她透过厚厚的眼镜注视着观众说："通过云来改变公司业务，这就是我的工作。我是个 IBM 人，让我们共同建设更加智能的星球！"

"智能"是这些 IBM 广告中的关键词，虽然其中的动画视觉效果更加精美复杂并耗资巨大，但是其中传达的信息还是和 2009 年时这个系列开始投放时一样：计算机，包括云空间，将使我们的星球变得更智能。大多数云服务提供商都不愿为自己的商务服务大做广告，但 IBM 与它们不一样。实际上，有个行业观察家已经对那些不爱做广告的云运营商提出了指责：它们总觉得自己完美无缺的方案完全不需要营销，一旦消费者尝试了这些方案并了解到它们的巨大优点，他们一定会告诉自己的商业伙伴的——对吧？事实上答案是：不会（Shaw, 2013）。当然，IBM 公司并不是这样想的。与大多数今天的广告主不同，IBM 针对云服务还展开了大量的印刷品广告宣传，以防人们忘记了最重要的关键词。它们还在其中的一些平面媒体广告中宣称："更加智能的技术带来一个更加智能的星球。"和 IBM 公司大多数的广告一样，这种平媒广告并不避讳灵活运用夸张的手法："技术是无形的，云计算正在你所能看到的任何地方进行彻底的变革。"之后它还用从"主流"到"收入流"的例子来证明这点（IBM, 2012b）。

对 IBM 公司来说，2012 年的云，或者更准确地说，IBM 智能云已经成了主流工具，并使人感觉到"大环境有变"：现在，企业可以销售刚捕捞上来的海鲜，工程师可以根据基因组信息制造新药，网球锦标赛也可以在赛场之外提供惊心动魄的比赛气氛。虽然这些案例离确凿证明"企业可以使用 IBM 智能云完成自身的再造"相差甚远，但是 IBM 公司似乎对证明企业如何开始把这些"主流"业务转变成为"收入流"更感兴趣。这意味着 IBM 进入了一个"云 2.0"阶段，摆脱了云的表面价值，不再仅仅将云功能当作"一种增加灵活性、减少复杂性"的渠道。

> "技术是无形的，云计算正在你所能看到的任何地方进行彻底的变革。"

如今，一些眼光长远的企业正通过从新的移动、社会化、大数据分析功能中获益的方式来对云计算进行重新思考。IBM 公司承诺，用户们能够自由改变商业运作模式，如怎样发展业务、充当行业"搅局者"，或者加速服

88

务和产品上市的进程。在有些人哀叹 IT 部门的没落的同时，智能云已经使曾经专属于技术专家之间的对话得以在整个公司内发生了。这类广告通常缺乏具体细节，除了 3M 公司①，它利用云计算功能来分析观众眼球的活动，使平面设计师可以更有效地"抓住观众眼球"。也许有人会认为抓取人们的眼球并不是吸引人们来关注智能星球战略的最好方法，不过，广告里也已经讲得很清楚了，云功能的目标是让每一个人、每一处角落变得更智能化。

也许是因为直面的是企业客户，IBM 的营销活动从来没有达到微软公司"直上云端"广告的戏剧效果。没错，夸张手法是不可避免的，比如像"全面改变"、"完美风暴"之类的短语和"再造"、"转型"这样的词语总是反反复复地出现。不过它们的目标是销售"知识"和"理性"，而不是创造"理想中的家人"。然而，这些词所传达的信息依然是意义深远的。IBM 公司的云服务非关情感或者共鸣，其智能云服务更多地着眼于知识和理性。毫无疑问，IBM 公司的智能云是一种知识性的云。此外，一些其他大型云服务供应商如威瑞森公司，在 2013 年推出的"有力的回答"广告活动模仿了 IBM 公司（Verizon Wireless，2013）。在后面的第五章中我们将具体阐述"不知之云"。"不知之云"是一种较为具有影响力的想法，出自一本 14 世纪的同名著作。届时我们将把 IBM "知性之云"和"不知之云"进行比较，并进一步思考这种观点的重要性。

广告有许多特点，但是其中最重要的应该是某种程度上的完美。云服务对微软公司的企业客户来说，是一种完美的力量，对个人消费者来说，意味着完美的家庭。于 IBM 公司而言，云服务体现的是完美的知识与信息；而对苹果公司来说，完美以和谐同步的方式呈现。像 IBM 公司一样，苹果公司在企业和个人客户中二择其一，主要面向个人消费者。苹果公司的个人客户使用云功能已经有些时日了，但直到 2011 年 10 月 12 日，苹果公司

---

① 3M 公司，全称为明尼苏达矿务及制造公司（Minnesota Mining and Manufacturing）。创立于 1907 年，总部位于美国明尼苏达州圣保罗市，以勇于创新、产品多元化著称。其创新产品极为丰富，在医疗产品、高速公路安全、办公文教、光学产品等市场居于领先地位。

才正式邀请用户加入 iCloud 云计划。在那之前，苹果的终端设备管理软件
iTools 在 2000 年开启了一款早期的云服务，苹果用户可以通过自己的 iTools
账户进入云空间。2004 年的时候，这项功能升级成为 .mac，最后在 2008 年
时转变为在线同步服务 MobileMe。我们中的许多人在使用早期的苹果云空
间时会发现，其一切功能都带有".me"后缀，一开始这似乎有些让人难以
接受。不过苹果向来以自恋闻名，比起给所有东西冠名"我"，你还能想到
什么更像照镜子的服务吗？也许更重要的是，MobileMe 也存在着一些小故
障的困扰，即使是史蒂夫·乔布斯本人都要大声质疑人们是否会一直对苹
果云服务保持信任。根据公司创立者所言，人们都这样认为："我为什么要
相信他们？他们给我带来了一个'同步移动的我'（MobileMe）！"（Sutter,
2011）这项服务最大的问题之一是，它能在多种设备上同步用户资料、音
乐、视频、邮件、联系人和日历。许多投诉的根源在于 MobileMe 的世界其
实并不太"和谐"，这也许就是苹果公司热衷于关注和谐，并把云的符号作
为公司所有线上服务的标志的原因。

89

  iCloud 首个广告的投放先于其服务的推出，广告简单介绍了这项服务，
并展示了它可以无缝整合用户所有设备的强大功能。云的画面呈现之后，
画外音娓娓道来："有了 iCloud，你在一个设备上购买了一首歌，这首歌将
（立即）在你其他设备上同步下载。你在这里拍了张照片，在另一处也可以
显示。在一处开始一项任务，临时离开之后可以在另外一处继续完成。在
这边抓拍了一个瞬间，在另一边也同样可以看到。在一个设备上对文件进
行修改，另一个设备上也会有相应的更新。因此，iCloud 让即时工作成为可
能，你想在哪里拥有，就能在哪里拥有。"（Apple, 2011）将 iCloud 基本功
能演示给用户之后，广告中的画外音也随之消失（Apple, 2012）。这一系
列广告由一些纯粹的视觉图像组成，展示了音乐、照片、图书以及可以从
云端下载或上传的移动应用，都可以在 iPhone、iPad 和苹果笔记本电脑上即
时同步。广告中还出现了没有旁白的文字："全自动，无处不在，iCloud。"
这句话精准描述了苹果云服务高度的和谐统一。

  不论有没有画外音，苹果公司的系列广告都十分与众不同，因为其对完

美的阐释是体现在商业美学之中的。云的体验者通过云来创造完美,并将完美进一步演绎至新的高度。这不是戏剧性的夸张,而是一种崇高和谐的新层面。这明显不同于微软公司的广告。对于微软来说,无论是指向企业还是个人消费者,它都承认世界的不完美,并且向人们展示了如何通过技术手段来弥补这些缺憾。这种差异的原因仍然是未知的,然而从对这两家企业的创立者史蒂夫·乔布斯和比尔·盖茨的访谈中可见一斑。乔布斯是一个完美主义者,其目标是完全控制技术(体验)。而盖茨是一位开放性系统的支持者,为了扩大用户量他甘愿承担这种系统缺陷的风险。后来谷歌公司推出的基于安卓操作系统的设备也是基于这样一种思路(Isaacson,2011:534)。

类似于苹果 iCloud 的广告有助于云计算的话语建构。这些公司都试图用对于完美的想象来包装云服务,赋予它们技术"崇高"。而我们上面探讨过的例子对它们来说尤为重要。这些广告之间的不同只在于怎样想象完美。对 Salesforce 来说,它们将通过云服务为商务工作提供这种"崇高",使上班族能够做到不可能做到的事。在微软直指企业客户的广告中,完美意味着无干扰的改变,另一种形式的完美则是微软的云,而为个人消费者带来的技术之"密钥"则有助于建立完美的家庭。对 IBM 公司而言,进步来源于通过认知文化建立一个更智能的星球,这种文化将理性思考和实践扩展到社会生活的方方面面。最后是苹果公司,它们通过和谐同步所有设备来加深、扩大日常生活中已有的完美。

通过把云计算和个人、家庭与组织的完美前景结合在一起,云技术的开发者为环境风险、电力中断、无所不在的监视和给 IT 行业带来的失业构建起了另一种解读。

其实谁也无法保证,广告中所深深嵌入的话语和观众、读者、听众所真实体验到的是一样的。毕竟,快速地浏览一下观众评论也不难发现,微软的"完美家庭"广告使有些人觉得被冒犯,还有些人认为微软的这则广告根本没有展示出云的真实意义。

很难想象被公司说服的人们在说出"直上云端"这样的话时不带任何嘲讽意味。不过,问题的关键并不在于评估广告的影响程度,因为还要考虑许多其他的变量,所以彻底的科学严谨实在太难做到了。人们对 iCloud 的接受,或者企业们决定加入 IBM 的智能云计划和广告活动有直接联系吗?答案目前还不确定。但毫无疑问的是，这些广告活动都在话语中建构了云计算。它们为个人或组织定义了云计算是什么，并告诉人们它能带来什么样的好处。这对在消费者没有清楚理解的情况下填补空白很重要，作为一种手段来回应那些新闻性的和研究性的报告提出的关于云计算的问题，也是很重要的。通过把云计算和个人、家庭与组织的完美前景结合在一起，云技术的开发者为环境风险、电力中断、无所不在的监视和给 IT 业带来的失业构建起了另一种解读。

博客对云的推广

商业广告一度是推广产品时绝对主导的方法。虽然它现在依然重要，然而现在也出现了许多其他建构云话语的方法，商家通过这些方法销售它们的云计算服务。在这种变化的诸多迹象中，广告代理公司正以其创造性天赋设计着多种沟通渠道，其中包括广告，但绝不仅限于广告这一种。21 世纪媒介形式的扩展无疑有助于创造新的营销机会。比如，也许有人会期待所有大大小小的云计算供应商能在它们自己的官网和博客上营销自己的设备。它们的网站通常包含丰富的信息，但是也很容易使人觉得这是企业的自我推销而被嗤之以鼻。不过，供应商自有妙计。当微软官网发布一则研究报告，声称中小型企业中有三分之二缺乏营销策略时，一个网络红人将这个素材运用到他一篇讲述云计算服务公司如何提高营销水平的博客文章中。这样一来，微软的企业网站只要将信息提供给那些言论看似更客观的站点，就可以名正言顺地向受众宣传自己的产品和服务了。在这一方面，企业官网为"促销食物链"的生长提供了养料。

许多如博客、时事通信、研究报告一类的在线站点也建构了云的话语，它们可以推广云计算服务，而无需与任何特定的云企业建立明确的联系。它们的话语虽然确实含有一面之词和广告嫌疑，但这样却能使得它们看起来十分"客观"。这些话语大多都带着含有"云"字的标签：比如"云的调整""谈天说云""亚洲云论坛"等。部分站点与那些从事 IT 研究、销售云

91

产品的大型企业相关，而剩下的则是一些个体户或者小型企业的产品。很多这类站点都带有促销链接。比如，为了下载一个关于面对云计算如何克服挑战的白皮书，需要提供自己的街道地址和电话号码。我照着做了，下载的白皮书也很有用，但是隔天就接到了一个电话，对方问我是否有兴趣为自己的公司购买它们的云服务。另外一个博客的做法也是类似的，但目标却更为明确——旨在帮助 IT 人士说服自己的上司来使用云业务。我从那个站点下载了一篇文章，题目是《如何消除"疑云"》。这篇文章"具体阐释了消除怀疑者疑虑的四个关键步骤，让您的组织得以利用云计算的众多优势"（Shields，2013）。在一篇名叫《云计算销售的五种不同方法》的文章中，传达了 Cloud Tweaks 网站的销售信息，但用的却是一种幽默的口吻（Kenealy，2013）。它们的一些做法确实引起了大众对云计算公司的关注：前十强或前一百强的云公司都有哪些？接下来的这一年哪五个或哪十个公司会被看好（Panattieri，2012）？

　　博客网站 Cloud Tweaks 就是那种典型的含有大量信息，旨在提高人们对云以及云服务销售兴趣的博客。这家网站建立于 2009 年，算是该领域老牌网站之一。它的读者群体大致包括 IT 专业人士、政府雇员、金融机构工作人员以及公司行政人员，他们可以通过提供身份验证来获取免费订阅。这样一来，读者们可以通过这个网站获取工作、供应商、会议、课程培训等方面的信息，以及云产业调查的白皮书。Cloud Tweaks 主要依靠广告生存，这些广告主要由一些云计算公司投放，内容大多关于云计算业务。该网站 2013 年 8 月发布的一篇文章表达了这样的思考：这类网站是如何将信息和营销两者结合在一起，从而加速了云计算话语的建构的？此文开篇就提出了这样的问题：云公司，尤其那些中小型企业是如何成功地营销它们的产品的，或又因什么原因而失败？此文还表示，许多云公司都认为云技术是如此卓越，以至于它可以"自我销售"，只需要一个人或很小的咨询公司就可以承担起销售任务，文章认为这是错误的，并提出了一系列修正意见。首先是制定一个严格的渠道保障方案。"渠道"是一种行话，用来表达商家如何与潜在顾客交流，尤其是通过网站或博客这样的在线业务。其次，包装渠道固然重要，但企业在非特定语境下使用"云"这个词时也务必小心谨慎，因为大多数企业，尤其是小公司，相比起"云"的概念而言它们也许更了解自己所需要的那些特定服务。接着，当它们认识到云营销业务可以通过多种不同方式展开之后，企业可通过发布"云"博客网志、以游客身份评论及参与线上讨论等形式加入到云计算社区中。以上这些都是企业促销的各种形式。最后，参加贸易展销会以及以云计算为主题的研讨会也很重要，因为这都是绝佳的推广机会（Kenealy，2013）。

　　许多其他的站点也在诸如"怎样营销云计算"的话题上提供了营销信息。密切关注这些信息尤为重要，因为它们具体揭示了在话语中建构云的持续进程，其中包括保护云的形象，使其免受那些有可能破坏产业发展的批评。比如，《云计算学刊》（*Cloud Computing Journal*）上刊登过一篇关于怎样"在云计算营销中规避失败"的论文，该论文首先表明学会营销云服务的重要性："据一些研究机构预测，'云'将主导软件产业的各个方面；无论消费者对安全、访问及用户定制有什么样的疑虑，SaaS 市场的发展都是注定的结局。"（Wilson，2012）这项研究承认 SaaS 存在问题并呼吁为其后续的发展提供合理的方案，这实际上提供了一剂"预防针"，也就是文化学者罗兰·巴尔特（Roland Barthes）所提到的"思想接种"理论，这对维持事物的神话地位很重要。在这种情况下，对云服务所存在的安全、访问和定制等问题的坦诚给云的"完美神话"打了一剂"预防针"，而且这种认识也加强了对其重要性的争论。这极大地支持了以下基本观点——云将支配整个软件产业，云市场将稳步发展，所以可以放心开展云业务。但是到底该怎么做？

　　如果谈到细节，我们可以发现这种沟通方式与纯粹的商业广告营销有很大的不同。云销售者们坚称云技术可以赋予顾客更多的权力，也应该假定未来的顾客在个人购买之前都会做一些必要的调查，只有这样才能保持前瞻性。在企业与顾客直接对话接触之前开发在线业务，从而方便潜在顾客自己来决定该怎样做，这一点对云公司来说是至关重要的。

这些业务包括白皮书、博客推送、视频剪辑等。事实上，这一点是在建议云服务供应商：应该尽量避免在印刷品广告、实体邮件或者贸易展会上的陈列等线下广告上投入大量营销预算。除了线上交流之外，云公司还应该在它们的网站上为顾客提供免费软件试用，因为顾客们通常都希望了解软件是如何运作的（Wilson，2012）。另一个名叫"商业解决方案"的网站提供了如何将云计算服务销售给企业用户的建议。首先，假如客户是一家比较具有环保意识的企业，那么供应商应该将云技术作为一种能够削减企业电费账单的环保技术来销售。其次，如果一家公司较为担心自然灾害潜在的破坏性影响，那就将云技术作为一个能够切实保障服务连续性的系统来销售。最后，还可以将云作为通向全面虚拟化的一步，对于那些关心对特定平台依赖性的人们，云可以让他们在任何时间使用任何平台（McCall，2012）。

94

　　还有一些云网站为如何对一些特殊顾客进行营销提供了建议。有个网站提出针对首席信息官（CIO）和首席财务官（CFO）的营销应该有所区别。前者首先关注的是安全问题，其次是扩展云资源的能力问题，再次才是应用程序的可用性问题。这样一来，网站发布的信息就可以确定 CIO 们最可能提出的问题的正确答案。从字面意思来看，CFO 们最关心的则应该是成本问题，尤其是企业使用云服务能节省多少成本。但是他们同样也担心监管问题以及使用云技术对公司的商业模式造成的整体影响。鉴于 CIO 们和 CFO 们之间有着潜在的关注点差异，文章得出结论：找到二者的利益共同点，才能在转向云服务的过程中让双方都感到满意（Ko，2012）。

　　另一些站点关注的仍然是怎样销售具体种类的云计算服务。比如科技类博客 Gigaom 就同时为买家和卖家提出了怎样营销 IaaS 的建议。我们在第二章中曾描述过 IaaS，这是云服务的一种形式，云供应商用 IaaS 来运行一种服务器，用户可以用它储存和处理个人数据。针对卖家，该站点建议消除人们在交流中经常遇到的断断续续的情况，从而确保人们使用服务器的时候享受无缝隙和自主性。此外，销售 IaaS 或者其他云服务要涉及客户公司不止一位负责人许可的大额开销，所以"不要指望一次自助试用就能让人家购买"。最后，这篇文章还建议云卖家最好引进一批系统整合与电信业领域的专业人士，即使这意味着与其他公司进行合作。至于买家，这篇文章的建议则是最好选择那些能让依赖性"最小化"的应用程序，当用户花钱购买了供应商的云服务之后，发现只能使用它们家的专有软件和应用时，事情就很难办了。这篇文章还建议，购买者不妨积极地告诉自己身边的其他人 IaaS 是最好的方案，如果这样能够使 IaaS 成为成功的典范，那么多走几小步弯路也是必要的。最后，买家应该证明希望自己公司所购买的服务是许多其他公司也在使用和销售的。声称自己的选择是那些广为人知的选择之一，在组织内部可以有效减轻他人的疑虑（Orenstein，2010）。这个建议十分有意思，因为它承认了云作为一种常用的商务解决方案，除了卖家之外，它的口碑还需要依靠买家来推广。"我们团结在一起"的信念克服了用户的结构性差别（买家/卖家、CIO 们/CFO 们），还试图为人们下决心使用云服务创造一种达成共识的同盟和一致的氛围。

95

> "我们团结在一起"的信念克服了用户的结构性差别（买家/卖家、CIO 们/CFO 们），还试图为人们下决心使用云服务创造一种达成共识的同盟和一致的氛围。

私人智库对"云"的推广

在线简报和博客站点以非商业广告的形式为云计算文化做出了有力推广。这些"广告"不仅信息丰富、教育性强，且以提供服务为导向，但同时却也体现了商业广告的关键特点，不同的是，在商业广告中这些特点表现得更加明显。这些站点把云描述为一种技术上的重大突破，将会对所有企业乃至全社会都有广泛的影响。当遇到一些偶然的安全问题时，它们会迅速地指引用户找到解决方法，比如从云安全公司那里购买强有力的加密服务。此外，它们还对云表现出无比乐观的态度，并且把重点放在引领读者跟随它们的步伐上面，比如指明产业内的就业前景、提供培训机会以及识别"种子选手"（上至业内前十强的公司，下至那些引人注目的新兴企业）。最为重要的是，它们还通过给云技术的各种拥护者和云市场的各个细分领域提供普遍的建议和有针对性的意见来展示如何出售云计算服务。这些站点主要依靠云计算公司来获取行业信息，当然它们也同样依靠云计算领域中的另一类关键要素——私

> 私人研究公司总是小心翼翼地将自己定义为客观信息的独立来源，这些信息对那些公司客户和政府机构而言弥足珍贵，它们甚至不惜为此花费大价钱。

人研究咨询公司。相比于在线简报和博客站点，德勤、弗雷斯特、高德纳咨询公司和麦肯锡公司这类企业的报告就或多或少离人们希望看到的客观描述更近了一步。虽然它们也并不总是提供正面的观点，但这些私人研究和资讯公司通常倾向于发布一些支持性的且带有促销意味的软文，更强调正面和积极影响。

私人研究公司总是小心翼翼地将自己定义为客观信息的独立来源，这些信息对那些公司客户和政府机构而言弥足珍贵，它们甚至不惜为此花费大价钱。2009 年，德勤公司将研究注意力集中在云计算上，它们发布了一个报告，其封面上炫出了各式各样处于不同天气中的云彩，与这份名叫"预测变化"的文件相得益彰。从一开始，它就将这份报告与一般宣传材料区别了开来，即使它也明确地给云做了软广告："这本小册子的目的是使云计算讨论中的'不炒作'成为可能，并且使人们对它的认识达成共识。我们希望，你也能像我们一样为云计算那不可抗拒的力量折服，不仅仅是因为它的优势，还因为能够理解它所带来的风险，以及我们可以如何解决。"（Deloitte，2009：3）尽管它的目标是避免夸张，但德勤公司仍然希望使读者认识到云的强大力量。这份报告很快就引起了人们对"不炒作"定义的怀疑，因为两页之后它就开始毫无证据地声明，"云计算将是企业 IT 传输和服务方式转换的下一个技术性突破"（同上，p. 5）。其实报告本身的出入更大，但是当涉及"不可避免的增长"这一中心主题的时候，它还是与多数类似的报告保持一致的。比如这个有代表性的看法："许多专家都表明，云计算市场将会在未来几年里急速扩张。在 2008 年至 2013 年的这段时间里，高德纳咨询公司预测云计算市场价值将从 91 亿美元显著增长到 266 亿美元，这也体现了 24% 的 CAGR（复合年增长率）（以上数字都排除了云计算广告

的收入）"（Deloitte，2009：29）。这些数字对于一个新兴产业来说是强有力的，但是，通过使用另一个私人研究公司的权威数据，德勤公司确信云技术必然会大规模扩张。如果我们需要一个备忘录，那么这份报告也总结出了一些关键点（同上，p. 34）：

- 经济、技术、社会因素能够支持云计算的发展。
- 行业趋势向我们展现出了明显的五年期全球性增长。
- IT 利益相关者的客户调查显示了人们对云计算有着极大的兴趣。
- 随着越来越多的组织开始从云技术中获益，各种不同规模的企业都应该评估对自己潜在而适用的服务。

以上提到的几点在准确性方面比任何专门的测试都要重要，因为不管报告是否准确地预测了这个行业的未来，毫无疑问的是它都已经成功地推广了营销话语。除了给"云"赋予一种独一无二的合法性，当简报、博客站点以及其他宣传资料也免不了要强调"云"的重要性的时候，这份报告的影响力会成倍增加。这样说来，包括博客 Software Strategies Research（Columbus，2012a）、硬盘制造商希捷公司的博客 Storage Effect（Wojtakiak，2012），还有一份研究报告（Dalwadi，2012）在内都是那些数不清的"推手"之一。这就形成了一个"确认的循环"，在这个循环中合法性报告被其他话语引用、进一步论述或者再建构，成为全球性的话语生产链条中的一个节点，在这种情况下，这也就可被视为一种推动云计算产业之必然性发展的叙事文本。

弗雷斯特研究公司是另外一个绝佳案例，它将自己定位为研究咨询公司，并且利用自己的合法性地位来促进云文化的推广。这家公司专注于为 IT 产业提供专门的研究，并且对云计算相当关注，其成果包括一篇发表于 2011 年名叫《测量云》的报告。弗雷斯特公司利用这个报告再次预言，云技术的市场将从 2010 年的不足 410 亿美元增长到 2020 年的 2 400 亿美元。这份报告本身的价格超出了其大多数读者的消费预期（2 495 美元一份），而行业增长似乎也成为关键的主题（Reid & Kisker，2011）。与德勤公司的报告一样，这份报告也被一些博客利用，它们挑选出预测增长的观点并将

97

其视为专家们普遍观点的一部分——"因此,《测量云》报告某种程度上支持了分析师的共识,即云计算市场将在可预见的未来经历一场爆炸性增长。据弗雷斯特研究公司分析,在未来十年之内云计算市场将增长 5 倍,这种特点是新兴产业和相对欠发达的市场才会有的"(Kirilov,2011)。在 2011 年底,弗雷斯特重申了一遍这个观点。弗雷斯特研究公司的一位研究员通过博客发布了关于 2012 年的预测:"所有云市场将持续增长,整个云市场总值(包括私人的、虚拟专有的、公共的云市场)将在 2012 年底达到 610 亿美元。到目前为止,最大的个人云市场仍然是 SaaS 市场,它的总价值将在 2012 年底达到 330 亿美元。"(同上)正如其他同类报告一样,这份报告也表现出了不同云市场的细微差别——有些云市场将比另一些增长更快,而且这很大程度上取决于世界经济的整体状况。不过总的来看,云计算将会作为一种全球 IT 经济的核心力量持续进步。很难确定这份报告的预测是否精确,因为于此并不存在明确的衡量标准,而且,包括作为产业领袖的亚马逊在内的许多公司并不将云计算的收入与其他收入分开计算。其对整个云市场的评估看起来十分合理,但是对于 SaaS 那样的单独细分市场来说似乎很可能高估了其实际增长。这主要是因为对它的具体预测不如它的实际发展轨迹重要,而且后者几乎完全地支持了营销的话语。

"弗雷斯特:SaaS——公共云服务大幅增加。"

再一次,这份报告及其乐观估计广泛流传。这对重新提振市场十分重要,因为在这之前,亚马逊网络服务系统刚经历过严重的中断故障,评论家也十分乐意看到弗雷斯特公司的发现能够缓解人们对于云市场的焦虑。一个为首席信息官提供资讯的博客封面头条就是:"弗雷斯特:SaaS——公共云服务大幅增加。"更重要的是,这篇文章的结论与亚马逊网络服务系统的故障直接相关:"等到关于亚马逊为期两天的云服务中断的议论平息之后,很长一段时间内,公共云服务将稳步提高。"(O'Neill,2011)这篇文章接着重复了弗雷斯特研究公司的增长预测,直到 2020 年,公共云服务的市场总值都将大幅上扬。尽管之前也有记者做过重点报道,但这一次弗雷斯特报告将事情简单化了,它把这次事故视为孤立的事件,而非灾难来临的预兆（Miller，2011）。当然，鉴于对亚马逊事故广泛存在的负面评价，没人能够保证那些云服务的潜在客户会迅速返回云服务。"一位 IT 界高管的话引人深思：'我们认为，云技术还没做好为企业所用的准备。'这位高管名叫吉米·塔姆，是 Peer Software 公司的总经理，该公司的主要业务是为企业客户提供数据备份。他还说：'你真的要把你珍贵的公司资料放在这些云服务提供者那里吗？'"（同上）无独有偶，其他人也有同样的看法："'显然，你无法掌控你的数据和信息。'Loosecubes 公司的创立者坎贝尔·麦克拉如是说。Loosecubes 是一家帮人寻找临时办公空间的网站，也是那些丢失了信息的公司之一。'这是一次重大的业务中断事故。明天我将购买一份商业中断保险，相信我，也许我们会选择一个其他的云供应商作为备份。'"（同上）很难说弗雷斯特对正在繁荣发展的云技术的肯定能够平息人们的忧虑，但是将弗雷斯特的预测和当日的新闻做对比可以向这个产业说明这样一点，即在工作中拥有一套说辞来消除那些记者和研究人员提出的担忧也是很重要的。

99

高德纳公司将自己定义为"世界领先的信息技术研究与咨询公司"，并且宣称："每天，我们都在为客户做出正确决定提供必要的技术建议。从企业和政府部门的信息执行官、IT 高管，到高科技通信企业和专业服务公司的商业首脑，到科技股投资者，对于来自 12 400 家不同组织的客户，我们是最佳伙伴。"（Gartner，2013）即使这种夸张的自我描述不可全信，人们也普遍地相信该公司通过自己的研究和预测给 IT 产业带来了相当大的影响。正因如此，它们才有底气为自己的评估预测制定高昂的价格。一份只有 9 页纸的高德纳报告——简要预测了 2016 年云技术的发展——要价却高达 9 995 美元。像它们的同行德勤和弗雷斯特公司那样，高德纳公司对云计算的预测已经为"雷打不动"的云市场扩张前景做出了重大贡献。比如在 2012 年 7 月，一篇题为《高德纳公司：云束缚了传统软件和硬件的销售》的文章预测该领域在 2012 年将增长 20 个百分点——从 2011 年的 910 亿美元增长到 1 090 亿美元。高德纳公司还预计，到 2016 年，云计算将成为价值 2 070 亿美元的产业，虽然它仍然只占整个 IT 行业中很小的百分比，却意味着将比整个行业的发展都更加迅速（Butler，2012a）。

在这个无比乐观的预测公布几周之前，还有一份关于消费者对云的接受程度的更为乐观的预测。在进行统计、预测的时候，只有7%的用户数据被储存在云端，该报告总结道，到2016年云端所储存的数据比例会达到36%，这将导致整个产业对数据中心、同步服务以及"完美"的上传和下载功能的需求大大增加。根据高德纳分析，"云存储将与个人云服务的出现一同增长，这将相应地简化'直接使用云'的模式，允许用户将用户生成内容直接存储到云端。"除了一些潜在的小问题，比如个人存储设备空间大幅提高之类的商品化威胁，云的扩张在近期内无疑将会顺风顺水。高德纳的结论在那些发布云行业动态的新闻通信和网站中广泛流传，并且还进入了商业媒体，像《福布斯》这种有影响力的出版物也开始发布一些乐观的市场预测汇编，其中就包含了高德纳的研究（Columbus，2012b）。根据另一份报告，云计算已经渗透进全球企业供应链的各个方面。所以，这份报告得出的结论是，高德纳预测的到2016年IaaS云服务将会有42%的涨幅并不是什么令人震惊的事情（SmartData Collective，2013）。

有关构建云促销话语的私人研究机构的最后一个案例是麦肯锡公司，该公司将自己描述为"世界领先企业，政府、研究机构的忠实顾问"（Mckinsey & Company，2013）。麦肯锡公司建立于1926年，它号称与《财富》杂志企业排行榜前一千名企业中的三分之二有过合作。麦肯锡公司与云计算的关系最初还充满了争议，2009年，麦肯锡公然与云技术的早期拥护者叫板，并坚持认为，使用云技术并非是企业的最佳选择，尤其是对于那些大型企业来说。它还发布过一篇题为《消除云计算的"傲慢"》的报告，其中总结道，尤其是对于一家成本节约型企业，人们对云服务的评价言过其实了。因为，使用像亚马逊网络服务系统这样的云服务所需要的开销，已经远远超过了企业将数据进程储存到自己的数据中心和服务器的经济成本。麦肯锡公司建议最好将数据进程全部保存在本公司内部，但是要将服务器虚拟化，或者实质上将服务器分割成若干台虚拟机器，使用软件最大化其中一台机器的功率，并根据公司不断变化的需求调整其功率范围。虽然这些建议十分合情合理，但也正如麦肯锡认识到的那样，中小型企业无法像大公司一样，体验到内部系统的规模经济效益（Rao，2009）。这个早期研究后来引起了持续反响，正如一篇独立研究报告所总结的那样："一些大型企业拥有高度优化并对应企业需求的 IT 商店，它们也许会发现云计算的花费更加昂贵。但是如果该公司的工作量是随着计算能力的不同而起伏波动的话，那么云技术确实可以节省一大笔成本。"（Butler，2013a）

　　麦肯锡公司对于大型企业应该回避云计算的建议引起了云计算支持者的震惊并遭到了质疑，他们中的绝大多数对此感到沮丧——这样一个享有盛名的研究机构竟然草草做出这样的判断。他们还指责这个报告"忽视了云服务器服务中的一些关键趋势。在云技术的层面，创新的定义也在迅速改变。它的进步空间仍然很大，一些大的云计算服务如亚马逊网络服务系统、谷歌、Sun 微系统公司①以及微软总是不断地推出不同的产品。随着这些公司纷纷参与'云计算的竞选'，亚马逊网络服务系统将面临更强大的市场竞争，而且很可能下调价格来为自己争取市场份额"（Butler，2013a）。一些分析师认为，过多地关注当前的价格（"这份报告似乎在炒作云的成本"）而较少关注创新的前景注定了这不是一份合格的报告（同上）。

101

　　麦肯锡公司的报告完全不像一份促销广告。但是尤为有趣的是，后来麦肯锡完全变卦了。在 2012 年的一次年会上，该公司的高级合伙人伯提尔·查普伊斯（Bertil Chappuis）提出了一个完全不同的看法。在采访中，他这样说道："'云'成了商业企业界的风潮。"他的重点在于，云技术不仅仅是对那些销售云服务的公司有利，而是对所有企业和创业者同样有所助益。对于后者，查普伊斯清楚地表明他并不只是在描述一种创业企业模式下的硅谷品牌，而是有关所有形式——大的、小的、独立的商业活动。从2009 年到 2012 年发生了什么变化？对此，查普伊斯主要论述了三个关键的发展。首先，与第一份报告中预期的相反的，是"廉价的计算"。具体说来，他列举了使用自己的服务器系统与将数据传输到云端所花费成本的三种不同情形。事实上，由于"大规模、高效率的数据中心"的存在，购买

---

　　①　一家创办于 1982 年的 IT 公司，主要产品是工作站及服务器，该公司已于 2009 年被甲骨文公司收购。

一套完整的云服务的花费事实上比公司为内部服务器提供电力的成本还要低。其次，云服务对供应基础设施来说更加灵活。不管企业位于何处，安装一套服务器系统都需要 60 至 150 天的时间，而获得云服务的使用权却是一瞬间的事，他还列举了人们"用信用卡的方式购买计算功能"的真实案例。最后，他还提到云功能可以使我们对"社会化、本地化、移动化以及大数据"有新的体验。这就需要提升其迅捷性、灵敏性来满足在多设备平台上处理突发性的需求。将成本、迅捷性以及新体验的可行性综合起来，就形成了一个更稳固的系统，该系统"使这些云环境能够在各种环境里得以传播"。所以，云计算其实变得比它早期的支持者们所预测的更为重要。除了服务于甚至是改变商业模式，云计算已经成为一种能够创造全新商业模式的决定性力量（Chappuis，2012）。

102

查普伊斯用若干案例来支持这个观点，其中包括一个制药公司在决定将详细的分子学信息纳入自己现存的系统中时，被动员改造了自己的整个客户关系管理（CRM）系统。由于该公司缺乏内部操作能力，它选择了与一家云供应商合作，并使用了一种移动应用来很好地完成了这项工作。结果是如此令人满意，以至于该公司重新思考了它的整个客户管理系统策略。在另一个案例中，一位人力资源经理想要对员工数据库进行数据分析，云供应商很好地解决了这个问题，并且促使这位经理对整个人力资源系统进行了重建。下一个案例是，有一家只有 25 名员工的小企业，可以内部处理任何事情，但它将自己的邮件全部托付给一个云公司来管理，效果也很不错。这家企业决定与该云公司继续合作，将自己的线上视频也存储到了云空间，后来这也运作得十分成功。于是这家企业将自己所有的 IT 业务全部交给了云，节约了 55% 的 IT 业务成本，因此得以专注于自己的核心业务。最后，查普伊斯谈到了亚马逊网络服务系统。该业务因其高额价格受到了 2009 年麦肯锡报告的严厉批评，现在这个故事则是关于一位 IT 经理人的。他面临一项在规定时间内开发一个移动应用的任务，使用亚马逊网络服务系统使他在几分钟之内搞定了全部工作，从而节省了数个月的时间。自从将云功能作为一种外包业务来考虑，内部合同和没完没了的用户支付所带来的问题消失了，取而代之的是俗话所说的"双赢"的局面（R. Cohen，2013）。

借用一句人们熟悉的话，我们无法改变的既定事实有三：死亡、纳税和天气变化，所以麦肯锡公司的预测从 2009 年的"部分多'云'"到 2012 年的"阳光灿烂"其实也不足为奇。但是，公司预测的变化也给营销文化的发展上了重要的一课。在 IT 界逐渐形成的共识是，云计算将成为"下一个惊天动地的变革"，人们也确信它在未来将发展得更完善，并将促使全球经济和企业转型，不过这种共识不会自动变成一种常识，或者是学者们所谓的"霸权"。因为霸权的形成需要时间，而且还不可避免地迫于业界内外压力而产生变化——早期云支持者之间的不同预测形成了内部压力，而外部压力则来自云拥护者和新闻记者因为环境、安全和劳动关系而对其提出的质疑。营销文化霸权的发展并不是一个单纯地产生于社会权力平衡的机械过程，而是一种有机的发展，这种发展的出现、变革或者衰退、消失和繁荣，取决于是哪个核心参与者在积极而持续地确保其重要性。麦肯锡公司的观点变化，或许仅仅代表它承认，自己曾经对云技术有过误读，或者是没有意识到云在短时间内的发展程度。不过，你也可以把它看作是云营销文化发展中的一个关键转变，因为在三年前，这些重要的思考刚出现时，云行业重要领域的大多数参与者，如私人研究机构和咨询公司就近乎压倒性地支持着最初的观念。

103

把云推向世界

除了广告、网站、私人研究机构与咨询公司的报告和预测，思考全球性研究组织为了支持云技术而进一步建立的话语霸权也十分重要。世界经济论坛（WEF）就是典型的例子，该组织在 2012 年的《全球信息技术报告》（Dutta & Bilbao-Osorio，2012）中，重点介绍了网络世界必不可少的新成员——云计算。这个论坛把自己描述为"一个独立的国际组织，致力于通过团结商业、政治、学术以及其他领域的首脑，来建构全球的、地区的和行业的议程，进而改善世界现状"（World Economic Forum，2013）。在其一系列活动中最出名的是年度达沃斯大会，该峰会将首脑们召集到一起来讨论全球事务，并倡议建立共识以支持政策实施。在过去的两年里，云计算已经吸引了该论坛的关注，上述报告为建立使用云技术的共同路径而调动了国际支持，并且以一个大型全球经济组织之名给云技术颁发了通行证，这也是该报告为云计算出的第一份力。报告分成了若干章，每章由独立的作者所著。这些作者大多来自信息技术、电子通信行业中最重要的集团公司，或者是私人研究机构（其中有一章为一组麦肯锡公司的研究者所著），也有包括世界经济论坛本身在内的国际组织、联合国教科文组织以及国际电信联盟①和一些高校。报告中有两章是关于云的，其中两位 SAS 软件公司的高管合著了《云的智慧：超链接、大数据和实时分析》一文，SAP 公司则发表了《通过内存技术和分析方法利用实时大数据力量》。

104

虽然这份报告包含了来自不同专业人士的作品，但这里还有个小小的疑问，那就是其中绝大多数都是来自企业的声音，而没有来自全球 IT 领域非政府组织大型社区的意见。此外，还有一点质疑，这其中有哪家企业是沉默的？强调来自企业的意见是该论坛与欧洲工商管理学院②（INSEAD）之间进行合作的结果。欧洲工商管理学院是一家国际性商业学校，目前有法国、新加坡和阿布扎比三个校区。更有趣的是，整个报告都是由一家中国公司——华为友情赞助而成的。华为是世界电子行业的领军企业，不过也有人认为这个领袖地位存在争议。2012 年，华为超越了爱立信成为全球最大的电信设备制造商，还一路碾压诺基亚和 RIM③，一跃成为继苹果和三星之后世界第三大智能手机生产商。该公司为全球市场供应产品，但从中

---

① 国际电信联盟是联合国的一个重要专门机构，也是联合国机构中历史最长的一个国际组织，简称"国际电联""电联"或"ITU"。主要负责分配和管理全球无线电频谱与卫星轨道资源，制定全球电信标准，向发展中国家提供电信援助，促进全球电信发展。

② 欧洲工商管理学院于 1957 年在法国枫丹白露正式成立，是世界最大和最有影响力的独立商学院之一，也是欧洲最受尊重、历年排名首位的商学院。

③ 加拿大移动研究公司（Research in Motion Ltd.，RIM），成立于 1984 年，为通用汽车做联网的红外 LED 显示板。1997 年的时候 RIM 为 BellSouth 作了一个 5 000 万美元的无线电子邮件设备的单子，在一个使用爱立信技术的称为 Mobitex 的网络中来帮助运输者跟踪库存，使得 RIM 能够在网络环境下测试其设备。2011 年 7 月公司宣布裁掉 2 000 个工作岗位，占其雇员总数的近 11%，大规模瘦身以自救。2013 年 1 月，RIM 与黑莓品牌合并。

国市场的智能机使用狂潮中获益最大，这是因为它出产的电子设备不似苹果或者三星的那么昂贵。但是毫无疑问的是，华为因其低廉的价格而声名鹊起，却不影响它成为一家高端的公司。事实上，在它遍布全球的员工中，有半数参与了研发工作，并且受雇于全世界 20 家研发机构。华为吸引了广泛关注（但并不是所有关注都是积极的），一部分原因在于，华为处于全球电子产品生产的制高点，还有一部分原因是该公司已经迅速成长为前沿研究的主导力量。

2012 年，美国众议院情报委员会指控华为和另一家中国电信公司是中国政府和军队的情报前线，它们"有可能破坏美国国家安全的核心利益"（Rogers & Ruppersberger，2012：vi）。不过也并不是所有人都赞成委员会的报告，反对者认为这份报告缺乏强大而直接的论据（Mathias，2012）。然而，这个指控却蔓延到了其他政府，其中包括澳大利亚和加拿大。这引起了它们对华为的关注，并禁止华为投标重要的政府基础设施项目（Marlow，2013）。在这样的背景下，世界经济论坛的报告得到了进一步的重视，因为这份报告洗刷了华为会为全球互联网安全带来风险的污名，并且至少在很小的程度上减轻了人们的恐惧——就像一位评论员说的那样："如果中国不再按照达沃斯的游戏规则运行，那么世界经济论坛的黄金岁月也就走到了尽头。"（Rachman，2013）华为与世界经济论坛的合作帮助前者建立起了威信，尽管外界对华为的攻击仍然在继续。2013 年，华为又迈出了重要的一步，它成为 CERN（欧洲核子研究中心）① 的合作伙伴，为世界主要的粒子物理研究中心提供云存储服务。这不是什么轻而易举的任务，因为该实验室的要求是提供每年 25 拍字节的数据空间。一个分析师总结道："CERN 现在又使这家公司'榜上有名'了。"（Harpreet，2013）

报告的内容十分重要，因为它集中关注并强调了三个主题：首先，它推广了这样一种观点，即所有形式的信息技术都是经济增长与全球经济全面成功的关键要素。其次，它确定了云计算不仅是信息技术发展的前沿阵

_105_

———————————

① 欧洲核子研究中心（Organization Européenne pour la Recherche Nucléaire），通常仍被简称为 CERN，是世界上最大的粒子物理学实验室。

地，还是组织成功的重要因素，尤其是商业组织。第三，报告认为，有效使用云计算的首要挑战是技术标准的采用，这套技术标准能够使负责存储、处理、发布和使用的机器与设备实现无缝衔接。几乎和内容同样重要的是报告的形式。为了覆盖尽可能多的决策者，这份报告风格简洁实用，不带任何专业术语。此外，它还包含了很多总结性的文字、数字和表格，简化了参数的同时增加了量化数据的说服力。最后，文中还有长长的国家榜单，根据这些国家目前接受信息技术的程度，比如进入"超链接世界"的意愿来对这些国家进行排名。这将吸引那些只有时间来大致浏览报告，却对自己国家与其他国家的排名很感兴趣的人。毋庸置疑，虽然比商业广告或短小的博客网志更加细致入微，比私人研究报告更具有权威性，这份文件提供清晰和简洁的推广计划时却"小心翼翼"。不像新闻通讯或者学术报告那样充满各种意见的交锋，这份报告更加突出的是关于信息技术和云的积极而具有推广性的信息。它只强调技术上的障碍，这些障碍给实现云空间及从云空间传递、呈现内容的"渠道"以及设备的融合之路留下了若干问号。

从一开始，这份报告就与那些互联网发展早期已经存在于幻想中的数字化崇高类似（Mosco，2004）。我们居住的世界不仅仅是一个"链接的世界"，封面上的标题告诉我们，我们处于一个"超链接世界"。报告的序言由世界经济论坛首席商务官撰写，它并没有降低人们对信息、通信和技术（ICT）① 所塑造的新世界那夸张的热情。在文中，这份报告被介绍成一份"对 ICT 催生的超链接世界的主要驱动和影响力，及其对世界经济论坛超链接世界倡议工作的贡献的详细分析。这种分析建立了一种全面了解超链接世界中变革的系统性的路径"（Dutta & Bilbao-Osorio，2012：v）。华为的董事长就数字狂热的主题发表了感言："无所不在的超级宽带几乎可以使所有事物向更快更好的方向发展，并且传递更佳的用户体验。"（同上，p. ix）对于超链接的回应在报告执行总纲里得到了延续。在总纲

---

① ICT 是信息、通信和技术三个英文单词（Information，Communication，Technology）的首字母组合。它是信息技术与通信技术相融合而形成的一个新的概念和技术领域。

中，世界经济论坛和欧洲工商管理学院的代表们都有意将这种超链接性和社会变革结合在一起，"炖"成一"锅"洋溢着技术愉悦的丰富"杂烩"："我们生活在一个能够即时访问互联网及其配套服务的环境中，在此，个人和企业得以彼此互相沟通，机器之间也能够同样地互相连通。移动设备、大数据和社交媒体的指数性增长都促进了超链接的发展。因此，我们可以对社会中的根本性变革拭目以待"（Dutta & Bilbao-Osorio，2012：xi）。这些描述为这份文件确立了基调：技术正在创造一个超链接的世界，尽管有些小的杂音，但对于世界来说这是真正的幸事。对这种必然的发展唯一合理的政府反应应该是想办法最大限度地适应它。因此，该报告提出了一个"世界意愿框架"，其基本指标是用来衡量"一个国家的市场和规则框架对高水准的通信技术的友好程度"的（同上，p. xii）。在我们进入正文之前，就已经明确知道接下来要描述的是一个神秘的宇宙。在这个宇宙里，如果人们学会了如何正确调整自己而适应它，那么活生生的技术将推动世界的进步。之所以说神秘，是因为它讲述了一个非同凡响的传奇角色——信息技术的故事，它为世界提供了超链接的魔力。这个神话启动了一幕大戏，在这幕大戏中，我们是否能够充分适应自己和社会对技术的需求？正像报告所提出的那样，一些企业友好型政策可以鼓励"高水准的通信技术的吸收采纳"。

世界经济论坛报告的正文部分详细展望了信息技术将为世人带来的更上一层楼的进步。就像大多数神话一样，虽然故事看起来错综复杂，但是基本上都是同样简单的叙事逻辑：信息技术越发达，世界的进步越大。但是世界经济论坛报告又不仅仅是"下一个新事物"的促销广告。这一点体现在它愿意承认一些存在的挑战上，这些挑战可能成为拦路虎，又或者可能减缓信息技术所带来的进步到来的速度。因为这份报告面向的是有学识的读者，所以它不能简单化地忽视问题的存在，而是用强调抑制问题的能力和发展新技术的重要性的方式来重新定义这些问题。

接着报告讨论了隐私这个在信息技术和云技术领域常有争议的中心议题。从促进信息技术发展的立场来看，这一问题的关键是重新思考隐私，即便不能完全去除，也可以将它视为值得政策关注的问题。有趣的是，这一点在关于隐私的重要的核心领域——比如对健康数据的搜集、存储、处理和使用——的讨论中得到了进一步阐明："真的需要担忧隐私问题吗？例如，可以肯定的是，实际上，任何涉及医疗的数据资料，都必须得到尊重。然而，一些专家正逐步采纳关于

> 人们会认同技术的力量，以至于忽视它在带来普遍进步过程中的主要局限性，通过这样的"思想免疫"，"数字化崇高"的神话得以加强。

这个话题的一些不同观点，他们认为我们的社会应该大胆向前迈步，不必拘泥于对资料和隐私泄漏的忧惧。如果没有资料分享，许多医疗改革上的技术创新就不可能实现了。任何资料——电子的或者纸质的——都是易受攻击的。不过超链接可以使得新工具抵制犯罪、欺诈和滥用行为。"从本质上说，隐私问题确实值得关注，但也没那么严重。首先，它是可以克服的。其次，如果你希望看到医学的进步，那么资料必须被共享。再次，所有的资料，包括纸质的，本身就是脆弱而易被窃取的。最后，在一个超链接形式的信息技术世界中，技术将会找到隐私泄漏问题的解决方案。这就是叶甫根尼·莫洛佐夫（Morozov, 2013b）所说的"解决主义"，这种观点认为，问题和解决方案都能以大多数信息技术公司所确定的技术参数来定义和解决。每一个理由都能说服人们不需要担心隐私问题，这很容易让人反思，为什么隐私会成为一个问题。人们会认同技术的力量，以至于忽视它在带来普遍进步过程中的主要局限性，通过这样的"思想免疫"，"数字化崇高"的神话得以加强。

云计算构成了世界经济论坛报告的第二大主题——其中一章关于云，另一章关于大数据。特别有趣的是，在谈到云计算重要性的特殊细节之前，云计算章节的论述又回到了隐私问题上，并且试图消解人们对隐私和安全的恐惧："关于隐私侵犯的问题……我们无法逃避这个现实：大数据为我们提供了有意义的社会经济利益，这减轻了我们对其合法性的担忧，因为这给私人商务、国际经济，以及经济发展带来了非常有利的社会与/或经济影响。资料安全问题固然重要，但是如果大数据想要在未来广为流通的话，我们需要的是管理、透明度和安全性，这是与'锁上资料并扔掉钥匙'那

样的保守计划完全不同的做法。与其他任何流通的事物一样，抑制它的发
展并不是一种可持续的成熟方法。"（Dutta & Bilbao-
Osorio，2012：97）其实，这份报告总结了经济利益
可以胜过对隐私的担忧，更重要的是，它还建构了
解放大数据生产力的进步政策与封锁大数据的退步
路径这样一组二元对立。不过最终只会有一个明智的选择，以及只有一条
前进的道路。

> "社会化媒体为精明的组织提供捕捉'云的智慧'的新机会，并且影响着那些洪流般无秩序的用户数据。"

　　隐私的问题被解决之后，我们就可以自由地解放大数据的生产力了，
尤其是它对企业带来的巨大促进力量。使用"埋藏于世界现有的数据资源"
中的信息，能够获得高额金融利润，比如使用全球个人定位数据能够获得
6 000亿美元的收益，以及零售经营利润中还包含着60%的潜在收益。除此
之外，对于某些企业，尤其是挖掘社会化媒体数据的那些，还有着巨大的
质化收益。这些收益有许多功能，比如"保护品牌、成为市场中最有影响
力的声音、知晓什么样的潮流可以促使销售的增加、识别未开发的市场、
加强市场调研、理解产业变革的影响、收集具有竞争力的情报、提高授权
分析、营造更佳的客户体验以及成功控制危机"（同上，p. 99）。社会化媒
体数据通常由使用了脸书、推特和其他社交网站的普通用户而不是企业生
成，通过承认这一讽刺性的事实，这一章简单地假设所有生成的数据都能
够被企业搜索到，并将用户行为直接转变为收入来源。于是就有了正经严
肃的标题"云的智慧"。正如另一章所提到的，"社会化媒体为精明的组织
提供捕捉'云的智慧'的新机会，并且影响着那些洪流般无秩序的用户数
据。"（同上，p. xvi）

109

　　通过探索企业随心所欲地使用用户生成数据进而从中获利的各种行为，
报告向我们展示了宣传资料和研究资料的差别。正如报告中列举的，宣传
资料明确了这样一个事实：策划者希望占据一种有利位置，以说服别人来
按照他们所说的去做。而另一方面，研究对这种引人深思的影响力提出了
质疑，而不仅是随声附和。比如，2013 年，私人技术分析企业欧文咨询

（Ovum）① 发布了涉及 11 个国家、11 000人的个人数据被企业使用状况的调查结果，它们的许多有趣发现之一是，68%的被调查者会在上网的时候选择使用"不追踪个人信息"的软件。令人不安的是，它们发现只有 14% 的被调查者相信互联网公司会诚实地公布自己对个人数据的使用（Gross，2013）。欧文咨询的研究报告显示出了线上交易严重的信任缺失，而这样的数据

> 云将运作效率低下的企业转变成为智能化有组织的机器。这里起关键作用的是云计算优化融合进程的能力，在通信技术的历史上，这种能力加强了信息生产、传播和使用之间的联系。

分析在宣传资料中是不会有的。基于自己的研究结果，欧文咨询总结道："越来越多的消费者决定在互联网上成为真正的'数据隐身人'。"当越来越多的人决定不让自己的上网足迹被追踪到时，整个互联网经济将被撼动（同上）。面对这样的现实，这份报告严肃地对企业用户指出如下问题："很不幸的是，在大数据的淘金热中，若把小数据——个人数据的供应视为理所当然的话，将很容易埋下隐患。"（同上）然而这也正是如世界经济论坛报告这类宣传资料所想要做的：它们理所当然地认为易受影响的用户会忽略数据保护这一问题。真正的研究则不会这样，即使意味着面对困难并做出艰难的抉择，正如开发一项商业战略时欧文咨询的一名技术分析师所言："你将同时受到来自强硬的消费者态度和严格监管的双重挤压"（同上）。

110 　　世界经济论坛报告的营销色彩，部分源于它完全忽视了欧文咨询公司所关注的这一种结果。而且，和前面描述过的商业广告一样，它选择了重点关注作为情报资源的云，在这个层面上，云将运作效率低下的企业转变成为智能化有组织的机器。这里起关键作用的是云计算优化融合进程的能力，在通信技术的历史上，这种能力加强了信息生产、传播和使用之间的联系。对世界经济论坛而言，这就是问题的核心："云计算服务为信息通信技术融合提供了催化剂。电信运营商将逐步把信息技术系统和互联网数据中心存储到云端，电信和信息技术产业将制定统一的标准以促使云技术的

---

① 一家在世界电信产业界富有权威性的中立咨询顾问公司，从事电信与信息技术商业策略研究。

快速发展。"（Dutta & Bilbao-Osorio，2012：xiv）云之所以如此重要，不仅仅是因为它卓越的存储功能和处理能力使它足以吸纳整个互联网和所有今天的信息技术，还因为它使电信供应商得以比以往更快速、更便宜、更有效地服务于整个世界，而这是以往工作中的缺失环节。将"渠道"和"设备"结合起来，也就是我们所说的"云聚合"，结果就是"云重塑了信息技术工业"（同上，p.38）。但是正如报告所承认的，

> *将"渠道"和"设备"结合起来，也就是我们所说的"云聚合"，结果就是"云重塑了信息技术工业"。*

这太简单了。这样也许确实带有宣传性，但是又不能算是什么巧妙的广告——摩拳擦掌地把我们带到一个无缝整合、高度融合的世界，同时高呼"直上云端"。相反，它是一个受人尊敬的国际组织的报告，因此它要避免制造神话，而这往往被那些30秒广告视为理所当然的。

因此，除了广泛宣传信息技术的神奇及特别强调云技术的优越之外，这份文件承认了"这种融合存在着一些障碍，比如：信息通信技术产业的开放性不足；缺乏统一的技术标准；云计算、电信网络（渠道）和智能设备之间缺乏连接。如果想要提高产业内的协同工作能力，那么克服这些障碍并统一信息通信技术的标准将是我们的首要任务"（同上，p. ix）。对于世界经济论坛而言，信息技术和云计算未来所面临的最主要的问题既不是在世界范围建立庞大的数据中心并为其供电所造成的环境后果，比如水力发电站和数以千计的铅酸蓄电池，也不是通过挖掘和分析个人信息来获取收入所导致的侵犯隐私的隐患；既不是将资料存储在那些不仅不会保护它们，反而会随心所欲利用它们的国家所带来的安全问题，也不是将跨国组织的信息技术部门转移到云端所造成的全球人力资源分工的巨大变革。实际上，云计算产业的首要问题是找到一条最好的途径来创建标准统一的全球系统，保证基于云技术的全球网络顺利运行。由于电信业在报告的写作中被广泛涉及，此外，世界经济论坛还接受了世界领先的电子设备公司的赞助，因此这份文件专注于技术标准的论述也不是什么令人惊奇的事。的确，浓墨重彩地描写了技术融合的那一章的作者恰好是来自华为公司以及国际电信联盟的代表。此外，这是好几代电信产业人一直在思考并为之努

111

力的问题,也是私人研究组织坚持认为为了妥善维护云计算网络而应该被高度关注的问题(Bernnat et al.,2012)。主要问题是提出来了,但这份报告体现的意义并非仅止于此。

报告展示了在大多数宣传文本中常见的技术主义。它本该代表大众利益,但事实上却是从特定产业的利益出发。为了避开公众利益和商业需求之间的紧张,报告避而不谈社会和政治议题,而专门关注像标准、融合性这类不太可能威胁到特定产业利益和普通公众利益之间平衡的技术问题。于报告的作者而言,信息技术与云的合法性和普世价值都是无可置疑的。一切限制它们发展的理由,比如保护环境,确保隐私,或者挽救失业都是愚蠢而不合理的,因为这意味着放弃利益。但是提出妨碍信息技术和云技术全面发展的技术性问题是具有合理性的。技术主义关注的不仅仅是技术如何决定事物的发展,它还十分关注自己如何成为解决问题的唯一方案,这是一种能够将产业特殊利益和世界信息技术、云技术用户整体利益统一起来的主要手段。

112

云的游说

有另外两种营销形式值得我们深思:其一是云计算公司的游说不断扩张;其二则是独立的云技术企业贸易展遍地开花。建立云崇高形象的方法当然会有一定重叠。即便可能不像在达沃斯那样直接主办世界经济论坛,也会像华盛顿一样,游说都是存在于政治活动内部的。然而,其存在的差异足以区分来自下列形式的贡献:广告片——宣传云建立完美家庭的魔力;赞助博客——记录云技术势不可挡的发展势头;报告——记录云中的超链接的世界;通过游说和展览、会议建立起触手可及的网络。

也许是因为第一波信息技术企业家认为技术本身能够将自己推销给在华盛顿或者世界其他首都城市的决策者,所以直到近些年才出现有组织的游说活动。这尤为让人吃惊,因为电信与电子产业一直都是以高超的炒作能力而成为传奇的。在美国权力走廊里徘徊的一长串杰出企业的名单中,

AT&T 和通用电气居于榜首。许多学者将 AT&T 在电话机行业维持自身垄断地位的能力归因于它的说客大军，这些人将美国联结成了一个无缝连接的网络（Tunstall，1986）。不论是那些希望提供质优价廉的服务来加强竞争力的公司，还是那些销售粉色电话机的个人，想要干预这种无缝连接的网络，都是"自不量力"的。AT&T 超强的游说势力使它与五角大楼建立起了特别亲密的关系，足以使它把自己的垄断美化为实现国家安全的需要。供应商数量的增多将给对国防十分重要的安全网络造成危害。直到 AT&T 遇到了它游说竞赛的强劲对手时，它才失去了对电信市场的垄断控制，而这只有当银行、保险公司、零售商以及为电信垄断买单的用户们结成了联盟，并且其游说力量超过了 AT&T 时才会发生（Schiller，1981）。即使这样，AT&T 的游说集团还是成功说服了国会中的多数议员支持立法巩固其垄断地位，几乎成功避开了竞争。然而，后来这场运动的支持票数下降了一些，并且国防部也认识到另一批代表着大多数用户利益的说客们将要大获全胜时，它又撤回了对垄断的支持，进而打开了市场竞争的大门。

113

尽管面对这样的局面和其他模式的游说力量，在华盛顿，20 世纪 90 年代兴起的信息技术产业还是选择进行最低限度的游说活动。正如一篇报告中描述的那样："直到 20 世纪 90 年代中期，政治对于大多数技术公司的高层人员来说还是陌生的——正如软件、硬件和互联网这些概念对于大部分国会成员而言是陌生的一样。"（Rivlin，2004）一位企业用户解释道："华盛顿与硅谷，双方都略微忽视了彼此的存在。硅

华盛顿与硅谷，双方都略微忽视了彼此的存在。

谷通常采取的态度是：'只要不在我跟前出现，那就不予理会。'"（同上）它们之间存在的联系一般是政治官员慕名到硅谷"朝圣"，享受慷慨的政治献金，这让政治官员变成了空想家。不过，后来新世纪的来临和互联网泡沫的破灭震撼了整个产业，这种热潮就渐渐退却了。首先，他们"点石成金"的能力消失了，硅谷的游说者也得和其他产业的说客一起排队并确保带好了支票簿。而很多政治官员们也在这次意外中损失了一大笔钱，也不再在硅谷作秀造势了。一位信息技术产业的说客在其 2004 年的一篇评论中

表示："早在 20 世纪 90 年代末，硅谷就认为它们要做的只是出场露面就够了。在政府官员们自然会拜倒在自己脚下那个时代，这种想法确实没有错；而现在却需要一整本支票簿，两者之间的会晤才有可能。"其次，当市场狂热、IT 企业的高管们热衷于寻找风险投资之时，一些与政治有关的问题，诸如针对股票期权的税收政策、外来劳工的签证政策，居于次要地位，但现在，它们必须被重新重视起来。

尽管游说活动兴起于经济低迷时期，且伴随着社会化媒体和云计算掀起的新信息技术扩张浪潮，但是直到社会化媒体和云逐渐引起更多关注，并促使政府开始使用云服务时，它才开始真正地平步青云。其他问题可能会吸引更多媒体方面的关注，云公司却成功说服美国政府同意使用云服务，包括民用的和军用的，这也是云产业最大的成功之一。此外，信息技术与云公司还利用游说活动来达到以下目的：积极抵制在美国和欧洲加强隐私保护的行为；对外国技术移民签证提出了更高的限制需求，或者干脆将他们全部驱逐；不再严格控制线上广告；阻碍税法改革，它会使企业进一步完善其阴暗的避税措施（Nelson & Duhigg，2013；Houlder，2013）。

2010 年，谷歌公司因担心其反竞争行为可能会受到指控，率先大量增加了游说支出（Rao，2010）。此时，美国联邦贸易委员会（FTC）①也正在持续密切关注潜在的触犯反垄断法的行为。谷歌公司担心触犯法律引起严重亏损而重蹈微软公司的覆辙，于是加强了其游说活动的力度。正如一则报告总结的："谷歌公司并没有像其竞争对手微软那样，在 20 世纪 90 年代无视华盛顿政治圈而开展耗资巨大的垄断尝试，相反，它在游说活动上花费了约 2 500 万美元，除了努力拉拢奥巴马政府外，还雇用了有影响力的共和党人及前监管机构人士。谷歌甚至还与美国遗产基金会进行过商议，并与约翰·克里（John Kerry）这样的参议员打上了交道。换句话说，这些传统意义上的'局外人'已经打入了内部，开始推动整个系统的运作了。"

---

① 美国联邦贸易委员会（FTC）是执行多种反托拉斯和保护消费者法律的联邦机构。FTC 的目的是确保国家市场行为具有竞争性，维持市场繁荣、高效地发展，不受不合理的约束。FTC 也通过消除不合理的和欺骗性的条例或规章来确保和促进市场运营的顺畅。

（Romm，2013a）单 2012 年一年，谷歌公司就在游说活动上花费了 1 600 万美元，比任何其他信息技术公司在这方面花费的两倍还要多。并且，它还与 12 家不同的游说公司达成了合作来维护自身的利益。谷歌的这些努力先发制人，成功地阻止了对其市场控制行为施加的重大限制（Lee，2013）。

脸书学习了谷歌的成功经验，同时又担心首次公开发行股票后股价下跌，于是将其游说支出从 2011 年的 134 万美元增加到了 2012 年的 400 万美元（Dembosky，2013b）。而脸书最不愿看到的事情则是更加严苛的隐私权立法，这将打破它通过向其他公司提供自己约 10 亿用户的信息来获利的计划。因此当美国联邦贸易委员会开始对 9 位与脸书有业务往来的数据代理商进行调查时，脸书立即对华盛顿政治圈展开了大规模的游说活动。脸书声明："我们在华盛顿的活跃和成长，反映出了我们致力于向社会公众解释我们的服务如何运作，我们对保护 10 多亿用户隐私所做的努力，以及保持开放的互联网环境的重要性和创新对于经济发展的价值。"（同上）2013 年，脸书建立了自己的游说联盟"前进吧，美国"（FWD. us）专门从事广泛的游说活动，提升其成员对于扩大外籍员工签证发放量的支持（Wallsten，Yang & Timberg，2013）。然而，当联盟代表石油公司和南部共和党事业进行游说时，却在脸书上引发了一场混乱和抵制（Edwards，2013）。其他公司也增加了它们的游说预算，但有时它们提高这方面的花费主要是为了在面对竞争对手时可以占据一个更有利的位置，如同微软对谷歌采取的做法一样。另外一个很好的例子是三星，在一场专利侵权案件中，它被苹果公司起诉。原本它并没有在华盛顿进行过游说，但 2012 年它却为此花费了 80 万美元的游说费用，其中单第四季度就花费了 48 万美元（Quinn，2013）。

即便如此，也并不是所有的游说活动都发生在美国首都。这是由于云计算数据中心需要建在一个地价便宜、公共事业费率低、税收优惠的地方，企业为此会将时间花费在游说当地官员、权力机构以及立法机构上来进行最具可能性的交易。比如，微软决定在华盛顿州中心地带选择一块 75 英亩大小的农田建造一个数据中心，这就需要使用相当多的企业社交手腕来说服国家和当地政府来提供低于全国平均值半数的税收优惠和公共事业费率。

115

游说使微软如愿以偿，至少在其使用了具有污染性的柴油发电机导致了一系列冲突事件时是有用的。对于这些事，本书第四章中将会详细论述。与微软公司在华盛顿州进行的游说活动类似的例子在全美国乃至全世界一直都在发生。在北卡罗来纳州，游说活动也使苹果公司收益巨大。它提出了在此建立数据中心的计划，部分是因为当地低廉的劳动力成本和电力成本。为了吸引苹果公司，州立法机构通过了 4 600 万美元的税收减免政策，而且地方政府削减了苹果公司房地产税的 50% 、个人财产税的 85% （Green-peace International，2011：19）。[4]北卡罗来纳州给谷歌的鼓励政策则是为期 30 年的税收优惠和基础设施升级，以及其他价值 2.12 亿美元的优惠。同时脸书也收到了类似的补偿措施（Greenpeace International，2011）。当位于爱达荷州博伊西的云计算公司发现自己被国家权力机构认为是可征税的软件销售公司，并收到了沉重的税务账单时，它们加入了当地的商会来寻求降税帮助（Glanz，2012a；Moeller，2013）。

游说使组织机构代表企业推动产业共同获益，但结果有时也是喜忧参半的。受到在美国游说成功的鼓舞，在全球经济中拥有更大份额的包括云服务供应商在内的技术公司们开始向欧盟进行游说以获取优惠待遇，比如要求更多企业友好型隐私政策。在布鲁塞尔（欧盟实际上的"首都"），云计算并不像在华盛顿那样热销，其中一部分原因是云服务对隐私和安全存在着威胁，另一部分原因则是欧盟提出的政策要比美国政府所提出的那些更严苛，尤其是在数据保护方面。布鲁塞尔也已明确表示并不愿意接受大量来自美国技术公司的说客们的游说。具体而言，一位致力于发展欧盟数据保护规则的行业联盟领导人对美国的技术巨头们展开了批评，尤其是谷歌和脸书，因为它们雇了一帮说客对欧盟进行施压，进而削弱欧盟的隐私法律条款。暂且置外交礼节于不顾，荷兰数据保护局主席雅各布·科恩斯坦（Jacob Kohnstamm）声明，欧洲的官员们已经受够了美国企业将自己的企业利益置于数据安全之上的行为，而后者对欧洲人而言则是一项基本人权。他还专门点名美国政府和美国一些大型技术公司，表示就算发生下列情况，也不会容忍其发生："如果欧洲方面也组织起了面向议会的游说活动，我们将会被从这里踢出去。"他坚持认为，美国人并不理解，在美国隐私是一种消费者权益，而在欧洲则被视为一项基本人权。一位德国官员总结了游说压力的状况："去年一整年，美国商会都在进行大规模的宣传活动，他们在整个欧洲范围内组织起了一系列活动，还在布鲁塞尔和斯特拉斯堡会见了很多欧洲议员。尤其现在，自从1月份我的报告发表后，那些说客（尤其是硅谷来的那些）就加紧了对欧盟隐私法规的行动，企图淡化欧洲人的隐私观念。"（Dembosky & Fontanella-Khan，2013）面临这种反感，即使奥巴马政府、美国商会和信息技术产业的说客们能成功迫使欧洲的数据保护法律倒退回和美国一样的程度，在这种情况下，也难保不会随时反弹。

　　一些观察家认为，相比起欧盟的抵制，大部分信息技术和云服务提供商面临着更严峻的挑战。它们坚持这样的观点，游说把那些因其发明、创新和创业精神而为人们熟知的企业变成平庸的公司，后者宁愿把更多精力花在影响华盛顿政治圈来保护它们已有的产品或服务上，而不再积极开发创新。一家商业刊物重新刊载了诺贝尔经济学获奖者米尔顿·弗里德曼（Milton Friedman）① 于1999年的演讲，其中他把游说活动比作产业的"自毁冲动"（Crovitz，2013）。早在谷歌公司成功地利用游说方式阻止了联邦贸易委员会的反垄断调查时，委员会主席就质疑了这些游说策略："停止！请把你的钱投资到企业扩张和创新上去。谷歌的游说经费对当局那些勤勉的工作人员对垄断的担忧、反垄断的积极性和对垄断行为的分析和判断，以及联邦贸易委员会任意五名委员达成的一致决定都起不到什么影响。"（同上）但是，即便游说成功，这里还存在一个疑问，那就是游说是否会分散企业在核心任务上的精力。一位分析师总结道："相比起通过游说以获得更多控制的'自毁冲动'，硅谷应该寻求放宽监管而实现一种期待已久的自由，回归企业精神的本源。"（同上）这些意见都是可以理解的。脸书真的需要38个说客吗？这是2013年的人数，在2011年还是15个。苹果、谷歌

117

---

　　① 米尔顿·弗里德曼，美国当代经济学家，货币学派的代表人物。以研究宏观经济学、微观经济学、经济史、统计学，及主张自由放任资本主义而闻名。1976年获诺贝尔经济学奖，以表彰他在消费分析、货币供应理论和历史，以及稳定政策复杂性等范畴的贡献。

和微软真的需要支付高额经费与前联邦贸易委员会成员为伍吗？这难道不是"转动促进游说增长的阀门"吗？再来看看亚马逊，它的老板通过购买美国首都的主要报纸赢了游说竞争对手，从而使他及他的公司获得了权力走廊的特殊权限（Cassidy，2013）。

这些批评还是有根有据的，也同时清晰地揭示了这样一个观点：政府对企业尤其是新兴产业的企业有着完全负面的影响，比如那些从 20 世纪 50 年代开始在硅谷扎根的企业。但这个观点也显得过于简单化了，因为虽然政府通过过度管制来减缓创新的发展，但企业往往还是要长期依赖来自政府的基础设施支持，对稳定知识产权环境的维护以及对早期市场所进行的实验。对硅谷来说政府简直是提供所有这些帮助的支持者，所以说"没有政府的帮助就没有硅谷的成功"这样的话也十分合乎情理（Mazzucato，2013）。这并不仅是因为政府资助了早期在美国国防部高级研究计划局的研究实验室所进行的研究，还因为政府在半导体产品刚出现并还没有私有企业涉及时，就率先为该产品开辟了一个市场。游说对确保政府为发展中的企业提供稳定的环境而言至关重要。此外，批评者认为游说只与实现特定目标相关。谷歌为了规避反垄断法规而游说，脸书为了避免隐私控制而游说，而微软则是为了削弱环境规章守则并为其云数据中心赢得低成本供电而游说。不过，这些固然重要，但游说也绝不仅意味着实现短期目标。游说同样也能帮助企业提高行业的整体利益，包括将自己的产品出售给政府部门，这样通常能够活跃市场，并赢得政府部门的支持而在国外建立起良好的商业环境。从这一角度看，游说与营销宣传、商业广告、博客以及高级商业报告是一样的。

云博览会：通过贸易展览来推广云计算

即便在一个社会化媒体的奇迹受到吹捧、所有东西都被移动到云端的时代，游说也是充满趣味的，因为它仍然是一种决定性的、人际的即时活动。贸易展览、会议也一样，它们旨在促进对信息技术与云的支持并同时普及相关知识。在信息技术领域里，这样的活动已经举办过无数次了，但是多年来最重要的无疑是始于 1979 年，到 2003 年为止的计算机经销商博览会（COMDEX）①，以及国际消费类电子产品展（CES），那里云集了众多企业，而这些企业都致力于使自己的新产品成为"下一个新事物"。国际消费类电子产品展始于 1967 年，此后在拉斯维加斯作为一年一度的活动持续了下去。而计算机经销商博览会直到 1999 年都是主要的信息技术展会，当时甚至还需限制媒体报道。这种竞争导致其出席人数从 20 万人的高峰急速下跌，而且当时大多数企业都决定在国际消费类电子产品展或其他展会上发布自己重要的产品了，这些原因让计算机经销商博览会难以为继。于是国际消费类电子产品展趁机崛起，在 2012 年出席人数达到了 15 万，在 2013 年又有所增加（Takahashi，2013）。

因为贸易展览散布了与产品有关的技术和市场信息，并为推销者建立起人际网络，使其可以共享信息技术的神奇，所以显得非常重要。这么说只是夸张了一点点——贸易展览会和宗教活动有些类似：众多教徒聚集在一个充满标志和符号的神圣场所，而场所中的标志和符号代表了他们的共同信仰。实际上，这种展览还为新产品广泛出现在主流媒体和社会化媒体上的报道提供了机会，相当于免费的广告。

119

然而，这些展会的出席率却在下降，这表明以所有参会产品和参会者为目标的大型展销会的时代已经基本上宣告结束。参与者和他们所代表的多种利益（或信仰）的绝对需求似乎压倒了为共同主题而聚焦的目标。大众贸易展正在遭受和宗教朝圣一样的局面，比如西班牙著名的"朝圣之路"②，这些年来变得越来越受欢迎，以至于更加难以维持其支持者原本钟爱的安静沉思、艰苦朴素的环境了。现在，所谓的朝圣者们用 REI③ 最新款

---

①　计算机经销商博览会主要展示计算机最新的硬件、软件、外围设备、网络产品和最新的技术。首届举办于 1979 年，曾被认为是信息产业的第一盛会，可是进入 21 世纪以后，该展会日益萧条。

②　"朝圣之路"是基督徒朝圣时走过的路线，文中所指是终点为西班牙的圣地亚哥-德孔波斯特拉的朝圣之路。

③　REI 是美国最大的户外用品连锁零售组织，它目前的规模相当于中国国内最大的户外用品零售公司的 50 倍。

的健步装备将自己全副武装，带着下载了最新"朝圣"app 的苹果手机，这样根本无法传递基督教所倡导的甘于牺牲和贫困精神，而这正是这项有着几千年历史的朝圣活动最想传递给人们的。然而拉斯维加斯不是"圣地亚哥-德孔波斯特拉"，各种各样的朝圣者蜂拥至国际消费类电子产品展，这让许多苹果或者微软之类的大公司感到窒息。于是这些公司不再公开展出或者通过它们合作者的平台来亮相了，而是专注于自身或专业的活动，这比那些大型贸易展要精简明确得多。在一整年内，这类举办专业化活动的例子在云计算行业里越来越多见。2013 年 6 月，我在纽约参加了行业内领先的云计算与大数据展会——云博会。在为期四天的展会中，我听到了几个具有代表性的云公司的发言人的发言；参加了"云训练营"，即涵盖了云计算和数据分析技术在内的一系列峰会；还花了好几个小时在展会大厅观展，并且与 500 多位供应商进行了交流。

这个展会网站上的声明应该可以消除掉任何对它宣传本质的疑虑："最近的 IDC①（国际数据公司）研究表明全世界在云服务上的消费将会增长 3 倍，到 2013 年将达到 442 亿美元。最近一项高德纳公司报告预测，云服务行业整体的企业数据量将令人吃惊地在未来五年内达到原有规模的 650%。云计算和大数据这两种势不可挡的企业信息技术趋势，将在 2013 年 6 月 10 日—13 日召开于纽约贾维茨中心的第十二届云博会上会师。"此外，该网站还宣称："很明显，在这场继个人电脑和互联网之后最具变革性的技术转型中，将商业活动转移到云端的做法已经在 2012 年达到了一个转折点，这不仅仅是一种发展趋势，而是已经变成了一种绝对的商业需要。"如果可以，需要用感叹号来表达我们的想法："作为媒体合作伙伴来加入我们吧——让我们一起撼动 IT 世界！"（Cloud Expo，2013）所有的访问也都是明码标价的。即使是行走于"朝圣之路"的朝圣者们也要付钱买装备、住宿，以及进行鼓励性的捐款。但是，通往纽约的"云朝圣之路"的花费就更多了。

120

———————————

① 国际数据公司（International Data Corporation，IDC），全球著名的信息技术、电信行业和消费科技咨询、顾问和活动服务专业提供商。IDC 帮助 IT 专业人士、业务主管和投资机构制定以事实为基础的技术采购决策和业务发展战略。

单出席为期四天的所有会议就需要花费 2 500 美元。所以，和真正的朝圣之路不同，不管是纽约还是其他的一些云贸易展览现场，云的朝圣之旅是只有那些能够支付高额入门费的人才能去得起的。

　　贸易展会用几种不同的方式建立自己的社群。注册费本身确定了只有那些强烈渴望加入的人才能参与到这个社群中来。它的内容涉及营销主义的每一个维度。会员如果想对"云"带来的奇观有个基本的认识，他可以加入云计算训练营来参加一些云基础课程。所有的参与者都有机会与各种类型的云计算公司、大数据公司参展商近距离接触。展览厅就是一个巨大的市场推广与销售的空间。在任何营销活动中，不论是出售灵感创意还是计算机服务，都会有一些人在该领域中脱颖而出，从而被选中作为重要的发言人，他们会从自己的定位出发来推销云服务和大数据。无论是关于利用本地服务还是云服务的权衡、以大数据识别客户或选民的潜力之间的平衡，还是信息技术行业从运营到服务交付的转变，这些主题发言和分组会议都有固定的模式。它们往往以称赞云技术是一种普遍而有利可图的商业工具为开场白，这样一来就涉及不同类型云组合方式的价格比较：公共的、私有的以及混合的。随后会明确企业所面临的问题，比如维护数据安全或进入亚洲市场。最后，不论 Rackspace 的混合云服务还是亚太环通在亚洲市场有什么样的经历，演讲者都会选取一个例子来总结自己公司的产品和服务是如何解决问题的。不管是什么主题，结果都是一样的：跟随我们的引领，购买我们的产品，然后你们公司就能飞黄腾达了。

　　尽管那些自封的"云福音传教士"尽了最大的努力主导云博会，并介绍了总体安排以及会议主旨，但偶尔也有不和谐的声音在大会上回响。在一次午餐会小组讨论上，大数据专家们被问到当他们听到大数据这个词的时候会想到些什么。如果按照当时情境下默认的台词，专家们应该笑着说出人们期待中的答案——"机遇、挑战"。然而，当时有位专家拒绝服从陈规，他的回答是"一个瞎扯淡的营销术语"。此话一出，全场静默。[5] 但此后不久，传播"福音"的主持人马上就通过介绍其他令人愉快的信息把气氛调回到了正轨，

121

这些内容也许还能说服听众购买 Hadoop① 或者天睿公司②的大数据分析服务。这次大会也照例广泛使用了各种道具来刺激煽动参会者购买云服务。作为一个不怎么熟悉这种大会氛围的大学教师，当听到震耳欲聋的重金属摇滚音乐为整个大会造势助兴时，我感到有点惊讶。使我始料未及的还有那些身着超短裙、长筒靴的模特的出场，她们忙得都没有补妆的时间，穿梭于会场内与各位与会代表交谈。除了每人手里拿着个用于为其雇主扫描参会者会议徽章信息的高科技工具之外，这些代言模特的出场和传统的汽车展模特差不多。此外，会展上还有些讨喜的赠品，比如印有 "I'heart' the cloud"（心系云端）、"Do IT in the cloud"（在云端，去做它③）之类的徽章，悠悠球，发条玩具和印有 "Mine supports the hybrid cloud"（"我支持混合云"）的 T 恤。为了促成技术成品的交易，展会安置了豆袋座椅④让人随意坐，还有橄榄球和空中曲棍球游戏供人们放松心情。参展商还提供了一些相对 "一本正经" 的诱惑，比如技术设备抽奖活动。其中有个企业代表在一场有趣的有关云安全的峰会上，用了会后抽奖的方式使观众为之驻足：奖品是两个集顶尖技术工艺于一身的大容量英特尔固态硬盘。除了给代言模特装备的扫描仪，大会还采用了另一种现代会议附带装置——流媒体技术设备，向全世界付费观众直播了整个会议实况。撇开高科技设备不谈，会场里最引人注目、最让人啼笑皆非的却是一支蜿蜒曲折地贯穿了整个会展大厅的长队。这是为期四天的大会中最长的队伍，1 000 多号人在耐心地排队等候一项 "低科技含量" 的奖励：免费获得一本内容是云计算将如何改变一切的精装书（Erl, Puttini & Mahmood，2013）。

云博会使我对云计算技术、大数据算法以及那些生产它们的、在行业内处于领先地位的公司有了进一步的了解，它也强调了大型会展在云计算

---

① Hadoop 是一个由 Apache 基金会所开发的分布式系统基础架构。用户可以在不了解分布式底层细节的情况下开发分布式程序。Hadoop 已经成为大数据的代名词。短短几年间，Hadoop 从一种边缘技术成为事实上的标准。

② 天睿公司（Teradata），美国十大上市软件公司之一。经过逾 30 年的发展，天睿公司已经成为全球最大的专注于大数据分析、数据库和整合营销管理解决方案的供应商之一。

③ 此处利用双关，大写 "IT" 为 "信息技术" 之缩写，而 "Do it" 本身有 "去做它" 的意思。

④ 一种可以随使用者坐姿而改变形态的座椅。

与大数据推广方面的作用。这次会议以及与之类似的活动之所以具有推广促销性质，是因为它们坚持认为云计算的采用是绝对有必要的。此外，它们的营销性质还体现在会议所没提到的一些方面上，主要包括云技术给建筑环境和电网带来的压力，把电力集中供应给一小部分大型企业的倾向，以及国际劳动力分工大变革所带来的就业挑战。虽然数据安全和隐私问题仅引起了小部分注意，但是仍然是云技术被接纳和采用过程中的一大威胁。

本章论述了若干种云营销形式——商业广告、发布博客以及社会化媒体、推广型研究报告、游说和贸易展览，但并没有把所有的形式都列举穷尽。虽然它们确实已经涵盖了很大一部分，但实际上还有另外一些话题没有涉及，如政府推广。在美国，联邦政府首席信息官在2010年报告中称赞了云技术，并点名指定了一些行政机构采用云计算，这可以算是迈出一系列政府推广行为的第一步了。此外，2011年的国家标准技术研究院（NIST）报告中也承诺道，政府机构若将自己的信息技术职能部门移到云端进行运作将能节省大量成本（NIST，2011）。在后来的2012年，国家科学基金会也表示赞同并支持NIST的报告，还遵从政府的安排开展了关于云计算各个方面的研究（NSF，2012）。

虽然传播技术的历史事实表明，所有的营销推广以及夸张手法的运用都是过眼云烟，因为人们总是不断地涌向下一种新事物，但它们对激发人们的支持仍十分重要。所以，对于那些把云技术视为驱动信息资本主义革命性力量持续提高之引擎的人而言，推广与夸张是必不可少的。[6]云技术通常受到有关其挑战、问题甚至是危险的批评，而营销推广可以帮助云技术抵御这些质疑和批评。接下来的两章将会提及这些问题，并且通过对它们的论述，讨论转移到云端是否是一种明智的做法。

第四章│乌 云

移动互联网与生俱来的特质，以及雨后春笋般树立起来的云计算建筑的关键特性，所要消耗的能量远远超过有线网络连接……现在的趋势是，信息通信技术能源使用量越来越多，而不是越来越少。（Mills，2013）

秘密就是谎言，

分享才有关怀，

隐私恰如窃取。（Eggers，2013）

云计算仅仅是外包你的信息技术操作的下一步。（McKendrick，2013c）

123　　　　要将云计算拉下神坛，没有什么方法能比老套但实在的钱权争论更加快捷了。就像资深的《纽约时报》记者詹姆斯·格兰茨（James Glanz），曾因担任巴格达分社主管以及关于世界贸易中心的调查经历而闻名（Glanz & Lipton，2004）。当他抵达位于华盛顿州的昆西市，想要做一个关于云计算数据中心的报道时，他发现了一家计算机巨头和一家小型能源公司之间的

124　　纠纷。这不是一家普通的大型计算机公司，而是微软。在许多人看来，是这家公司拯救了华盛顿州的命运，微软将其总部设于此而非硅谷，从而使华盛顿州不至于像其他传统工业地区那样萧条。2006 年微软决定扩张，于是在该州买下 75 英亩的农场（该农场过去用来种植豆子），并建造了一家数据中心用以支持其云计算服务。微软的设施由充足的水力发电驱动，依靠附近的哥伦比亚河产出能源。另一个有吸引力的条件是，由于有效的游说，该地的公用事业费率至少降低到全国平均水平以下，这使得沿河大坝源源不断地提供能源成为可能，包括两个由当地能源公司运营的大坝。最终，微软公司从华盛顿州获得了慷慨的税收减免，因为它已经向这个小城市付了一大笔财产税，让昆西市 6 900 位居民享受到了修葺一新的马路和新建造的图书馆。电力公司的领导谈到了当微软公司第一次进驻这个小城市时他的总体感受："你正在与世界上最大的公司之一谈话。你正在同微软和比尔盖茨交流。天啊！"（Glanz，2012a）

　　　　没过多久，这一声惊叹就变成了投票行动，昆西市的居民组团采取法律行动抵制微软公司对于环境的污染。同其他数据中心一样，这家公司用来运行它的主备用系统的 40 台燃油发电机不断喷吐着污染物。软件巨头的设施设置在一所小学附近，父母和邻居都害怕有毒物质的影响，特别是对年幼的学生们的危害。备用发电机这个词听上去并不是特别有害，但是这

些为数据中心服务的机器与车库里的家用发电机绝不相同。它们足有 10 英尺高，每台发电机重达几千磅①，发电能力足足达到 200 万瓦。同样重要的是，这些发电机的使用远比"备用"这个词所暗示的更加频繁，特别是在建筑施工的繁忙阶段。华盛顿州最初允许微软公司在每年的运行过程中，为满足突发的紧急供应或是达到"运营目标"使用这些备用发电机6 000小时。但是，事实似乎却是这家公司在数据中心扩张阶段频繁使用发电机，以至于需要完全依靠柴油发电机运行。2010 年，微软公司在昆西市的柴油发电机共运行3 615小时，向空气中排放一些特殊物质，研究发现这些特殊物质中包含大量的致癌物，足以对该地区的居民生活及工作造成威胁。虽然没有针对昆西市的专门评估，但是当柴油发电机开始运转时居民们就很清楚。一个在当地水果仓库工作的铲车司机说："当它们（指柴油发电机）第一次启动时，一朵巨大的由浓烟构成的云就升起来了，这让人觉得有点儿讨厌。"（Glanz，2012a）随着越来越多的公司和数据中心迁到这个小城市，越来越多的柴油被使用，这一切引发了环境听证会、法律诉讼及许多细致的谈判，使得华盛顿州生态环境保护部门的环境工程师有些恼怒："我发现很难相信有什么存储数据的最佳方式，仔细一想，它们都会露馅。"（同上）

125

除了对柴油发电的争执，微软公司与公共部门之间还因能源的过度使用产生了争执。普遍做法是，公共部门为了有效地管理电力网，要求那些用电大户对其消耗的电能作出预估。这个预估非常重要，以至于能源公司有权力对那些实际用电与预估严重不符的公司处以罚金。在这个案例中，微软公司就过高地估计了用电量并被处以超过 20 万美元的罚金。更让当地人惊讶及懊恼的是，这个计算机巨头不仅拒绝支付罚款，而且还用一种它自称为"没有必要的浪费"的方式继续消耗成千上万瓦的能源，直到公共部门同意削减甚至是完全取消罚款。在微软公司看来，如果用电超出预估要被处以罚款，那么它就会消耗足够的能源去抬高会引发罚款的基准线。雅虎公司在面临同样的处罚时就缴纳了罚款。但是，微软公司决定予以反

---

① 1 磅约合 0.45 千克。

抗，它的能耗在三天内从 2 850 万瓦跃升至 3 400 万瓦。迫于压力，公共部门委员会投票决定将罚金削减至 6 万美元，微软公司这才终止了消耗能源的抗议方式。

难怪一个身为公共事业委员会委员的当地农民会说："对于一个这种规模和这种性质的公司来说，它向我们打广告宣传的所有'绿色'的东西对我们来说都是一种侮辱。"（Glanz，2012a）微软公司站在自己的立场上宣称这只是偶发事件，但事实上这仅仅是在长长的问题清单上又加了一项，这些问题在公司和农业社区之间制造了紧张和直接冲突。当地曾经为了欢迎计算机巨头的到来而举办剪彩仪式，并将一袋去年丰收时从田里收上来的豆子送给微软公司在当地的总经理，并且宣布："为另一个'农民'——微软准备好地盘。"但是仅仅三天之后，在小城市是否能满足公司的电能需要这个问题上就产生了张力。数据中心的总经理抱怨公共部门在引进变电站时脚步太慢，变电站要能为微软的设备提供 4 800 万瓦的能源，足够支持 3 万家庭的需求。微软官方声称缓慢的建设"极大地影响到我们作为企业的敏捷性"，它告诉公共部门说，"我们的信心开始动摇"，并且想知道如果再不加快建设，公司可否获得 70 万美元的赔偿金。"这种程度的傲慢"给了公共部门官员当头一棒，并且还使其他人也心生厌恶，包括一位退休的教师，他感到"微软会给整个小城一个小小的教训"（同上）。

尽管微软公司引发了一些问题，但是昆西市并没有自此"闭门谢客"，它批准了雅虎公司和戴尔公司在这里的建设，这两家公司同样也被廉价的能源和税收减免吸引住了。到 2012 年末，小小的昆西市有了两家超级市场、两家五金商店、六家数据中心，还有另外五家数据中心正在建设中，但是在主干道上却没有电影院。一些市民和企业担心，现在许多公司都在追求更加低廉的公共设施成本，能源公司可能会对当地消费者提价。他们还担心"喂不饱"的数据中心可能真的会造成能源短缺，鉴于这个小城临近哥伦比亚河和水电大坝，这实在是太讽刺了。一位当地的水果种植户总结说，总体影响远远没有大多数人想的那样好："我并不认为昆西市因此受益。"尽管他承认数据中心对美国经济的重要性，"我认为，"他说，"实话告诉你，我们为了集体利益牺牲了个人利益。"

细节可能会有所不同，但是昆西市与云计算打交道的经历并没有什么特别与众不同之处。现在建造和运行云计算设施就是让许多人"为集体利益牺牲个人利益"。因云计算公司违反环境保护条例、公共设施协议、雇用本地居民的承诺以及其他问题而提起法律诉讼，这样的事情在云计算来到小城之后屡有发生。格兰茨总结说："当这些互联网'工厂'来到小城，它们感觉有点像旧时的制造厂，而不是现代魔术。"它们也并不像推广活动中所描述的"云"。只要华盛顿州的环境办公室以及像昆西市这种地方的居民继续把数据中心想象成"云"而不是工厂，它们就很难有什么明智之举。人们对于云计算的诸多困惑让人震撼但却不足为奇。我曾和一些具有研究生学历的人交谈，他们仍然认为云计算与真实的云有关联，与通信卫星有关联，与天气有关联（比如说这个系统在雨天时会出故障）。调查证实了公众对于云计算的困惑（Linthicum，2013a）。最好的情形是，大众将其视为"一个巨大的存储空间"，这至少组成了对于云计算的困惑的一部分（Abdul，2013）。[1]掌握一套言辞至关重要，特别是在这样一个领域内，赞美式的广告与推销恰如其分地穿上了类似策略性传播的外衣。在沙漠中的大型电力项目被叫做"太阳农场"（Soto，2011），喷涌柴油的信息处理工厂被人们看做"云"。工厂，无论其建在沙漠中还是小城市中，本质上都不坏，但是人们在批准建设、决定是否提供以及提供哪一种激励措施之前需要去了解它们到底是什么，并且建立一套恰当的管理制度。

本章通过检视与云计算有关的主要问题，进一步进行批判性解读。主要关注的是环境、电力、隐私、安全和就业问题。

127

电子污染

先不谈广告宣传，我们其实早已知道计算机技术不是一种绿色无污染的技术。计算机组件中所使用的化学制品都是强致癌物。在美国有毒垃圾排放最多的地点清单上，硅谷长期以来遥遥领先。现如今中国以及许多其他发展中国家都堆积了如山一般的计算机零件，这成为一个危险的化学问题。麦克斯维尔和米勒提出，到2007年全球每年会生产2 000万~5 000万吨的电子垃圾，大多数都是人们扔进垃圾堆的手机、电视和计算机。电子垃圾要数发达的西方产生得最多，之后却被丢弃在拉丁美洲、非洲、东欧、印度、东南亚和中国。这些年来，印度和中国也加入了制造垃圾的主力军当中。1997—2007年这10年间，单单是美国就扔掉了5亿台计算机，包括60亿磅的塑料、15亿磅的铅、300万磅的镉、200万磅的铬、63.2万磅的汞，以及许多其他危险的致癌化学物，比如铍和砷化镓（Maxwell & Miller，2012a）。

> 电子垃圾要数发达的西方产生得最多，之后却被丢弃在拉丁美洲、非洲、东欧、印度、东南亚和中国。

128

有充分的理由将电子污染形容为"一个越发有毒的噩梦"。正如一位学者（Acaroglu，2013）所描述的那样：

> 在偏远而贫困之地，例如加纳的阿博布罗西（Agbogbloshie）、印度的德里（Delhi）、中国的贵屿镇，孩子们把电子垃圾堆得像山那么高，他们焚烧垃圾只为提取里面的金属——铜导线、金线、银线，然后再仅仅以几美元的价格卖给回收商贩。在印度，小男孩们为了得到镉，用锤子敲碎计算机电池，他们在工作的时候手上脚上全是有毒的镉微粒。妇女们成天弯着腰，对着横流的铅液"煮"电路板从而剥离出里面的金线……大多数科学家都认为暴露在这样的环境中会带来极大的健康危险，特别是对怀孕妇女和儿童来说。

在计算机发展的早期，就存在一个主要的争论：计算机是否为工业领域原来的生产引擎提供了一个"环境友好型"的替代方案。一些学者，包括许多在其他方面对信息技术持批判看法的人，总体上忽略了它们的负面影响。而且在对与媒介技术有关的环境问题为数不多的有延续性的描述中，有学者（Maxwell & Miller，2012a：13）指出，受人尊敬的学者不假思索地指出环境保护主义者利用新媒体是绝佳的方式，却会对这种行为背后意义深远的讽刺无言以对。这类研究充其量完善了在 1998 年由三位学者发表的一篇文章中的观点——在互联网成长的第一次浪潮中，他们开始寻求理解环境保护主义与信息社会的关系："信息社会有潜力去降低环境的压力：信息技术及服务的出现会导致生产和消费的非物质化。"（Jokinen, Malaska & Kaivo-oja, 1998）这简洁的说法承诺 IT 业将会促成一个更加可持续发展的世界。连接到通信系统的计算机可以创造一个更加智能的生产系统，只需更少的物质消耗并且产生的污染也会降低。同样重要的是，将货物传递到消费者手中的过程也变得越来越非物质化，一部分是因为信息社会本身对物质的需求会降低，同时也是因为将货物传递到消费者手中这一过程变得更加智能和高效。

人们当然可以理解为什么这种观点会得到支持。我在写这本书的时候实际上也没有用墨水在纸上写作，因为我使用笔记本电脑并且从互联网信息的大仓库中获取研究所需的材料。值得赞扬的是，1998 年发表的那篇文章并不像许多"绿色 IT"环保作用的积极预言那样，它也提出了"积极的环境效应可能会被过度经济增长带来的'回弹效应'所抵消"这一风险（同上）。在环保方面所取得的成功可以鼓励人们更多地消费，这与其他违反直觉的效应并没有什么不同，例如先进的刹车系统与事故数量之间的关系。信任刹车会导致更多人鲁莽驾驶，就像环境保护方面的进步可以鼓励人们购买更多的，特别是更加"绿色"的产品。

认识到 IT 业与环保之间存在违反直觉的效应体现了很好的辩证思考，尽管如此，信息技术本质上是绿色环保的这一观点仍然存在。使用信息技术的确可能会导致更多的消费和资源消耗，但是，人们会认为这不是技术的问题，而取决于我们如何利用技术。云计算的扩张证明了这个观点的局限性，特别是考虑到在世界各地的大型数据中心里，生产是真正物质性的。从外部看来，它们就是四四方方的大型仓库，或许区别在于它们缺少独一无二的特征并且很少暴露在阳光下。而从内部看，它们远远不只是仓库那样的存储空间。相反，数据中心里充满了设备和系统，包括堆叠起来的用来处理数据的服务器机柜以及多种能源及制冷设备。一位微软的律师说：

"云计算的核心就是这些数据中心，而这些数据中心实际上也是微软公司所有业务的核心。"（Glanz，2012a）

我们如今有数以万计的数据中心四散在世界各地，使得人们可以即时下载谷歌邮件、在百度上搜索、在 iTunes 商店购买音乐和视频、在亚马逊购买各种商品。但是为所有这些优点付出的代价是越来越多的能源消耗，对环境造成越来越大的压力。数据中心被数以千计的服务器填满了，无论是特殊材料还是普通材料制成的服务器组件，处理起来都会带来很严重的水污染及土壤污染问题。这样的污染在许多地方一次又一次发生，在那里云端的残骸找到了并非终点的休憩之地，违背了信息时代非物质化图景的承诺。需要承认的是，这个问题并没有导致核废物处理那样的反乌托邦大戏。大国之间的博弈抑制了核能源的发展，而且，与核武器有关的"蘑菇云"相较信息时代吹来的一阵阵的"云"更具有令人忌惮的威慑性。但是在某些方面，云计算的电子垃圾所带来的挑战在于它更加隐蔽，因为它的恐怖之处是不会造成即刻的威胁，还因为大部分伤害都是对贫困国家。这样的垃圾大部分都堆积在那里，或者是较富裕国家的贫穷地区。

要让数据中心正常运转需要源源不断的能源。因此，设备需要可靠的电能来维持它们每周 7 天、每天 24 小时的工作；来防止出现即使是最好的电力系统也会出故障的现象；还要维持备用系统运行，以防止即使是最好的电力系统也可能出现的故障，包括在微软一例中柴油驱动的发电机。而且在大多数情况下，备用能源是由大型的蓄电池供应的，还有大量的水力发电站也提供了额外的备用能源。即使是有如此代价高昂、有污染的支持，仍然不能保证数据中心每周 7 天、每天 24 小时的正常工作。像微软公司在 2013 年就因没能更新安全证书，导致了一场全球性的大型云计算服务"故障"的发生，微软也因此得到了教训（Ribeiro，2013）。

可靠、廉价的电能既要用来驱动设备又要用来降温，这是一个复杂的耦合过程，会影响到数据中心的选址，并促成关于数据中心的政治学。单单是其所需要的能源就会让人瞠目结舌。正如一个设计了几百家数据中心的工程师所说:"对于大多数人,甚至是行业内部人士来说,这些系统的数量、规模都是令人惊愕的。一个单独的数据中心可能比一个中等城市消耗的电能还要多。"(Glanz,2012b)

> 可靠、廉价的电能既要用来驱动设备又要用来降温,这是一种复杂的耦合过程,会影响到数据中心的选址,并促成关于数据中心的政治学。

虽然对此有不同的估计,但是专家们都同意数据中心的能源消耗量占据了全球所耗电能的2%,并且它们的碳排放量到2020年将提高四倍(*Data Center Journal*,2013)。

从长远角度看,这些电能消耗率不会一直持续,各大公司也在主动尝试寻找解决方案,但是这并不容易。因为数据中心是企业,要通过维持每周7天、每天24小时的运行来留住用户。而且,它们的系统不仅仅需要持续的能源供应以维持运行,也需要一种方法来维持足够的低温环境以避免服务器温度过高。因此煤矿产业想从云计算行业分得红利也是不足为奇的。在一份详细的报告中,代表美国煤炭王国的行业协会反对任何关于云计算最终会减少其供应商和消费者能源需求的预言(Mills,2013)。

131

各大公司可以做些事情来调节能源消耗,包括将它们的设施安置在像斯堪的纳维亚和加拿大这样能够提供更好的自然冷却的地方。但是,在边境之外存储数据会带来其他的担忧,比如安全问题。公司也可以根据时间——例如什么时候服务器主动参与处理过程——来更好地协调能源系统。但是这很难完成,因为云供应商喜欢让能源一直供应,这样如果遇到处理需求量的高峰,服务器不至于崩溃。云计算公司十分清楚用户不会喜欢在他们使用电子邮箱、下载数字产品或连接社交媒体网站时有任何的延迟或故障。他们担心用户会转向另一家供应商,或是失去兴趣,从而减少他们在赛博空间中的自主行为。

> 即使各大公司成功地为云数据中心提供了更多可再生能源,重大的环境问题依然存在。

尽管如此,还是有些公司正在采取行动。惠普已经开发出需要更少的能源的新服务器,这一创举改变了该公司的盈亏线,即使它挣得比过去在其他所有业务线上的还要少(Sherr & Clark,2013)。各大公司也在开发创新能源系统，旨在从根本上降低（即使不是完全消除）冷却服务器所需的电能。[2]雅虎公司决定在纽约州的布法罗城外建造一个可以依靠水力发电提供能源的数据中心，这将会大大降低该公司的碳足迹①（Greenpeace International，2010：3）。尽管谷歌公司取消了它的热能项目，但是它在艾奥瓦州的数据中心利用了风能，并且成立了一个电力公司向电网回售电能（Barton，2012）。苹果公司曾经遭受负面报道的炮轰，因其将最大的数据中心之一设置在北卡罗来纳州并且选择与杜克电力公司合作，而这家臭名昭著的公司在环境和劳工保护方面都有不良记录。如今苹果公司已经开始采取行动开发可再生的能源（Clancy，2012）。最后，Salesforce 公司也开发出新的度量标准，包括衡量每笔交易的碳排放量，以此来更好地检测能源使用情况（Makower，2012）。

　　即使各大公司成功地为云数据中心提供了更多可再生能源，重大的环境问题依然存在。大多数人通过无线连接云系统，正如 2013 年一份报告所显示的，无线连接会消耗大量的电能并且比数据中心还要低效，因此招来了最多的批评（Center for Energy-Efficient Telecommunications，2013）。而且，有必要看到在一派"荒凉的景色"当中大多数的"绿芽"都在美国这片土地上萌发。也有例外，国际绿色和平组织提名印度的科技巨头——威普罗（Wipro）外包公司为世界上最环保的电子工业公司（Swinhoe，2013）。但是，云计算的物质架构需要全球供应链，这些供应链往往要连接到美国以外的地区，这渐渐使环境破坏成为家常便饭。所以即使苹果公司试图通过在北卡罗来纳州生产太阳能来美化名声，该公司在中国的一家供应商还是被曝出将上海城外的一条河严重污染，污染物就是苹果公司产品生产过程中产生的一些电子废物。根据《金融时报》的报道，苹果公司这家承包商在过去的两年里，为了运行它的工业园区的设备，几乎每个星期不间断地排污，致使河水呈现出牛奶般的白色。《金融时报》援引了一位垃圾处理厂

---

① 碳足迹，英文为 Carbon Footprint，是指企业机构或个人通过交通运输、食品生产和消费以及各类生产过程等引起的温室气体排放的集合。它描述了企业或个人的能源意识和行为对自然界产生的影响。目前，已有部分企业开始践行减少碳足迹的环保理念。

工人的评论："在这之前，河里有我们常吃的鱼和贝类，但是现在一条鱼也没有了。当水变白的时候我们甚至再也不敢用它来浇菜了。"（Mishkin，Waldmeir & Hille，2013）当地的那家公司正面临着上海市政府的处罚，但是让这条河"死而复生"已经不太可能了。像这样的故事给了我们一个重要的提示，云计算是建立在全球生产体系之上的，而这种生产是物质性的、工业化的，除非有什么大的变化，否则也是不可持续的。

承诺"永远在线"的结果之一就是，很不幸，服务器会以非常低的效率运行。《纽约时报》曾委托麦肯锡公司检测当数据中心在向各类用户提供云计算服务时所消耗的电能，结果发现它们只使用了支持它们的服务器处理进程所供电量的 6%～12%（Glanz，2012b）。各大公司让电能源源不断"流淌"，只是担心一旦有需求时却无法提供服务。消费者在租赁设备时并不希望出现故障，并且一旦每周 7 天、每天 24 小时的服务无法满足，他们会毫不迟疑地寻找另一家云计算供应商。所以为云计算公司效力的工程师们殚精竭虑，生怕遇到服务器故障的情况，丢了饭碗。让不常使用的服务器也接通电源总好过面对一个怒气冲冲的消费者。一位来自公共设施公司的执行人员说："在 IT 圈子内部有一种紧张感，就是担心当客户需要的时候却无法获得想要的东西。"（同上）实际上没有什么节约能源的动力，倒是维持系统运行的动力处处都有。正如一位高级行业主管告诉《泰晤士报》的那样："这是一个行业'肮脏'的秘密，没有人想成为第一个承认错误的人。如果我们是制造业，我们早就直接破产了。"（同上）"肮脏"这个词从多方面来讲都是恰当的。

另外一个不算特别小的秘密，就是依靠非常不像云计算本身体现的那般"先进"的备用系统来应对电力故障。包括曾经提到过的位于华盛顿州中部的微软数据中心使用的柴油发电机。硅谷的数据中心一直都因为柴油废气污染而在加利福尼亚州有毒气体污染清单榜上有名。由于许多管辖区缺少这种跟踪机制，无法检测柴油使用的后果，因此当地

> 云计算行业靠存储和处理他人的秘密盈利，其自身就是最具有隐秘性的。各大公司并不会透露它们自己的数据中心的地理位置，这些数据中心往往隐藏在毫无特色可言的仓库里，比如没有标识没有记号的建筑。

133

居民要么必须承担有毒物和致癌物的影响，要么提起法律诉讼来碰碰运气，就像昆西市的居民们一样。仅靠柴油发电机对于这样一个行业来说是不够的，因为该行业注定要根据需求随时提供即时服务，所以往往也会需要其他设备支持，比如数以千计的蓄电池（这类电池通常被卡车、轿车使用），大量的高速运转的水力发电机组也能生产出备用能量。某位研究电能消耗的人士并没有怎么被触动："纯属浪费，这个行业有太多的保护政策了。"处于紧张压力之下的数据中心管理者要确保时时刻刻处理信息，他们当然不会同意这种说法。微软公司并不是唯一一家因为违反环境条例而被处罚的公司。在 2010 年 10 月，亚马逊公司被弗吉尼亚州处以超过 50 万美元的罚款，因为该公司在没有获得必要许可证的情况下就建造、安装并持续运行柴油发电机。在申诉之后，罚金大约削减至原来的一半，但是 4 项检查不合格以及 24 项违规使其在违规企业排名中高居不下并不是什么光彩之事，尤其是对于一个自称处于云计算行业领导地位的公司来说（Barton，2012）。

云计算行业靠存储和处理他人的秘密盈利，其自身就是最具有隐秘性的。各大公司并不会透露它们自己的数据中心的地理位置，这些数据中心往往隐藏在毫无特色可言的仓库里，比如没有标识没有记号的建筑。让事情更加复杂的是，拥有大量数据中心的美国以及其他国家没有单独的机构专门负责监督这些数据中心。美国知道它拥有多少政府数据中心——在 2010 年是 2 094 个——但是并不知道它们消耗了多少电能。这不仅仅导致了监督管理方面的问题，也为灾难的发生创造了条件。正如一位技术能源行业的顾问所说："这是不可持续的，它们将会碰壁。"（同上）

随着环境组织，特别是国际绿色和平组织施加的压力越来越大，公众的意识也开始觉醒。2010 年这个组织发布了一份关于云计算的报告，直指大型的云服务供应商应更多地考虑环境污染问题。具体而言，脸书公司由于在俄勒冈州中部建造了一家数据中心而成为被质疑的对象，因为这家数据中心由主要使用煤炭的火力发电站这种公共设施来提供能源，这是美国温室气体排放最大的来源（Greenpeace International，2010）。国际绿色和平组织利用这份报告发起了一个名为"不友好的煤炭"计划，还利用了其在脸书的主页进行宣传，这吸引了 70 万支持者，并由于在 24 小时内在社交媒体网站上获得了最多的评论数而创下了吉尼斯世界纪录。2011 年该组织发布了另一份关于云计算的研究报告，提供了具体的细节并为云计算公司在环保方面上的表现评级打分。在这个报告中，脸书这个社交媒体公司因为仍然依赖煤炭火力发电而在"基础设施选址"项目中得了一个"F"（Greenpeace International，2011）。一年以后，脸书与国际绿色和平组织达成协议，除了其他事项之外还承诺改变其数据中心选址策略。尽管除了承诺减少对于煤炭火力发电站的依赖之外，脸书在具体细节方面却语焉不详，但是国际绿色和平组织认为这是朝着正确方向迈进的第一步。

国际绿色和平组织发布的报告不仅仅大声指责脸书一家公司对于环境的不友善行为。没有什么公司能够特别顺利地过关。在 2011 年的报告中推特公司的表现最差，其在关于"环保透明度"的三项中都得了"F"，所谓"环保透明度"是一种测量标准，包括环境政策、基础设施以及缓解污染策略等方面的公开度。与那些保密性极强的互联网公司一样，亚马逊公司在"环保透明度"方面得了一个"F"，但在其他类别上却侥幸得了"D"。苹果公司要稍微好一些（两个"C"、一个"F"），最糟糕的记录在"煤炭密集度"一项上，恐怕比脸书还要糟糕一些。但是，最让人惊骇的结果，也是让那些期待看到擅长吹嘘自己的公司有什么不同表现的人最失望的一点是，几乎无一例外，云计算公司，包括所有在硬件、软件、社交媒体以及大数据方面赫赫有名的大公司，它们的表现与其工业前辈们并没有什么不同。

国际绿色和平组织不仅率先揭示出 IT 公司令人扼腕的环境保护记录，而且还率先付诸行动。2012 年 4 月，该组织的成员爬上了位于西雅图，与微软企业中心隔街相望的亚马逊公司新企业总部楼顶，从屋顶悬垂下来一个云朵形状的横幅，上面写着："亚马逊、微软：你们的云到底有多干净？"在这个活动之后，国际绿色和平组织的 IT 分析师向《连线》杂志解释了此次抗议："如果我们想要达到可

> 云计算公司，包括所有在硬件、软件、社交媒体以及大数据方面赫赫有名的大公司，它们的表现与其工业前辈们并没有什么不同。

再生的能源经济，则没有这些公司的领导是无法完成任务的。但是在很长一段时间，许多关于能源的决策都是由一小部分公司授意的，它们对于现状十分满意。"各大公司坚持认为它们正在积极地大步前进，但是它们仍然认为本质上大型数据中心相较个人及机构自己处理数据，会对环境更加有利。环保人士坚持认为亚马逊公司除了在西雅图市中心打造一个专为宣传而供媒体拍照的温室以外还应该做更多事情。

　　从（能源）供应的角度来思考可持续发展的云计算已是困难重重，但当人们想想组织和个人对于云服务似乎无法停止的需求时，（这种思考）会更具有挑战性。供应与需求是相互联系的，这一点在云计算的整体推广文化中体现得很明显。对于那些营销云计算的公司来说，客户不仅仅想要云服务，还将其视为一种权利。2013 年斯普林特公司（Sprint）的一则广告十分清晰地表现出这一点，当广告在庄严的"蒙太奇"手法中拉开帷幕时，一个年轻男人向技术致以灵魂的颂歌：

> 在家里，在脑海里，
>
> 奇迹无处不在。
>
> 在用像素装点的数据里，
>
> 我们可以分享每一秒。
>
> 10 亿漫游的摄影记者……
>
> 上传着人类的体验。
>
> 还有，它的壮观。
>
> 所以这是不是你脱帽致敬的原因？
>
> 我的 iPhone 5 可以发现每一个观点……
>
> 每一幅全景。整个人类艺术馆。
>
> 我需要上传我的一切。
>
> 我需要，不，我有权利无拘无束。
>
> 为 iPhone 5 提供真正的无限数据，
>
> 唯有斯普林特。（Sprint，2013）

"我需要上传我的一切。"为什么不呢？自从大多数人相信数字比特不同于原子，这就是一个必然的选择。即便他们曾在 2000 年左右的互联网泡沫破灭中面临事业毁于一旦的危险，或者至少有点疲于应付，许多人依然同麻省理工学院媒介实验室前总监尼古拉斯·尼葛洛庞帝（Nicholas Negroponte，1995）、《连线》杂志前执行主编凯文·凯利（Kevin Kelly，2010），以及其他数不清的神话缔造者一样，坚持认为数字世界不仅仅同原子构成的物质世界不同，它还代表了另一种现实秩序。正如尼葛洛庞帝所坚持的那样，"数字化生存"意味着生活在一个具有无限可能性的世界里，这个世界不会被原子世界中的物理、物质以及环境限制所束缚。世界进入充满"以太"的赛博空间，现在又进入云端。尽管这种观念如此强大，但其根本上是有缺陷的。数字世界的资源与环境问题显示出数字与物质是息息相关、难舍难分的。[3]尼葛洛庞帝和那些遵循他的路径的人都是错的。原子世界并没有终结；在数字世界看上去无止境的增长中，每增加一个字节，我们所感受到的重压也就越强烈。像谷歌这样的云计算公司坚持认为，向云端迁移会让能源使用集中化、合理化，从而降低总体的能源消耗。但是一个基于谷歌公司资助的研究提出的模型似乎显示，这个观点站不住脚（Bourne，2013）。而且，在国际绿色和平组织（2010，2011 及 2012）以及美国煤炭行业（Mills，2013）所资助的报告（通常是云计算公司的对手）中总结认为总体的商业能源消耗反而会大幅度增多。

建造一个环境友好的、可持续发展的数字世界需要 IT 公司的行为发生根本上的转变，包括那些抢先飞速迁移至云端的行动。这是因为生产、处理、分配和展示数字化产品，并不意味着这些公司就可以避免它们的活动对环境造成不良后果。与此同时，还需要个人及组织在下载、上传、发送、接收以及展示这个数字化世界时能够从根本上转变自己。控制一个充满无限数据的世界，并不见得会比控制一个充满无限实体的世界更合算，也不见得就不会对环境造成什么影响。没有什么是不需要成本的，而如果

137

不在认知上以及物质实践中有所改变，也就不可能实现可持续发展。正如
麦克斯维尔以及米勒雄辩的总结："对于互联网的环境问题有一些技术上
的修补措施——让数据中心不再使用煤炭—火力发电网，而是转向水能、
太阳能、地热以及其他能源；设计高效节能的设备；使用智能电网调节并
降低家庭及工作场所的能源消耗。但是如果消费文化不相应地向可持续性
方向转变，这些修补措施就不会取得成功。所谓的可持续发展文化确保社
会、政治以及经济发展不会超过或是不可逆地损害到地球提供和更新自然
资源的能力，人类要依靠这些自然资源存活。"（2012b）时间紧迫，困难
很多。正如麦克斯维尔和米勒所指出的，现在有 100 亿台 IT 设备需要电
力驱动，这将会消耗掉全球住宅能源总使用量的 15%。如果维持现在的
采用率——也就是说相信"这些设备不会或者很少给环境造成负担"这
种想法而没有发生任何改变——那么到 2022 年它们就需要消耗全球电力
网 30% 的供电，到 2030 年这个数字将上升到 45%。与此同时，云数据中
心的能源需求正在以一种非常快的速度扩张，从 2005 年到 2010 年增长了
56%，而在这个时间段全球工业的能耗增长却相对平稳（同上）。

隐私和安全

对隐私及安全问题的关注给包括云计算和大数据在内的 IT 产业打上了
另一个问号。为了恰当地评价这些关注，我们有必要首先考虑一下，对于
隐私及安全存在着不同的认知方式。冒着简单化的风险，我将提供三种有
关隐私保护的认知方式。首先，最温和的一种是，人们将隐私及安全视为
可以交易的商品。我们相信自己拥有独处和感到安全的权利，但是也乐意
为了达成其他目标而放弃一些被提供的保护。人们为了享受"在云端"的
生活，如在脸书和推特上发帖、在苹果的 iCloud 中下载视频，选择让自
己一部分隐私和安全。为此我们冒了相当大的风险，包括：将自己的部分
身份信息暴露给黑客；向提供服务的公司妥协，从而放弃私人信息，例如
发布的帖子内容，或者是根据我们的购买记录而形成的用户资料；还有向

政党购买我们在脸书、推特和苹果上留下的信息的行为妥协。有的时候，我们与云计算供应商的交易是一笔糊涂账。我知道有一个人，在让她脸书上的朋友们知道自己生了一场重病之后，就开始不断收到"遗愿清单"的广告。在她为了让朋友们知道其健康问题从而暴露了她的部分隐私时，她当然不是想去搜寻一张"遗愿清单"。同样，当一个人在网上搜索致力于硬化症援助服务的网站时，他也并不是为了收到这些服务的广告（Singer，2013）。暴露隐私结果并不总是像这样冒犯无礼，但是也可能会更糟，有人在网上无意中搜索了高压锅和双肩背包（同时使用可制作背包炸弹），这导致反恐小组六名成员造访，我们之后才得知这些人频繁地调查那些引起怀疑的网络用户（Bump，2013）。第一眼看上去，隐私和安全都在我们所渴望的事物之列，在我们同样也想获得其他好处的情况下，我们就要作出选择。

对隐私保护介于"温和"和"强硬"中间的一种认知方式是不再把隐私和安全看作可交易的商品，相反，它们不可交易的价值观，确认了一个公民具有独处以及远离侵犯、获得安全的权利。这种权利是不可交易的，因为隐私和安全不是商品，而是公民免于身份信息泄漏、免于身体和心理被侵犯的权利。从这个观点来看，法律和习俗应该保护独处的权利，这一权利在不侵害他人公民权的情况下是不可剥夺的，因此也不可能用来交换钱、物品或者服务。当谷歌、亚马逊和微软公司跟踪我们的网络行为时，我们就失去了一部分隐私。我们看似得到的作为回报的东西，其实与隐私毫无关系——我们得到的是各大公司付费的或免费的服务。但是从这个观点来看，因为隐私不是商品，所以我们不能将其视作等价交换物。当我们同意一个网站的"隐私条款"时，事实上只承认我们了解了它的隐私侵犯条款。我们依靠政府去保护公民权，当政府允许企业侵犯我们的隐私，或者当政府自己剥夺了我们的隐私和安全时，我们也就无法保有我们的基本权利。

> 当谷歌、亚马逊和微软公司跟踪我们的网络行为时，我们就失去了一部分隐私。我们看似得到的作为回报的东西，其实与隐私毫无关系——我们得到的是各大公司付费的或免费的服务。

139

这两种认知方式都为我们思考隐私及安全提供了有效的途径。但是在当脸书开发了一些工具时——例如社交搜索引擎图谱搜索（Graph Search）将我们的一些身份特征与第三方数据连接起来，再将这些信息卖给广告主——就意味着接管了个人自我发展的空间，限制了我们在完成塑造身份认同这项任务时的呼吸空间，弱化了我们在民主社会中作为公民培养必要的自治的能力。它将公民变成"数据点"，将他们的身份特征商业化，将民主降格为另一种消费行为，为真正的自主性留下更少的空间。

解释隐私及安全能为我们做什么，或是为什么我们如此关心二者时却不太具有说服力。因此我们转向第三种视角，这种视角试着解决上述几点，最强硬的关于隐私保护的认知方式也以此为基础。根据这个观点，隐私和安全是保持我们自身与世界之间的适当距离、呼吸空间和缓冲地带的重要手段，这些空间对自我发展来说是必需的。由于监视购买等社会行为可能获利，监视正在侵害这些空间，使得人们更难安全地形成自我认同。在这个意义上，对隐私的侵犯正在冲击我们自我发展的能力。

许多评论家和学者对于他们理解隐私及安全的温和版本并不感到满意，因为它们无法阐释这些价值观的重要性，因此许多学者开始采纳自我发展的视角。正如作家杰森·萨多斯基（Jathan Sadowski）所说："因为生活和语境总是不断变化，隐私不可能被还原成某种特定的种类，所以最好将其视作一个重要的缓冲地带，这个空间可供我们培养认同，稍稍远离我们社会及文化中的监视、判断及价值观。"（2013）学者们已经深化了这一观点。对于法律教授朱莉·E.科恩（Julie E. Cohen）来说，这意味着"创造了一个游戏、工作的自留地"（2013：1911）。对于伍德罗·哈特佐格（Woodrow Hartzog）和埃文·塞林格（Evan Selinger）来说，隐私保护很好地阻止了为盈利而收集个人信息的交易。隐私——或者用他们的话来说是"模糊性"——对于民主社会非常重要，因为它保卫了"自治、自我成就、社会化并且相对而言减少了权力的滥用"（2013）。最后，对于迈克尔·林奇（Michael Lynch）来说，隐私对于提高人类自我意识是至关重要的。用更强烈的措辞来形容，他坚持认为："无论我们如何分解这些问题，当我们仔细思考最近揭露出来的政府使用大数据的真相时，我们都要牢记自我、人格和隐私的联系。潜在的问题不仅仅是在便捷和自由中做出权衡那么简单。在某种程度上我们承担着隐私被侵害的风险，真正意义上也是在承担我们作为具有主动性、自主性的人的身份被侵害的风险。"（2013）当脸书开发了一些工具时——例如社交搜索引擎图谱搜索（Graph Search）① 将我们的一些身份特征与第三方数据连接起来，再将这些信息卖给广告主——就意味着接管了个人自我发展的空间，限制了我们在完成塑造身份认同这项任务时的呼吸空间，弱化了我们在民主社会中作为公民培养必要的自治的能力。它将公民变成"数据点"，将他们的身份特征商业化，将民主降格为另一种消费行为，为真正的自主性留下更少的空间。

对于隐私和安全的侵犯不仅仅是贸易问题或是对抽象权利的损害，它们会减少我们的精神上的幸福感和整个社会的幸福感，这个观点常常在探讨隐私立法会对商业和政治产生何种影响时被掩盖。

隐私是传播业常年存在的问题，尤其是在 19 世纪中叶传媒技术强势入侵之后。先是电报之后是电话，人们开始学会把自己的秘密托付给陌生人。一种树立信任的方法就是承诺这些信息是私密的、安全的，即使要经过那些电报员以及接线员最密切的审查。20 世纪 60 年代随着有线电视的推广，人们提前体验到了"交互式视频"，这预示着未来的点播娱乐系统。但人们很快就意识到，令人尴尬的是，这些让一切成为可能的系统也记录下人们所做的选择。后来，当视频商店开始追踪从录影带到 DVD 的租赁收入时，这种担心愈演愈烈。由此而产生的问题包括公众是否有权知晓政客的阅览习惯。这些问题在"兔耳"天线② 广播时代是不可能提出的。互联网下了更大的赌注，将原本就很严重的隐私及安全问题全球化。

云计算是下一步——它与隐私及安全的关系，既不是简单的挑战也不是彻底的破裂。通过定义可知，云计算在这些领域引起了相当大的关注，因为它涉及将所有的数据从相对熟知的位置，例如个人控制的家庭电脑，或是有雇主防火墙保护的一站式的数据中心迁移出去。原先的那些装置当

141

---

① Graph Search，2013 年脸书首席执行官马克·扎克伯格（Mark Zuckerberg）宣布推出的社交搜索工具。这种工具的搜索框更大，能为用户提供输入自然语言搜索请求的方式，帮助其找到有关以往搜索历史、朋友访问的餐厅、朋友喜欢的音乐和电影甚至是潜在约会和工作机会的信息。

② "兔耳"天线运用卫星来传送影音信号，在传统电视时代经常使用。因形状酷似兔子耳朵而得名。

然无法保证隐私和安全，但是迁移至云端进一步侵犯了隐私和安全。一位学者将数据保存在笔记本电脑、可移动硬盘中，或者为了节省空间和金钱把数据存储在大学的服务器中是一回事，将数据迁移到云服务企业的服务器和数据中心中又是另一回事，因为用户与这些企业之间只有非人格化的"客户—公司"关系。云计算所引发的隐私及安全问题有许多层级，包括大大增加了数据被攻击及偷窃的可能，促使公司在多种形式的监视资本主义中挖掘云数据的商业用途，政府可以利用云数据来跟踪境内外人士并将它们自己的法律运用于那些产生自境外的数据上，还会导致"监视国家"的诞生。

《华盛顿邮报》网站的"理念@创新"博客①上的一则文章标题是《今年人人都会遭到黑客攻击吗?》。现在几乎每天都会曝出黑客成功攻击云计算领域几大巨头的案例，因此很难不让人联想到这个听上去有些夸张的说法（Basulto，2013）。毕竟，仅仅在2013年2月21日就已经有脸书、推特以及一度"坚不可摧"的苹果公司受到了黑客攻击。好像是为了回应上文中那个标题的提问，四天以后黑客们又对微软公司下手。很难判断这些攻击者的背后到底是什么，但是专家们一致同意他们很可能是在搜寻客户数据或是专利公司信息，在黑市中可能会有人出高价购买这些数据以便更好地变换它们的"钓鱼"攻击手段（Schwarz，2013）。4月，美联社在推特上的新闻服务账号被盗并发布了一条推特：白宫爆炸案致奥巴马总统受重伤。紧接着引发了短暂的恐慌，股票市场开始下跌。之后推特和美联社都不得不郑重道歉并承诺提出解决方案。相同的黑客攻击紧随而至，对象分别是汉堡王（Burger King）②和吉普（Jeep）③在推特上的账号（Romm，2013b）。

2013年2月19日，有报道声称，中国军队要为针对美国商业和政府机

---

① 该博客为《华盛顿邮报》官方网站上的一个专栏，英文名为 ideas@ innovation，其宣传标语是"一切关于未来"，多刊载与互联网、技术创新、未来发展趋势相关的文章。

② 汉堡王（Burger King）是一家大型连锁快餐企业，在全球多个国家及地区拥有超过1万家分店。

③ 吉普（Jeep）是克莱斯勒汽车公司旗下的一个品牌，有多款车型。

构的系统化的黑客攻击负责，这一事件可以说是新一年中最大的黑客事件
了。黑客攻击包括从可口可乐公司窃取大量数据，该公司曾一度与中国政
府发生争执。与这场攻击世界软饮料行业领导者的行为同样重要的是，安
全分析人士认为黑客们更关心的是那些负责关键基础设施项目的公司，包
括电力网、输气管道、供水系统（Sanger，Barboza & Perlroth，2013）。一项
针对与中国有业务往来的美国公司的调查报告总结称，这已经是这些公司
第四次遭到攻击了（Reuters，2013b）。这些事件的真相尚未可知，但是却
有理由让我们思考关于黑客的报道的增多与美国政府推动富有争议的网络
安全立法是否有关，这项立法本身就涉及隐私问题，因为它会加强情报机
构与私人公司之间的信息共享（Finkle，2013）。

美国不仅仅只是网络攻击的承受方。美国攻击他国特别著名的事例就
是就是它伙同以色列发送"超级工厂"病毒①从而毁掉伊朗的核计划。中国
也认为美国要为其计算机及数据中心遭受的网络攻击负责，尤其是其中一
些还包含了敏感的军方数据。据中国国防部发言人所说，中国的两个主要
军事网站不断遭到来自美国的攻击："去年，中国国防部网站和中国军网平
均每月遭受攻击 14.4 万次，源自美国的攻击就占了 62.9%。"（Hille &
Thomas，2013）还有，中国的华为公司是世界上电信设备供应方面的佼佼
者，它曾被指控在美国、澳大利亚和加拿大窃取敏感数据。华为公司坚持
说它的计算机每周要被攻击 1 万次左右（同上）。《人民日报》评论说："事
实上，美国才是名副其实的黑客帝国。"（同上）的确，鉴于爱德华·斯诺登
（Edward Snowden）揭示出威瑞森公司与美国国家安全局之间的关系，甚至是
西方专家也想知道对于华为公司的"特别"关注是否公正，因为现在我们可
以知道至少有一家美国电信巨头被直接指认涉入这场大型网络监视活动中
（Pilling，2013）。而且斯诺登指出，这些年美国一直对中国内地和香港发起黑
客攻击，这使得美国对中国才是网络恶行的主要来源的指责显得底气不足

---

① "超级工厂"病毒是世界上首个专门针对工业控制系统编写的破坏性病毒，能够利用对
Windows 系统和西门子 SIMATIC WinCC 系统的 7 个漏洞进行攻击。该病毒主要通过 U 盘和局域网进
行传播，曾造成伊朗核电站推迟发电。

（Lam，2013）。

143 所有这些攻击和反攻击足以为云安全招来质疑，这导致一些受尊敬的专家反对采纳云计算（Darrow，2013；Stapleton，2013）。根据隐私权清算中心①（Privacy Rights Clearinghouse，PRC）的说法，在2013年的头两个月里共有28起黑客攻击被公之于众，这些黑客攻击行为导致11.7万条数据记录被毁（Gonsalves，2013）。如果黑客们能够从最大的计算机和社交媒体公司中窃取数据，那么世界上最大的软饮料公司和重要的基础设施公司的数据还会安全吗？事实上，在2013年冬季所曝出的多起黑客攻击中，其中一次的与众不同之处在于其利用云计算设施发起了一场联合进攻，来入侵美国各大主要银行。这次攻击主要"嫌疑犯"是伊朗，或许是出于对"超级工厂"病毒行动的报复。但是，这个故事中最有趣的部分不是"罪犯"是谁，而是其使用了何种方法。黑客们调动了几家云数据中心的联合资源从而创造了他们自己的"私有云"。他们从这个云端发动了拒绝服务攻击，破坏美国银行（Bank of America）、花旗集团（Citigroup）、富国银行（Wells Fargo）、合众银行（U. S. Bancorp）、PNC银行（PNC）、第一资本（Capital One）、汇丰银行（HSBC）等多家金融机构的客户服务系统（Perlroth & Hardy，2013）。

上述事件仅仅是一些公开报道过的黑客攻击，还有许多其他的攻击只有那些被侵犯的机构才知道（因为它们并不想让人关注到其弱点），或是只有那些认为自己应该为此负责的人②才知道。事实上，黑客攻击是否应该被完全披露出来这个问题在商业领域和政府中存在着相当大的争议。正如一位专家所指出的："……这仅仅是冰山一角，现在绝大多数公司都害怕就这个问题过于公开地发表意见，因其担心被打下不安全的烙印或是引起恐慌。这也就意味着外界人士很难就总体的攻击规模获得精确的信息。"（Tett，2013）犯罪分子也非常多元化，从意图彰显自身能力的个人，到窃取身份

---

① 隐私权清算中心是加利福尼亚州的一个非营利组织，1992年由贝斯·吉文斯（Beth Givens）创办，总部设在美国加州圣迭戈市。

② 即发起攻击的黑客。

信息、公司机密和金钱的真正的小偷，还有一些人指望借此毁掉商业系统和关键的基础设施（*New York Times*，2013b）。向云端迁移远远没有降低安全威胁，反而增加了这种威胁。这也能帮助我们理解，为什么英国公司所遭遇的攻击从 2010 年的每日两次，上升到 2012 年的每日 500 次（Robinson，2013）。正如一位分析人士的解释："企业网络内预置的、非虚拟化的、非云计算的部署中所存在的所有缺陷和安全隐患在云端依然存在。云计算和虚拟化所做的就是通过引进虚拟化软件来提高潜在风险，如果整个云数据供应商的基础设施被攻破，就可能带来大量数据外泄的问题。"（Gonsalves，2013）

144

让黑客攻击问题变得更复杂的是，对于所有的指控和抗议而言真正不确定的是，这些黑客来自哪里，又为什么要这么做。当一家负责监控美国一半以上油气管道的公司受到攻击后，这家公司开始着手确定这些攻击行为背后的原因。黑客们是想要在军事对抗发生时打击美国的主要基础设施吗？或者他们只是为了钓到秘密从而传递给其他国家的公共部门？那场袭击发生 6 个月之后，美国官方宣称仍然不知道原因。同样的事情发生在 2011 年，攻击对象是五个跨国能源公司。黑客攻击似乎来自中国，但是没人敢保证确实如此，也都不知道确切的原因。但是谁也不知道最主要的威胁是哪个国家，因为攻击来自全球各地，包括美国境内（Perlroth, Sanger & Schmidt，2013）。事实上，鉴于有成堆揭露美国国家安全局的信息，我们可以合理地指出，美国国家安全局、其他美国情报机构、五角大楼以及在英国、加拿大、澳大利亚、新西兰的盟友们的电子监视行为才是美国或许可以说是全世界在传播及信息领域隐私的最大威胁。

不仅仅是外部的攻击侵犯了隐私和安全，维持这些保护措施的行动也会使计算机出故障，一个总是被重复的原则阐明了这一点，即复杂系统之所以失灵是因为它太复杂了（Perrow，1999）。为了阻止未经授权者擅自接入它们的云服务，一些公司部署了网络协议，这份协议要经常更新。2013年 2 月微软公司没能按时更新运行 Azure 云服务的安全证书，导致其全球主要的云服务系统几近崩溃。这一令人尴尬的事故让 Azure 用户无法从微软的数据中心获取存储的文件。甚至在四个小时之后，客户们仍然只能眼巴巴

145

地望着该公司网站上的一句话："我们为给客户所带来的任何不便致以歉意。"（Ribeiro，2013）在这个例子中，为保护云服务隐私及安全而建立的系统导致了全球性崩溃。微软公司一例说明，即使云计算公司"全副武装"地提供安全保护，也仍然不能够保证持续提供服务。事实上，恰恰是"保护"这种行为，反而因为额外增加了需要管理的复杂层级，才导致悲剧的发生。这场混乱不是孤例。根据一项调查，在云计算公司所面临的最重要的安全问题中，名列第二位的是"删除"问题。云计算公司因不当删除而常会丢失数据，造成意外的损失（Gonsalves，2013）。

在另外一项样本为 3 200 家公司的调查中，43% 的公司都承认丢失过存储在云计算机上的数据，并且不得不利用备份系统重新获取数据，而且，几乎每一家公司都报告说在恢复数据的过程中经历过至少一次失败。尽管是一家领先的安全服务供应商组织了这次调查，但其中的问题严重到甚至能给独立安全专家以警醒（*Investor's Business Daily*，2013）。而且，"把你自己的设备带到工作场所"这一逐渐增长的趋势埋下了巨大的安全隐患。各大公司可能耗资千万阻止黑客入侵，结果却发现它们自己的工作人员正在引起巨大的安全漏洞，因为他们正在工作场所使用未经保护的智能手机、平板电脑和笔记本电脑（McCarthy，2013）。云计算供应商的迅速增多也是安全问题的来源之一，因为没有经验的小公司不太可能提供强大的隐私保护，就像创业公司"数字海洋"的用户发现其他用户的信息包括密码都出现在自己的账号上时认识到的那样（McMillan，2013）。但是无论公司是大是小，有经验或是没经验，对于公司来说要抹去顾客想要删除的数据越来越困难。一位分析人士解释说："公司现在无法掌控它们存放未经整理的数据的地点。如果不知道数据在哪里，它们也就没有能力删除这些数据。"结果，人们以为已经被删除的数据事实上还存在着并威胁着客户的隐私（Palmer，2013a）。

这样的困境导致数据安全公司维持分层系统，这个系统能提供额外的保护并更复杂。紧随着"人人遭受黑客攻击之年"拉开大幕，云安全联盟（CSA），一个由行业安全专家组成的非营利组织通过其"最高威胁工作组"

发布了一篇名为《臭名昭著的九大威胁》的排名文章，总结了云计算所遇到的安全及隐私威胁，每一个威胁都有一套协议来降低这种风险（*Marketing Watch*，2013）。紧接着，云安全联盟发布了一篇如何应对大数据分析对云安全及隐私造成的威胁的文章（Goldberg，2013）。像云安全联盟这样的机构仅代表着持续增长的大型 IT 安全业务中的一小部分，而整个业务领域在 2013 年市值达 650 亿美元并且以每年 9% 的速度增长，高于整个 IT 行业的增长率（Waters，2013a）。尽管在保护措施方面耗资巨大，但是专家，包括那些对于云安全业务并没有什么个人打算的人都并不看好现在的安全改革，认为其无法赶上愈发老练的黑客攻击。事实上似乎云计算对环境造成的影响只是这个行业"肮脏的秘密"之一。一位分析人士指出，另一个秘密在于传统方法无法成功地应付当下的问题："'肮脏的秘密'在于安全专家们现在老旧的防御手段——旨在保护组成计算机网络终端的个人电脑和其他设备——再也无法奏效。"（同上）过去的防御措施主要是杀毒软件，其在抵御大部分攻击时仍能发挥功效，但是对于现在越来越先进的黑客攻击却束手无策。

特别有趣的是当针对云数据中心的黑客攻击成为最棘手的问题时，安全公司仍然相信在云端被处理的大数据可能会提供最佳解决方案。大数据意味着可以进行模式识别，能够区分出网络中的正常行为和异常行为。安全人士所谓的"大智慧"实际上就是大规模监视，因为要想成功就需要对网络行为进行大范围的监视。当攻击者成功地突破了标准防御措施，监视系统会发现他们在云端制造事端的行为模式。一些人将该说法仅仅视为一种"有用的修辞"，只是用对计算机安全有需求的消费者可以理解的语言给予他们希望的手段。但是一位评论家认为："除了作为一种修辞，这些新方法还有其他的优势：可能确实有一些会取得效果。"（同上）

美国第五大国防合约商雷神公司①开发出一种非

> 安全人士所谓的"大智慧"实际上就是大规模监视，因为要想成功就需要对网络行为进行大范围的监视。

---

① 雷神公司（Raytheon Company）是美国的大型国防合约商，总部设在马萨诸塞州的沃尔瑟姆。雷神在世界各地的雇员有 73 000 名，营业额约为 200 亿美元，其中超过 90% 来自国防合约。

147

常具有前景的系统。该公司通过挖掘社交网站数据追踪人们的动态，从而预测他们的行动。"信息快速叠加技术（Rapid Information Overlay Technology，Riot）"这个名字是从糟糕的科幻小说或者是优秀的科幻讽刺小说的土壤中获取的灵感，它能够快速抓取个人的网上生活信息，包括喜欢与不喜欢的东西、对某些问题的看法、有哪些朋友以及去过的城市。以某个特定的人为例，雷神的开发者们可以将其个人资料收集起来，并利用这些信息来证明 Riot 怎样预测出在某一天（星期一）的一个特定时间（早晨 6 点）他会在哪里（某个健身馆）（Gallagher，2013）。信息快速叠加技术软件在行业专家和政府人士的支持下得以开发，并在 2013 年雷神公司申请了专利的一个系统中发挥着重要作用。该系统旨在从包括社交网络、博客以及其他社交媒体中收集信息，以确定是否应该判定某个人具有危害公共安全的风险。电子隐私信息中心①（Electronic Privacy Information Center，EPIC）的公开呼吁引起了人们对于看似无害的社交媒体世界中的老大哥的关注："社交网站对于分享的信息内容以及分享信息的渠道往往并不透明。用户可能在发布时相信这些信息只会被他的朋友们看到。但恰好相反，这些信息也会被政府官员看到，或者被 Riot 搜索这样的数据收集服务系统利用。"（同上）事实上，云计算可能还要更"黑暗"一些。首先，不仅仅只有政府会对跟踪民众并预测其行为感兴趣，企业也渴望在云端跟踪人们的行动，特别是能利用 Riot 这样的系统来预测用户们可能会购买的商品或服务实在是再好不过了。而且，可以说像 Riot 之类的系统所引发的更严重的问题在于它们常常会犯错并产生严重的后果。有人质疑 Riot 以及诸如此类的技术是否如表面上看起来的那样毫无缺陷，即便如此，它们还是在质疑声中获益。其他人则怀疑这样的系统能否成功地追踪到失去理智的犯罪分

> 不仅仅只有政府会对跟踪民众并预测其行为感兴趣，企业也渴望在云端跟踪人们的行动。

> 新数字经济最大的一笔资源是数据。从谷歌公司记录用户的互联网搜索习惯到亚马逊公司存储用户的信用卡账号，各大公司都忙于提取数据，让商业运转顺利。

---

① 电子隐私信息中心（Electronic Privacy Information Centre，EPIC）是一个公益研究小组，成立于 1994 年，重点关注信息时代的公民自由及隐私权等问题。

子和恐怖分子，比如在 2013 年制造波士顿马拉松爆炸案的兄弟俩
（G. Silverman，2013）。

　　侵犯隐私和信息安全的"乌云"只是这个故事的一部分。最大的挑战
并不来自于外界的黑客们，而是源自云计算内部，云计算公司逐渐认识到
它们的用户所提供的数据将带来绝佳的（就算不是最丰厚的）收入流。事
实上，尽管 2013 年这一年可能因为我们"人人都被黑客攻击"而令人难
忘，但或许我们也应该记住这是"人人都被跟踪"的一年。迈亚·帕尔默
（Maija Palmer）坚持认为："新数字经济最大的一笔资源是数据。从谷歌公
司记录用户的互联网搜索习惯到亚马逊公司存储用户的信用卡账号，各大
公司都忙于提取数据，让商业运转顺利。"（2013b）没有哪一家企业能比脸
书更清楚这点，它充分利用用户在网站上所发的帖子获取用户信息，基于
这种商业模式达到效益最大化。推行这种商业模式为该公司带来了麻烦，
因为这个过程中的每一步都违背了脸书当初用来吸引并留住客户的隐私策
略。最开始是社交网站在用户主页中插入广告。为了吸引更多的广告主并
让收费显得更加合理，脸书允许各大公司根据用户在主页中发布的帖子来
直接向个人投放广告。我在主页中描述自己为加拿大人，所以我会收到来
自加拿大公司的广告；我总是发布含有《纽约时报》链接的帖子，这家号
称"刊登一切适于刊登的新闻"的报纸也会向我投放广告。第二步就是大
规模扩充脸书所收集到的用户信息，方法就是同收集、管理用户线下购买
行为的大型数据商进行交易。这就使得社交网络巨头可将用户发布的信息
同线下购买数据相匹配，从而对于想更精确地向用户投放广告的广告主提
供一个更完善的指导。会员信息、广告主记录以及第三方提供的线下数据
库通过用户的电子邮箱和手机号码匿名匹配，用以提升投放精准度。侵犯
隐私的每一步动作都会引来隐私权倡导者的负面回应。在这个案例中，数
字民主中心（Center for Digital Democracy）的执行主任立即警告联邦贸易委
员会、政府问责办公室（Government Accountability Office）以及热衷于推动隐
私政策的关键议员，因为"很明显，整合这些强大的数据库和购买记录用来
精准投放广告是一个严肃的隐私问题，需要被调查。我们需要新的隐私和市

148

场政策以保护敏感的信息"（Bachman，2013）。

　　尽管后来脸书与联邦贸易委员会达成了和解协议，在今后的 20 年里除了隐私设置之外还要向用户提供清晰醒目的提示，并在分享信息之前征求他们的同意，但脸书通过引入图谱搜索技术，使得其商业计划前进了一大步。图谱搜索对于谷歌公司是一个挑战，有些人认为对于隐私也是一个挑战。这项服务于 2013 年推出，能获取其会员在自家网站以及其他网站上发布的所有帖子，包括图片、喜欢或不喜欢的东西、年龄和生日、就读学校、工作经历、性取向、政治观点、宗教信仰以及评论。将这些信息与传统搜索引擎中用户可以获取的公开数据结合起来形成一个数据库，加上脸书好友和大众都能获取的搜索算法，构成了这套技术的核心。图谱搜索通过匹配网站上的短语和用户，而不仅仅是依靠关键词来决定结果。通过结合用户网站上的信息和用户与朋友及其他对象的关系，脸书能够生成结合了用户对他人和事物评价的结果。"喜欢"这个功能在这方面尤其重要，因为它使得图谱搜索能够生成一些结果，例如某些好友会共同喜欢电影《少年派》和《猎杀本·拉登》，以及生于法国现在住在曼哈顿的单身女性。

　　有些东西是这些相对无害的搜索可能性没有暗示出来的。图谱搜索根据你自己的观点将收集到的社交联结提升到一个新的高度和深度。哪一类雇主更可能雇用种族主义者（比如有些人会认同他们的雇主或是"喜欢"种族主义者和亲种族主义组织），哪种人喜欢施虐受虐狂。利用这个强大的新搜索引擎，这一切甚至更多的信息都能够被搜索到，没有什么会得到核实（Giridharadas，2013b）。让这一切变得更加突出的是，大多数的工作都由脸书用户完成，当然这属于没有回报的劳动，因此公司、政府，还有好友可以更好地向他们发布广告、跟踪行为、保持联系。难怪一家在早期就使用过图谱搜索的机构声称："模糊性终结了隐私。"或者我们可以认为，这种将用户发布的每一个信息单位都转化成可买卖的商品，并且将这些同质化的用户高效地打包卖给广告主的行为终结了隐私。

　　在这里仍然存在着一个关键的因素，即该公司怎样确定在自己以及其他网站上投放广告的效果。第一步就是与数据挖掘公司 Datalogix 合作，这家公司追踪用户在脸书上看到的广告与他们在商店的购买情况之间的联系，这对于评估社交媒体公司在将广告转化成实际购买方面取得了多大成功提供了一个重要的指标。但这还远远不够。脸书想要确定在自己网站上投放的广告是如何打败其他网站上登出的广告的，这就需要另外一笔投资。在这个案例中脸书从微软公司收购了阿特拉斯解决方案（Atlas Solutions）[1]。通过这次收购，脸书提高了其测量广告效力的能力，因为阿特拉斯可以对刊登同一则广告的不同公司进行广告及购买情况的比较，还可以在包括计算机、智能手机和平板电脑上进行跨平台比较（Dembosky，2013a）。阿特拉斯为脸书提供了一种评估手段，可以评估该网站以及一些包含脸书广告的设备的相对优势。尽管如此，这项研究的精确性仍然遭到质疑，特别是像 2013 年 3 月发生的"僵尸网络"[2] 这样的黑客事件，绑架了 12 万台个人电脑并错误地为超过 200 家网站增加了每月 90 亿次的广告浏览量（Bradshaw & Steel，2013）。不管有没有这样的恶作剧，受众分析都变得越来越困难，这也导致一位媒体行业分析人士谴责"混乱的测量标准"（Winslow，2013）。

　　没有什么可以保证脸书的任何策略都会奏效。事实上，脸书也可能因为适得其反而变得苦不堪言，比如脸书会把一些大品牌的广告放在具有攻击性的内容的旁边来吸引注意，却导致该公司取消了在这家社交媒介网站上的广告（Budden，2013）。在 2013 年上半年，该公司的估价仍然陷于泥潭，远远未达到首次公开发售股票时的战绩。这也是一个信号，至少说明华尔街对此并不持积极态度。但是一些研究表明脸书的广告业务使大部分赞助商都获得了回报，这一点促使该公司的股价在 2013 年下半年出现转机（Manjoo，2013）。无论结果如何，脸书都是这类大型云计算公司中的主要案例，这类公司的商业模式是基本上依靠用户自身的以及其他方面的信息来

150

---

　　[1]　阿特拉斯解决方案（Atlas Solutions）是一个基于用户数据的广告平台。
　　[2]　"僵尸网络"是指采用一种或多种传播手段，将大量主机感染 bot 程序（僵尸程序）病毒，从而在控制者和被感染主机之间所形成的一个可一对多控制的网络。攻击者通过各种途径传播僵尸程序感染互联网上的大量主机，而被感染的主机将通过一个控制信道接收攻击者的指令，组成一个僵尸网络。

销售广告。作为使用社交媒介网站的代价，使用者放弃了他们的隐私。他们失去隐私并非因为境内外黑客们的越轨行为，而是因为脸书、谷歌、推特以及其他使用云计算的大公司在常规的经营过程中夺取了使用者的隐私。

不仅仅是企业的常规行为使得人们越来越难保有任何形式的隐私，公民也会因为政府的一般行动而失去隐私，政府对于安全的关注常常超过了对于隐私权的保护。所以我们很有必要去关注云计算对美国公民和非美国人民造成的威胁。电子隐私在美国之所以成为一个问题，不仅仅是因为境外黑客正在窃取秘密，更重要的是因为这个发达国家只有一些极度薄弱的隐私保护措施，事实上比欧盟（EU）和加拿大的保护措施还要薄弱。其中有些不同的原因，但是美国的政策制定者指出最主要的原因在于有必要在隐私权以及国家的安全需要之间寻求平衡，特别是在"9·11"袭击之后以及随之而来的反恐行动中。为了暂时的安全我们选择这样做，但是指出薄弱的隐私保护措施也是日益强大的 IT 产业所需要的这一点也至关重要，特别是当一些社交媒体公司已经成为主宰世界的巨头时，例如谷歌、脸书、亚马逊、苹果、微软和推特都依靠向广告主出卖用户信息而获利。如果它们无法自由地销售这些信息，那么这些公司，尤其是脸书和谷歌，就会举步维艰。2012 年脸书所赚的 11 亿美元中大部分都是由于广告主对于在市场中精准定位用户非常感兴趣。[4] 薄弱的隐私保护措施使依靠销售用户数据为生的公司日益强大，这能更好地提升它们在全球市场中的竞争力。云计算行业中，在搜索和社交媒体方面遥遥领先的公司们就是这样的例子，特别是它们能在发达世界（例如欧盟和加拿大）中确定目标市场。但是，在这些地方各大公司也遭遇了抵制，因为有些人更想要完善的隐私保护制度，特别是不屈从于《美国爱国者法案》和其他现有的网络安全法规的制度。尽管美国渐渐无法控制数据安全问题（Gross，2013），美国企业还是与试图加强隐私保护条例的欧盟展开激烈的斗争，美国商会（American Chamber of Commerce）① 和以谷歌、脸书为首的 IT 公司纷纷展开游说。如果欧盟放松对

---

① 美国商会（American Chamber of Commerce）是一个以商业为导向的游说组织，非美国政府机构。

数据安全的保护，那么这些公司会获益最多。

2013 年以前，欧盟仍然坚决反对这股游说攻势和高压政策（RTT News，2013），但是由于欧盟在经济上处于相对弱势的位置并且极度渴望刺激经济活动，到 2013 年它的抵制开始软化。事实上人们几乎可以将这一转变精确地追溯到 2013 年 3 月 4 日，这在欧盟与美国往来的历史上引人注目，因为那一天以"欧盟下定决心要加强法规"这一明确的决定作为开端，却以只能被形容为"向美国的权力投降"这样的结果作为结束。首先是布鲁塞尔①宣布对微软公司处以 7.32 亿美元的罚款，因该公司未能遵守协议向Windows系统的用户开放访问其他网络浏览器的权限，Windows 系统的用户只能使用微软公司自己的网页浏览器 Internet Explorer②。微软公司声称是"技术上的失误"使得该公司未能在某些产品中向用户提供其他选择，除了缴纳罚款之外，微软还承诺会改正错误。由于花费了一年的时间才披露该公司的"失误"，并且在这之后也只有在其竞争对手（包括谷歌公司）出面的情况下欧盟才开始给予重视，欧委会被指责为执法不严。尽管如此，巨额罚金还是稍微暗示出布鲁塞尔方面已经准备好在必要的时候强硬起来（Kanter，2013）。但是这一结论却遭到人们的质疑，尤其是那些隐私权的倡导者并不买账。后来，欧盟报告说将放松其数据安全要求，从而使那些大量利用云技术的美国公司可以更容易地扩张到欧洲市场（Fontanella-Kahn & McCarthy，2013）。对于那些保护隐私的倡导者而言，这是一种重大的倒退，因为针对 27 个国家机构建立起一个统一的隐私保护政策——其中包括企业在处理和使用用户数据之前若没有确保征得过用户同意将要支付高额罚款，还包括赋予那些希望自己在网上的痕迹被清除的用户一种"被遗忘的权利"——将显著增强欧盟乃至全球的隐私保护。包括英国、德国在内的一些主要欧盟国家一直在积极寻求经济增长的机会，它们似乎开始放弃强硬的隐私保护政策，以期促进与美国的自由贸易协定。但当爱德华·斯诺登揭露了由美国

153

---

① 布鲁塞尔是比利时的首都和最大的城市，也是欧盟的主要行政机构所在地。文中布鲁塞尔即指代欧盟。

② Internet Explorer（IE）是微软公司推出的一款网页浏览器。2009 年欧委会与微软达成和解协议，要求微软承诺开放其他浏览器的访问权限。

国家安全局主导的大规模全球监控——整个欧盟也包括在其中——时，更进一步的骚动爆发了，这导致人们再次呼吁欧盟要加强对云的数据隐私保护（Bryant，2013）。

欧委会要建立自己的数据保密制度的原因之一是，美国的法规会侵犯欧盟公民的隐私。《美国爱国者法案》和《外国情报监视法（修正案）》（FISA）给美国政府提供了收集人们信息的巨大的自由空间，而不需要一个基于妥当理由的搜查令。那些使用云计算的美国公司，包括谷歌的云邮件服务 Gmail 等，在全球市场中的目标就是将外国公民也纳入它们的轨道。我们来举一个加拿大的具体案例。Gmail 通过销售广告来赚取收入，它的广告投放客户通常基于用户的邮件内容向他们投放广告，这本身就让那些隐私保护的支持者很头疼。为了拓展新的市场，谷歌一直在向组织以及个人提供各种交易：比如放弃你现有的内部电子邮件系统，进入我们的公司邮件系统；消除那些你的 IT 部门管理内部系统所产生的劳动力成本——加入我们的云端，从而大幅削减你的 IT 预算。谷歌公司已经向无数组织唱过这种"高调"了，包括多伦多的约克大学①，它已经做好充分准备接受谷歌的云服务及其广告，从而帮助大学应对像其他大多数公共机构一样所面临着的财政危机。唯一令谷歌公司扫兴的是加拿大大学教师协会（CAUT）的表现，这也解释了伴随着谷歌系统而来的隐私问题。在学校现有的电子邮件系统下，美国执法部门、情报部门和企业无法直接介入通信过程，除非它完全通过一个位于美国的服务器。除此之外，与加拿大当局的合作，在关于做出执行拦截的关键裁决方面，即使不是必要的，也是很重要的。但有了 Gmail，所有的邮件——包括邮件内容、附件、链接以及任何交易数据——都要服从于《美国爱国者法案》和《外国情报监视法（修正案）》的规定。拦截许可权不需要任何搜查令，也不需要任何妥当的理由，甚至连犯罪嫌疑都不需要。政府当局完全有权干涉那些被学者们认为是学术自由的活动。此外，像谷歌公司这样的企业必须遵守政府关于电子邮件和相关通信的要求，并且被禁止将这些要求告诉目标受众（Turk，2013）。对于

①　加拿大约克大学位于加拿大第一大城市多伦多北郊，是全加拿大第三大的大学。

加拿大的大学——例如约克大学，相比于对安全和对学生、教职工隐私的威胁，它更看重主要成本的节约问题。[5]

这些结论得到了微软首席隐私官的大力支持，他在向欧洲议会（EP）提交的材料中提出，包括微软在内的美国所有云计算公司，都服从于加拿大大学教师协会所描述的那种监控和调查权力。他特别强调："对美国云存储中可存取的任何外国人的数据，实行纯粹的政治监控，在美国都是合法的。"（MacLeod，2013）他指出，尤其是《外国情报监视法（修正案）》，针对"外国政治组织……或者涉及……美国外交事务的实施的外国领土"提供了广泛的监控权力（同上）。"云"在《外国情报监视法》2008年的修正案中被特别指出，除了允许"非法窃听"，还允许调查那些包含在"远程计算机"——也就是"云"——中的通信（同上）。在接受一家加拿大报纸的采访时，这位微软的首席隐私官总结说，美国政府"第一次运用云计算，创造了一种特别针对境外非美国公民数据的大规模监视的权力"（同上）。他声称美国的立法对于欧洲数据安全而言，是一种"致命的风险"，他还告诉加拿大报纸，"我说的所有关于欧洲的情形，也同样适用于加拿大"（同上）。例如，加拿大那些动员反对威胁环境的能源计划，或者游说反对向美国提供更多输油管的组织，应该预料到它们存储在美国公司云计算系统中的信息会遭到没有任何索回权的调查，即使它们的确知道（实际上很可能不会知道）这种调查正在发生。加拿大最大的游说组织之一的负责人总结说："这的确向很多采取拥护立场的人表明，他们确实需要对自己为了省几块钱而正在做的事情采取谨慎的态度。"他还建议人们不要将计算机服务外包给美国云计算公司（同上）。尽管加拿大联邦和省级政府正在实施隐私保护措施，但根据加拿大首都一家权威报纸的记者报道，大多数专家赞同这样的说法："《外国情报监视法（修正案）》蔑视任何第三方供应商、国际数据传输协定和加拿大国内法律所提供的对于隐私和数据的保护。"（同上）

近期内撤销《外国情报监视法（修正案）》的希望很小，因为美国最高

很可能的结果是，云计算的服务提供商和用户对隐私和安全的极度担心将会一直存在下去。

155

法院在保守派多数和奥巴马政府的支持下，以 5 比 4 的票数，否决了质疑其合宪性的提案。因为法庭多数意见声称，被描述为"第二十二条军规"的《外国情报监视法（修正案）》和其他一些法律旨在对抗恐怖主义，这些法律的反对者无法证明这些法律将给他们带来危害。但由于这部法律以及其他类似的法律对所有的无证监控进行的保密，达到了不允许服务提供商将监控行为告知其客户的程度，反对者不可能证明这些法律的特殊危害性（Liptak，2013）。正如一位法律教授认为的："这种联合行动根本不能挑战我们秘密监视的法律，因为它们是暗中进行的。没有任何一个人能抱怨说自己的权利被侵犯了，因为任何一个权利已经被侵犯的人都不知情。那恰恰就是当我们在评估政府秘密活动合法性的时候所料想不到的困难。"（Calo，2013）所以，很可能的结果是，云计算的服务提供商和用户对隐私和安全的极度担心将会一直存在下去。

在（或者不在）云端工作

每年《财富》杂志都会提供一份为美国效力的百强企业的名单，评价的标准涵盖了诸如工资和福利等客观因素，也包括像社区意识、友爱意识这样的主观性考量。从它 2013 年的名单来看，在其运行到了第 16 年之时，云计算企业都没有产生过劳动力问题。在名单的前十名中，有三家（包括第一名和第二名）是著名的云计算公司。谷歌已经第四次位居榜首，在它总部工作的 34 311 名员工都可以享用三个健身中心、一个面积达 7 英亩的体育中心，并享受该公司还有无数职位空缺的好处。位居第二名的是数据分析公司 SAS 公司，它有自己常驻的艺术家，并且它的自助餐厅有配套的有机农场，难怪它每年的人员流动率还不到 5%。数据存储公司 NetApp 名列第六位，家庭伴侣，尤其是同性伴侣在该企业中会受到格外优待。百强名单中还包括其他一些主要的云计算公司，像 Salesforce（第 19 位）、Rack-space（第 34 位）、思科（第 42 位）、微软（第 75 位）以及其他一些虽然不是主要的，但也参与到云计算某些方面业务的公司，像欧特克（Au-todesk）①（第 54 位）和 Intel（第 68 位）（Moskowitz & Levering，2013）。

名单中没有包括苹果公司、亚马逊公司、脸书公司或者推特公司等，这可能会让人大跌眼镜，但其实云计算已经在这份名单中很好地展示了自身。不过人们可能会犹豫是否还需要将关于"乌云"的讨论也纳入工作中。这种想法是完全可以理解的，因为当我们想到那些著名 IT 公司，包括那些处在云计算领域最前沿的公司的时候，我们想到的往往是那些高层次的员工，也就是被格里达拉达斯（Giridharadas）② 称为"技术贵族"的群体。对于他来说，"这些新兴的贵族必然是技术统治论者——成千上万的男男女女希望通过他们销售的电子产品和服务来改变作为人的本质：改变我们与时间、与我们的大脑以及与其他人关系中最根本的东西"（2013a）。这些拥有特权的少数人享受着充满奢侈品的工作场所，这些都大大超出了世界上大多数劳动者的想象。用一位旅游记者的话来说，谷歌公司在纽约的办公室拥有"迷宫式的娱乐场所；咖啡馆、咖啡吧台和开放式厨房；带躺椅的、阳光充足的露天平台；免费提供早中晚餐的美食餐厅；挂着天鹅绒窗帘的百老汇主题会议室；以及设计得像老式地铁车厢的谈话空间"（Stewart，2013）。成百上千的软件工程师可以自己设计他们的办公桌和工作场所，包括严格符合人体工程学的家具设计，以及是否要安置公司提供的健身器材。员工们只要完成了工作组的要求，就可以按自己的喜好随时上下班。但是，大多数人为了额外的福利，平均每天还是会在办公室待满九个小时。下面提供了一个谷歌雇员的描述："在我们简短谈话的过程中，她还提到了'按摩津贴'（公司几乎每一层都有按摩室），每周一次免费修眉，免费的瑜伽和普拉提③课程，一门她选修的被称为'放松：压力管理的艺术与科学'的

157

---

① 欧特克公司是全球最大的二维、三维设计和工程软件公司之一，为制造业、工程建设行业、基础设施业以及传媒娱乐业提供卓越的数字化设计、工程软件服务和解决方案。
② 美国作家，代表作《真正的美国人：得克萨斯罪与恕》（*The True American：Murder and Mercy in Texas*）。
③ 即 Pilates，由德国人约瑟夫·普拉提（Joseph Pilates）在 20 世纪发展的运动。

课程，沃顿商学院①的教授讲授的高级谈判课程，健康咨询以及后续的个人健康顾问，一系列的小说，小说家托妮·莫里森（Toni Morrison）② 的到访；以及著名主持人吉米·法伦（Jimmy Fallon）③ 在谷歌公司办公室里对贾斯汀·比伯（Justin Bieber）④ 的现场采访。"单单是这里免费提供的美食，就足以诱惑很多人在节假日也待在办公室。尤其是工作场所中所有的元素都经过研究测试，而且似乎很有成效。用谷歌一位经理的话来说："谷歌力图创造世界上最让人开心、最高效的工作环境。"谷歌公司将工作场所变成社区，鼓励自由和偶然的互动，这有助于产生带领公司成为世界先驱的创新。大多数雇用"技术贵族"的其他公司，也只是在程度上落后于谷歌公司的福利标准。像 SAS 和 Rackspace 等大型云计算公司也为员工提供了类似程度的舒适和自由。

然而，技术贵族仅仅是一小部分人，他们是处于公司高层的少数特权者，处在那些不仅雇用了成千上万的工人，还管理着全球供应链的公司的最上层。抵制将这一小部分人错当成全部的诱惑是至关重要的，因为这样做意味着忽视了在云计算产业中浮现的两个极为不同的劳动力层次上的问题。决定了云计算产业成败的供应链，或者说累积供应链，其重要性远远超过了公司总部。想要了解这个产业，尤其是关于它的劳动力问题，有必要从更广泛的视角来审视一下供应链。供应链的一端是生产使云计算成为可能的材料的工人，他们的工作环境可以跟工业时代早期黑暗的"撒旦磨坊"⑤ 相比；而另一端则是 IT 专业人士，他们直接受由云计算带来的劳动力转型的影响。第一种工人主要在发展中国家的一些工业中心辛苦劳动，

158

---

① 美国宾夕法尼亚大学沃顿商学院，位于费城，是世界最著名的商学院之一。
② 美国黑人女小说家。生于俄亥俄州洛雷恩，霍华德大学毕业。20 世纪 60 年代末登上文坛，其作品情感炽热，简短而富有诗意，并以对美国黑人生活的敏锐观察闻名。1989 年起出任普林斯顿大学教授，讲授文学创作。主要成就在于长篇小说方面。1993 年获诺贝尔文学奖。
③ 一位脱口秀演员、电视主持人和音乐人。
④ 加拿大流行歌手。
⑤ "撒旦磨坊"这一说法出自英国早期浪漫主义者威廉·布莱克（William Blake）的诗句，后来被库尔茨引用，具体为：资本所具有的自律运转的机制决定了它为了自身可以冒一切风险，在权力的支撑下它更是勇气倍增。它绞尽脑汁也要将劳动力作为原料投入到自己的运行中，并榨干他们最后的一点能量。为此，可以将那些轰鸣的工厂喻为"撒旦磨坊"。这里暗讽资本主义劳动剥削。

在那里，大型计算机制造商的承包商生产出数据中心、办公室和家庭使用的硬件设备。随着生产逐渐从西方转移到发展中国家，这一部门经历了惊人的发展，它也正经历着一场将会对云计算产业所有公司产生影响的巨变。所以，反思累积链和抵抗链之间的辩证关系显得尤为重要。

第二个主要发展是对于信息技术劳动力的重组。许多公司转向云端的一个主要原因，是通过把工作"外包"给云计算来节省信息技术的劳动力。亚马逊网络服务系统的负责人虽然认为这是一个需二十年之久才能实现的项目，但他也有足够的信心得出这样的结论——云端"正在取代企业数据中心"（Miller & Hardy，2013）。集中化以及由此产生的专业 IT 工作的工业化，是云计算节约成本的主要手段之一。但是如今"信息技术"这个词比以往涵盖的专业领域更加广泛，理解这一点是很重要的。现在"信息技术"不仅仅囊括了那些在 IT 部门工作的人，还包括那些精通技术的人，他们将专业知识运用在教育、新闻、法律等实质性的职业中。也就是说，有这样一类日益重要的人，他们在专业领域的工作，需要在信息技术上具备相当的专业技能。因此，云计算——凭借它吸纳私人企业信息技术功能的强大能力——给信息技术专业人士所带来的威胁将会波及更多的工作者。

就业问题在计算机的发展历程中一直争论不休。实际上，这种争论早在 20 世纪 40 年代就出现了，当时著名的控制论先驱者诺伯特·维纳（1948，1950）推测说，计算机将带来一场大规模的工作场所的自动化变革。他提出的这个问题，继续为有关

> 管理云计算产业所需要的全球供应链的复杂性要求一定程度的劳动力稳定，但这也许不太可能实现。而且，云计算还通过集中化和自动化，促使一些需要技能的岗位被淘汰。

技术在结构性失业中扮演了什么角色这样一场更加广泛的争论提供了基础（Krugman，2013；Sachs，2013）。再次提出关于工作数量和质量的问题对于计算机和通信来说并不新鲜，但是云的出现给这场争论增加了重要的戏码。管理云计算产业所需要的全球供应链的复杂性要求一定程度的劳动力稳定，但这也许不太可能实现。而且，云计算还通过集中化和自动化，促使一些需要技能的岗位被淘汰。

　　有时候，全球供应链似乎仅仅是不太稳定而已，几乎每种材料都是在中国生产的，所有人，至少是 40 岁以下的所有人都能记得，难道不是吗？也许看上去如此，但实际不是这样的，尤其是在信息技术产业中，因为在全球劳动分工中发生的根本性改变，在该产业中是常态。例如，从 20 世纪 50 年代开始，计算机电子产品是从像 20 世纪 20 年代的"无线电男孩"这样的业余无线电爱好者的房间和车库中开始发展起来的，这帮热爱科技的朋友改装现成的组件并结成人际网络，由此开启了这个产业。这个产业的另一个发展源头是一小批大学的实验室，在这里计算机通信的基础结构单元被发明了出来，接着交给合作伙伴投入生产。信息技术生产首先流向了像 IBM 和 DEC 这些大型计算机公司的工厂，这些公司在美国东北部，包括纽约北部和波士顿等地区有一支技术精湛的劳动力大军，是他们为计算机产业奠定了坚实的基础。但是只有一个强大的产业基础，并不能确保劳动力的稳定。在这个时期，随着硅谷作为数字技术生产中心兴起，计算机产业的中心也开始转向美国西海岸。这部分是由于信息技术生产的劳动分工的扩大，使得生产商有可能雇用不熟练的工人，他们可以在工厂，甚至在家里完成生产过程中的重要环节。与此相关会产生很多需要注意的危险，因为生产会涉及一些危险的化学物品，而这些通常是在移民工人的家中进行的。这种做法的一个结果就是硅谷的有毒垃圾问题不断增多，环境保护局还将其列为美国《超级基金法案》[①] 中有毒害地区最危险的一处（Pellow & Park，2002）。

　　危险生产的残余还继续留在加利福尼亚，不久之后计算机产业就开始寻找其他的海外生产基地，即那些工资标准低、劳动纪律较好、环保制度不健全的地方。第一站是东南亚——马来西亚、新加坡，然后是越南——信息技术生产的进程在这里开始。在东南亚的停留是短暂的，随后便向中国转移，压倒了其他生产地点。在中国，有大量可控的廉价劳动力，为台湾的

_____

　　① 《超级基金法案》，又称《综合环境反应补偿与责任法》，是美国为解决危险物质泄漏的治理及其费用负担而制定的法律。

电子技术公司富士康，或者中国大陆公司华为——世界领先的远程通信设备供应商提供了适合的土壤。华为的总部位于中国东部和南部新兴的工业地带——取代了中国东北部那些在苏联援助下建立了基础，但现在已经是"铁锈地带"① 的老工业区。这些公司主导了出口到世界各地的前所未有的大批量电子技术产品生产。

160

　　富士康的成功是不可否认的。它在中国的十几个工厂拥有 140 万工人，在巴西、印度、日本、马来西亚、墨西哥也经营着制造工厂。除此之外，尤其是自从在中国的经营遭到负面报道之后，它还在欧洲三个低工资标准的国家（捷克、匈牙利和斯洛伐克）建立了制造工厂。可以毫不夸张地得出这样的结论：富士康在信息技术劳动力的全球分工中扮演了关键角色。尽管它收入的 40% 都是来自于苹果公司的订单合同，但其实富士康几乎为每一个主要的信息技术公司生产产品（Yang，2013）。然而，很明显的是，富士康在中国的工厂雇了最多的工人，并引起了正面负面兼具的更多关注。这些工厂中最大的一家在深圳，位于中国香港附近的广东省南部，超过 25 万的工人在这家电子工厂里辛苦工作，为世界上几乎所有主要的 IT 公司制造产品，包括一些主要的云计算公司，像亚马逊、苹果、谷歌、微软、思科、惠普，也包括日本的一些知名科技公司。这些工人大多数是从中国内陆地区迁居到深圳来谋生的。富士康在深圳的工厂是一个有围墙的建筑群，其中包括大多数工人的宿舍，和给他们提供伙食及其他必需品的公司超市。富士康这家工厂以及其他类似的、吸引了大量农村劳动力的工厂如此多产，其成功的关键因素之一就是劳动力对公司的绝对依赖。在组装个人电脑、iPhone、iPad、服务器，以及组成云服务的许多其他部件方面，低工资和较长的工作时间的优势，使得富士康成为世界电子制造业的领导者。

　　我们在书的前面几章曾经提到过华为公司，涉及的是世界经济论坛关于云计算的报告，以及西方政府断言华为在美国、加拿大和澳大利亚的公

---

① 原先有大量制造工业而现在面临工业衰退和经济困难的地区。

司职员所谓涉嫌从事间谍活动所引起的关注。华为公司——目前世界上最大的通信设备提供商——也位于深圳。华为雇的工人比富士康要少——大约 15 万人——几乎占了中国和世界上在研发领域工作的总人数的一半。制造工厂也集中在深圳地区。

161　　　后来富士康和华为建立的世界开始发生变化，因为在现阶段，在充满变数的电子产业中，供应链面临着很可能影响到整个云计算产业的不断增长的动荡。曾经为富士康和已建成的云计算公司带来巨大利润的工作条件，给他们雇用的工人造成了巨大的伤害。在 2010 年，富士康公司登上了世界

163　　　各地的新闻头条，据报道，14 位富士康的员工由于超长工作时间和低工资所带来的压力而自杀。那些关于公司如何处理这件事的图片报道引起了更多的关注。

> 云计算的主要价值——真正可以弥补把数据和信息服务交给别的企业进行控制而产生的所有风险——是节省信息技术劳动力。

在云计算供应链的顶端也存在不稳定性。正如一位接一位的分析人士所总结的那样：云计算的主要价值——真正可以弥补把数据和信息服务交给别的企业进行控制而产生的所有风险——是节省信息技术劳动力。一些公司甚至可以完全取消它们的 IT 部门。信息技术顾问丹·库斯内特兹基（Dan Kusnetzky）认为："云计算只不过是外包你的信息技术工作的下一步计划而已。"（McKendrick，2013）换句话说，云计算通过在云企业的中心化和集中化，加速了技能型知识劳动的产业化进程。按照这种说法，企业可以更有效率地运行，从而将大多数信息技术工作留给其他企业。正如一位 IT 劳动力市场专家所说："自动化具有巨大的影响，尤其是对于就业市场而言。自动化将不仅仅影响制造业，还将影响服务行业的知识型劳动力。"（Solman，2013）

164　　　更具有说服力的是，云计算的主要推动者——高德纳集团，也同样坚定地认为云计算会使 IT 行业劳动力需求逐渐减少。但是对于高德纳集团而言，这样的发展具有积极意义，因为这意味着购买其服务的公司的劳动力成本会大幅度下降。两名高德纳的分析人士在一次 IT 行业的专家会议上预测，到 2020 年，支撑云数据中心的 IT 人力需求将会大幅度减少。对于他们

而言，IT 行业的长期价值主张不是要支撑人力，而是要取代人力（Dignan，2011b）。当然，这一过程会有多种形式，但最基本的模式是由"云端"的外包计算服务开始的——"云端"将成为 IT 行业的基础配置。商业流程将会被外包给软件，这将会影响所有的经济体，尤其是发展中国家将会受到重创，因为像印度这样的发展中国家现在主导着高科技工作的外包。随着高科技服务人员的工作逐渐被软件所取代，像印度这样雇用数百万工人来承接西方外包任务的国家将会受到重创。此外，云计算公司将会虚拟化其数据中心，这样一来，维持基础设施所需的人员也会减少。随着对实体基础设施的需求的衰退，从事关于设计和建造数据中心的职业的工人们也遭受了打击。因此，"许多 IT 行业的从业者将面临惨淡的工作前景，就像美国的工人在制造业基础崩塌时所面临的情形一样"（同上）。根据高德纳分析师以及一位技术专家的观点，这一结果似乎也是难以避免的。随着 IT 行业的出现及扩展，工人将和其他有形资产一起不复存在。高德纳对此再清楚不过了："首席信息官们认为他们的数据中心、服务器、台式机以及商业应用效率极低，必须在未来十年内合理化配置。我们认为，与这些效率低下的资产相关的人员，也同样应该进行大规模合理化配置。我们预测美国 IT 业从业人数将会在很大程度上减少，尤其是支撑数据中心和应用，以及在终端用户组织中的人员。"这一预测已经出现在云计算服务的一些主要用户中，比如欧洲最大的银行——汇丰银行。汇丰银行在 2013 年 3 月宣布，由于其向云端外包工作的能力日益提升，它裁减了 IT 部门中大量的劳动力。在第一轮裁员中，汇丰银行将它在软件领域的职员由 27 000 人裁至 21 000 人，并且计划在所有的 IT 部门里继续裁员（Jenkins，2013）。对于员工来说雪上加霜的是，公司正在使用云计算研发和调试自动化系统用来取代人力（Harris，2013a）。甚至一些云计算公司也在裁员。例如，为在线数据中心提供硬件、软件以及服务的思科公司，也在 2013 年宣布裁员 4 000 人，因为该公司难以应对使用云服务造成的本地 IT 业务的不断衰退（Wortham，2013）。

　　对于 IT 行业劳动力来说，这是一个显著的变化。毫无疑问，新的职

165

位将会涌现，这些职位要求工人具备管理 IT 基础设施、协调集中化的云计算供应商与个人企业的关系，以及使用大数据分析的专业知识。而这些职位在某些专门领域中也有可能会增加，比如说在云安全领域，因为随着更多数据和商业功能向云端迁移，黑客袭击和受到监控的可能性就会增加。致力于将安全问题最小化的网络安全法律和法规的增多，同样需要大量具备专业知识的人才，去解决关于法律、法规、制度的复杂问题。然而，这些增加的职位跟不上企业和政府机构在 IT 部门大规模裁员的脚步。对于安全的担忧可能会减缓劳动力需求减少的进程，因为组织会选择采用私有云而非公共云，以便更好地控制其数据，这也就增加了就业。但问题在于这一转变①是在未来五年内还是十年内发生，而非该转变是否会发生。绝大多数观察者认为这样的转变会发生，同样有很多人认为 IT 行业劳动力的不断减少，仅仅是 IT 和云计算改变大多数知识型劳动这一进程的一部分。

理解这个更宏观的进程的一种方式，始于认识到并非所有的 IT 工作都发生在 IT 部门中。IT 工作在所有知识型劳动中占据的份额不断增加，知识型劳动包括涉及信息的生产、处理以及分配的大部分工作（Mosco & McKercher，2008），包括学校、图书馆以及报纸等传媒业，还有视听媒体和社交媒体行业等，也包括医疗、法律、银行、保险、交通、社会服务以及安全领域的工作。云计算的强大作用，以及对大数据、算法、决策分析与日俱增的依赖，使得我们能将当今许多信息、文化等产业的劳动力纳入技术的范畴。正如一位观察者指出的："在未来40年内，（计算机）分析系统将会取代知识工作者今天所从事的大部分工作。"（Dignan，2011a）这一结论同样来自高德纳集团，它认为云计算和分析系统会导致工作岗位大量减少，加剧劳动力的两极分化（同上）。今天我们已经开始看到这种情况的出现，大学越来越依赖网络教育来讲授课程，包括大型开放式网络课程（MOOC）（Lewin，2013；*Chronicle of Higher Education*，2013）。然而，在 MOOC 课程

166

---

① 指劳动力需求减少。

赢得更多的关注的时候，我们却忽略了小学以及中学教育，预计到 2017 年底，对云端的投入将会占据中小学年度教育预算的 35%（Nagel，2013）。图书馆管理员正逐步让位于从云端传输电子文档的自动化系统（Goldner，2010）。[6] 随着印刷媒介迅速消失，自由职业以及无薪或低薪实习生将取代全职记者，新闻行业将快速衰落。此外，云端的集中编辑正在取代与特定出版社相关的编辑人员（Pew Research Center，2013）。由于这些专业性的工作要在云端上集中进行，难以避免的是，这些工作的质量会大打折扣。即使这样，机构似乎也愿意为了节省大量的劳动力成本而接受质量的下降。

从本质上讲，云计算加剧了岗位的减少和劳动力的重构。科技曾经取代了工业领域的工人，但从 20 世纪 70 年代开始，它也造成了脑力工作机会的减少。20 世纪 70 年代，能源价格不断上升，新的工业中心出现在非西方国家，使得一些公司要通过吸纳全球劳动力来降低成本，重组结构。此外，与计算机系统日益提升的分析能力的结合，使工作场所的"科学管理"重获新生。云计算的出现创造了削减组织内一些级别的决策者的机会（Lohr，2013b）。IT 部门以及人力资源部门也普遍担忧职位会不可避免地减少，得以保留的职位也会不再受他们控制，因为公司将依赖基于大数据分析的自动化决策系统（Linthicum，2013b）。因此高德纳集团的专家得出了这样的结论：包括大部分管理层在内的就业岗位正在减少，从事低技能/低收入服务工作的低层劳动力和组织上层出现了两极分化。哈佛大学经济学家、前美国财政部部长劳伦斯·萨默斯（Lawrence Summers）曾更明确地警示说："正如经济学家解释的，该系统会在就业充分的情况下实现平衡。但能否在就业充分的情况下实现平衡取决于是否有专家来清理富人游泳池的浅水池和深水池①。这种方式对于社会的运行来说是成问题的。"（Freeland，2013）麻省理工学院经济学家埃里克·布林约尔弗森（Erik Brynjolfsson）认为，生产效率和工资之间的鸿沟严重损害了近年来的西方经济，"华盛顿（指美国

167

---

① 指调节低收入者和管理层的两极分化。

政府）进行的大多数讨论都较为保守，而且忽略了在科技的驱动下，经济运行方式中的结构性变化。这是我们时代真正重要的巨变，并且在未来十年继续快速发展"（Freeland，2013）。

什么有可能改变或者减缓这一趋势？我提到过两种可能性。一是供应链紊乱会使得在全球部署云系统更加困难；二是工人有组织的"抵抗"将改变云端盈利的潜力。

168

不仅由大型云计算公司建立的全球供应链的下游受到了影响，抵抗链在西方发达国家也形成了。管理层运用云端去监视和控制劳动者——包括白领——最小的举动时，也会遇到阻力。一位分析师曾说："随着大数据成为职场生活的固定配置之一，公司开始使用追踪设备收集不同的职员团队工作和互动的实时信息。职员用挂绳佩戴或放置在办公桌上的传感器记录着他们什么时候离开办公桌去咨询其他团队或者开会。"（R. Silverman，2013），如今科技使得雇主能够控制工人，这是"科学管理之父"——弗雷德里克·温斯洛·泰勒（Frederic Winslow Taylor）想象不到的。以前，雇主只能根据上下班打卡来系统地管理工人，而现在可以实际掌握客服中心或者物流部门雇员的一举一动。一位工作场所监控专家评论说，"如果有充足的劳动力供应且无需担心质量，雇主就面临着每时每刻都盯紧雇员的诱惑。"（Gapper，2013a；Neff，2012）

传感器带来了严峻的隐私问题，一个更为不祥的兆头来自于亚马逊，该公司正在从根本上挑战西方国家工人在数年的斗争和组织中获得的权利。在德国劳动力紧缺的重点地区，亚马逊建立了八个分配中心，雇了8 000名员工。德国对于亚马逊非常重要，因为该公司14%的收入来自德国（Wingfield & Eddy，2013）。德国在全球供应链的斗争中并未得到广泛关注，但是这个国家与沃尔玛有着长期对峙的历史。2006年，沃尔玛没有为了满足德国工人——尤其是代表服务业200多万从业人员的德国工会组织——的期待而修改其全球劳动力标准，而是直接放弃了德国市场。德国工人以及德国工会组织相比于他们在美国和英国的同行，显然拥有更多的权力。德国工会组织动员全国的工人，成功终结了沃尔玛在德国的存在。现在他们与亚

169

马逊也面临同样的局面，在德国工人看来，亚马逊试图强制推行"美式管理"，实施残酷的劳工标准，雇用成千上万的低薪劳动者和大量的国外临时工，并组建了一支维持公司控制的安保人员。这使得亚马逊能够降低价格，驱逐竞争对手——包括一家德国公司。据工会一位领导人称，亚马逊对它的员工实施严厉的控制："任何事情都要被测量，任何事情都要经过计算，一切事情都要向效率看齐。然而工人希望被尊重。"（Ewing，2013）亚马逊否认了这些指控，称它之所以雇用外国临时工，是因为当地劳动力不足。但这一网络巨头也面临着不得不开除维持秩序的安保人员的尴尬，因为一些穿着与"新纳粹"集团有关的制服的雇员殴打了工厂外试图录像的人。亚马逊坚持认为，它不可能做到对所有雇员的背景进行调查，并且坚称它给工人的待遇并不差，因此拒绝与工会协商。

亚马逊全球供应链的这一关键环节将会发生什么尚不确定。工人们通过大规模的动员、街头游击戏剧表演以及全球网络请愿行动（截至 2013 年 3 月共得到 37 000 份签名）来发动常规的反抗，但是亚马逊拒绝让步。2013 年 5 月，在莱比锡巨大的亚马逊配货中心，工人拒绝工作，这是被报道的第一起亚马逊工人罢工事件（Wilson & Jopson，2013）。随着事态继续扩大，人们不得不更加关注云端的劳动问题，和以云计算取代劳动力的议题。

虽然大量的劳动流程实现了自动化且存储在云端，亚马逊在发达国家仍然需要大批劳动力，以便高效地安置和分配其产品。因此，虽然亚马逊是高科技公司，其工人却仍然在普通仓库工作。他们每天步行 7～15 英里，带着指挥和监控他们每一个步骤的手持工具，将预订的货物放置在仓库，并将它们一一打包。为实现效率最大化，亚马逊经常建议工人采用更有效率的做法，在从人员决策到全球物流规划的每一环节中充分使用数据。一本并不以严厉地批判工作场所准则而出名的商业刊物却引述了亚马逊英国工厂员工抱怨公司准则的事例。一位曾为将亚马逊的工厂引入其家乡——一个失业率较高的小镇——而努力的当地官员最终得出了这样的结论："亚马逊并不是称职的雇主。它不仅对于我们的经济并无裨益，而且对于我们

170

个人来说也没有好处。"（S. O'Connor，2013）还有人言辞更加激烈："我们得到的反馈是亚马逊工厂就像奴隶营。"甚至亚马逊的一位管理者都承认，"工人类似于机器，只不过是人的形式。"一位科技记者说："数字资本主义时代胜者寥寥。苹果、亚马逊、脸书和谷歌也许能获得巨额的利润，但其员工收益甚微。"（Naughton，2013）

亚马逊工人的不满不仅仅体现在实体的工作场所中，该公司在云端运行的全球计件工作系统也被批评家诟病为"数字血汗工厂"（Cushing，2013）。"亚马逊土耳其机器人"（AMT）① 雇了大量的众包工人，亚马逊称之为"工作者"（也被称为"Turkers"），在网上为"请求者"（即雇主）执行短时任务，如书写产品介绍、通过图像识别个人，或者发送垃圾邮件（纽约大学研究人员 2010 年进行的研究认为，发送垃圾邮件占据了众包工人 40% 的工作量），在工作完成后，"请求者"按一定比例为"工作者"支付计件工资（Ipeirotis，2013）。起初，亚马逊建立这一系统是为了在网上完成任务，但这项工作仍需要一些人力的参与。起初的任务主要是根据颜色和风格为亚马逊的大型网上仓库中的商品进行分类。这一模式取得了巨大成功，亚马逊因此决定成为劳工中介者，为人手不足的企业寻找劳动力，来做一些查找外国邮政编码或者转录播客内容之类的工作。

凭借管理该服务，每完成一份工作或者人工智能任务（HIT），亚马逊就从工作的报酬中收益 10%。尽管"亚马逊土耳其机器人"的"工作者"包括专业人士，但其中的绝大部分都是技术并不娴熟的工人，他们提供证书给"请求者"，一旦通过，就可以选择"请求者"发布的任务来完成。美国工人的报酬用现金支付，而大多数外国工人只有接受礼品券这一个选择。众包工人的总数很难确定，但是据估计，截至 2011 年，该行业已经雇用了20 多万名员工，年均收入达 3.75 亿美元（Cushing，2013）。越来越多的证

---

① 亚马逊土耳其机器人（Amazon Mechanical Turk）是亚马逊开发的众包服务平台，它本身是一个 Web 服务应用程序接口，开发商通过它可以将人的智能整合到远程的进程中来调用。亚马逊土耳其机器人利用人的网络来执行不适合计算机执行的任务。

据表明工人并不乐于接受这一系统，就像一位工人所抱怨的："亚马逊称可   *171*
以在空闲时间边做其他事情，边干少量工作，但若真的如此，我认为你一
天只能挣一美元。"因为可供选择的劳动力人数众多，公司会向"工作者"
支付尽可能低的工资——低至每小时 1 至 2 美元的情况也屡见不鲜——并且
还要求工人迅速无误地完成工作。工人如果将工作搞砸了，就会被辞退，
或者不能再次申请众包任务。2013 年 1 月，亚马逊停止接受来自国际"工
作者"的新的众包申请，因为亚马逊认为国际"工作者"的欺诈行为和糟
糕表现令公司难以接受（"The Reasons Why Amazon Mechanical Turk No Lon-
ger Accepts Internatinal Turkers"，2013）。由于国际工人更愿意接受低工资和
经常性的要求，"请求者"开始建立自己的众包操作系统。

　　由于对这一系统感到失望，"工作者"们开始使用自己的网络世界来筛
选"请求者"，并联系其他"工作者"。这一行动的产物是 Turkopticon 软
件，这款软件添加了公告人工智能任务、对雇主进行审查和评级、给被剥
削的"工作者"提供建议等网站功能。[7]一位曾在"亚马逊土耳其机器人"
平台工作了28 000次的科技人员说："这一系统不存在病假、带薪假期和其
他类似的福利。如果你认为你受到了不公平的对待，除了在 Turkopticon 上
进行言辞激烈的批评以外，没有其他谋求仲裁或者上诉的途径。"（Hodson
2013）此外，在云端的 AMT 血汗工厂里还产生了诸如员工投诉、欺诈行为
和其他的一些负面影响，这也敦促其他公司建立更为舒适的操作环境。例
如，MobileWorks①公司按照完成任务的工人所在国家的最低工资标准为其
支付工资，并为每一位工人指派一位管理者协助处理问题，还为工人的流
动提供了机会。但现在我们还不能确定更多的"员工友好型"企业的出现
能否重塑在线计件工作的信誉，因为这在很大程度上取决于像亚马逊这样
的大公司是否改革云端的劳动流程。这一改革似乎是符合这些大公司的自
身利益的，因为众包工作的现状已经越来越清楚地表明，竞相追求最低工
资和最差工作条件不仅让工人陷入困境，也会给公司带来麻烦。

———————————

　　① 美国一家众包服务公司。

172

在讨论云计算时，人们并不经常提及工人组织，尤其是工会。只有屈指可数的几家云服务提供者，主要是 IBM 和 Verizon 等老牌的计算机公司和通信公司，必须与有组织的劳工进行协商。但是云计算公司一方面与全球供应链的联系日益密切，另一方面也面临着来自有组织的劳工的抵抗。在更大范围的知识与文化产业领域，工作的流程将一度分散的行业聚集起来，这样的例子比比皆是。这导致的一个结果就是，曾经仅代表电信行业工人的工会，现在也将视听行业、写作、服务和科技行业等具有创意和技术知识的人才纳入其范畴。美国电信业工人协会与它们在加拿大的同行——2013 年由代表电信业、电力业的工会与代表汽车行业的工会联合而形成的工会，正是工人组织紧跟技术融合的脚步的绝佳范例。2012 年，为更加有效地对抗好莱坞日益一体化的媒体工业，美国演员工会和美国广播电视艺术家协会首次将好莱坞各大主要工会联合在一起。此外，各个独立的工会不仅在日益融合的传媒业和信息产业扩大规模，还形成了诸如德国联合工会、UNI 国际工会等跨国工会组织。凭借成员众多、资金雄厚等条件，这些跨国工会组织更擅长与实力雄厚的跨国公司打交道。此外，它们较大的成员规模使它们能够更好地代表工人们在信息、文化、服务等行业中对劳动过程与工作条件的匹配提出诉求，并且能够在全球劳动分工体系中搭建起不同职业、不同国家或地区工人合作的桥梁。

德国联合工会创立于 2001 年，到 2013 年，成员人数达 2 300 万，主要分布在德国，但在全球其他一些地区也有分布。该工会代表来自金融、医疗、社会服务、教育、科研、传媒、文化、电信、信息技术、数据处理、邮政、交通和商业服务等 13 个行业的工人，而这 13 个行业无一例外都日益受到云计算发展的影响。德国联合工会的成员遍布于政府和商业的各个部门，这些部门涵盖了各个层级的职业技术和功能。该工会不仅能够动员大规模且多元化的劳动力，而且能够利用其成员的专业技能，帮助工会加强和保护其内部的联系，或开展吸引媒体广泛关注的街头游击戏剧表演。

173

UNI 国际工会创立于 2000 年，当时，信息业、传媒业以及服务业三大国际工人联盟联合，形成了一个真正意义上的全球知识工作者联盟。时至今日，UNI 国际工会通过 900 个附属工会，为 150 个国家的 2 000 万工人呼吁——这些工人分别代表信息技术和服务业、传媒业、娱乐业、艺术业、博彩业、体育界、金融业、商贸和安全行业，以及越来越多的在临时雇用机构辛勤工作的工人。UNI 国际工会主要活动之一，是与跨国公司达成全球协议，解决童工、歧视以及组织工会的权利等重要问题。截至 2013 年年初，UNI 国际工会已经与包括电信和信息技术行业的公司在内的很多企业达成 48 项相关协议。该工会现在正在与 IBM 和迪士尼等大型跨国公司进行磋商。

德国联合工会和 UNI 国际工会并非个例。一些联合工会和国际劳工联盟对全球供应链，包括对云计算发展起关键作用的供应链产生了重要影响。但这些影响究竟是全球劳工行动高潮的前奏，还是在最大程度上减缓劳工组织的衰退和消亡的防范措施，现在还不能确定。这在相当程度上取决于对"劳工组织"的定义，因为非正式工会形式的劳工组织的发展已经成为一种趋势。这些工人组织看起来很像工会，但却游离于掌控工会运行的政治和法律结构之外。这些工人组织分布在全球各个国家，多项研究记录了这些组织在印度、欧洲以及美国的重要性（Mosco, McKercher & Huws, 2010）。这类工人组织在信息、传媒以及文化产业尤其活跃，因为在这些行业中，工人组织代表了从客服中心到软件工程专家等各行各业的雇员。这些组织为微软的劳务工人和印度的电信工人赢得了几场纠纷的胜利。尽管通常情况下工人组织不负责合同的洽谈，但它们会为员工提供法律代理、集体医疗保险、培训、起草合同、咨询，以及支持集体抗议等援助。工人组织不会像传统的工会一样受到政府部门干涉的困扰。这些组织发挥了积极的作用，尤其是对于劳务工人和临时工人而言。例如，自由职业者协会（Freelancers Union）有 20 万名成员，他们来自法律、应用和软件开发、平面艺术、会计、写作、编辑以及咨询等行业。工人组织与工会的不同之处不仅在于缺少与雇主的正式谈判系统，还在于强调工作场合内外的互相帮助。工人组织继承的是早期工会的社会运动传统，为工人提供家庭扶助、住房、保险，也为工人提供社区和集体力量的源泉。自由职业者协会主席

174

曾说："20世纪20年代的社会工会主义是正确的。工会主义的原则是'要为工人提供全方面的服务，不仅仅是关于工作的服务，更为工人的一生而服务'。我们现在也是同样的看法。"（Greenhouse，2013）

本章讲述的"乌云"主要包括环境、隐私以及劳工问题，这些是云计算未来发展面临的主要挑战。下一章将讲述云计算带领我们进入大数据时代以及云文化的另一种前景。

第五章 | 大数据与云文化

在我们这个世界，海量数据与应用数学代替了其他所有的可用工具。除了生物分类学、本体论和心理学，它们与从语言学到社会学的所有人类行为理论都不相同。谁知道为什么人们要做他们正在做的事？关键是只要他们做了，我们就能跟踪并以前所未有的精确度对这些行为进行测量。只要准备好足够的资料，数字也能为自己代言。（Anderson，2008）

很久以前（当然，包括在当今社会的许多地方），人们给自然发生而完全不被质疑的海量信息转移存储起了另外的名字——神。正是神或者说诸神，在燃烧的荆棘中与你对话，告诉你一些甚至你自己都不知道应该去问的问题的答案。换句话说，在甲骨文公司（Oracle，Inc.）出现之前，神谕（oracle）就已经存在了。（Franklin & Allan Liu，2012：445）

175 电子服务掌握在小部分人手中，某些情况下政府部门也会用云技术支持的系统管理劳动及消费。全球信息资本主义凭借集中化生产、处理、存储及分配建立起来，而云计算的发展仍在推动这一进程。正如"乌云"笼

176 罩着环境、隐私、安全和劳动力问题，这无疑是一个存在着争议的进程。因此，由云所联结的几乎始终由私人控制的大规模计算机是否能够制造并维持不断增长的资本主义世界的新秩序，答案仍然是未知的。考虑到这些问题，我们能否实现比尔·盖茨"无摩擦资本主义"的愿景也尚值得怀疑（Gates，1995）。然而，虽然存在争议，但促进全球云技术的强大力量使人们对不久的将来大规模扩张的期待变得合理化，仅仅这一创新就能使云计算成为一项重要的发展。但是云还意味着更多，因为它还在宣扬一种特殊的认知文化，一些对社会生活有显著影响力的认知类型和认知途径。在这方面，"无摩擦资本主义"与《连线》杂志编辑所说的"作为全球超级智能的云"不谋而合了（Wolf，2010）。本章从云的悠久历史中截取了一些片段，如一出两千多年前的戏剧、一部中世纪手稿和一篇对话于建构中的知识文化的当代小说。从这些片段入手，本章将探讨并辩证地评价这一类型的认知文化。云的政治经济（云如何加强信息资本主义发展）和云文化（对知识界和我们这个世界的表征而言它意味着什么）是既和谐又冲突的。探索这种和谐与冲突，能够为人们对云的关键理解创造空间。

> 云的政治经济（云如何加强信息资本主义发展）和云文化（对知识界和我们这个世界的表征而言它意味着什么）是既和谐又冲突的。探索这种和谐与冲突，能够为人们对云的关键理解创造空间。

云计算促进了一种强大而具影响力的认知途径的发展，这种认知途径被用来解决全球资本主义面临的重大问题。在一些特定任务中，云技术那

几乎不可思议的表现吸引了许多支持者，他们将云技术视为解决问题，推动非传统认知方式，观察几个世纪以来引导人类世界的主要方式，即使可能不是唯一的方式。有很多例子表明，在极端的形式下，

> 云技术把这个世界上的大多数人视为消费者和研究对象而非积极的公民，这个趋势造成了严重的后果。

被云技术所推动的认知方式将达到一种非同寻常的程度，也将是唯一具有合法性的认知方式。剩下的一切则被边缘化，被隔离在另一个世界，预留给那些痴迷于占星术和魔法的人。这是错误的，原因有二：首先，生命是如此庞杂而让人眼花缭乱，然而，却没有任何形式的知识可以宣称为普遍通用的真理法则。其次，因为云计算目前的发展几乎都是被私人掌控的，其特殊的认知方式被狭窄的商业扩张目标所限制。换言之，云技术把这个世界上的大多数人视为消费者和研究对象而非积极的公民，这个趋势造成了严重的后果。现在，重要的是不能单一理解云，不能仅仅把云技术当作一个用以创建管理产品、服务、人员和消费者市场的工具，而是应该扩展它所指的含义。为了解决这些问题，我们需要了解云认知方式的独特之处。它的优势和局限是什么？还有哪些可以替代它的东西？这些要素是如何被云文化所约束的？

177

大数据之云

从审视云和所谓的"大数据"之间的关系来切入问题是很有帮助的。后者指的是对存储在多个位置的不断增长的海量信息进行分析。主要在线上的存储，基本上都是通过云实现的。我们不能厚此而薄彼，因为云的涉及范围比大数据更广泛。大数据分析，有时直接被称作分析学，是云公司提供的一种（公认十分重要的）服务。此外，大数据分析也可以在云设备之外的地方进行，比如企业和政府机构通常用它们自己的电脑来处理数据。然而，由于大数据分析材料的存储规模与复杂性都在增大，于是从云公司对于消费者的宣传营销中获益也逐渐成为云计算的一种特征。举个例子，2012 年，亚马逊网络服务系统（AWS）成功地为奥巴马竞选提供了大数据

分析服务，当时大多数专家认为该项服务为他们提供了至关重要的帮助，这次成功使得 AWS 在与 IBM 竞争同美国中情局价值 6 亿美元的合同时大获全胜，还使得 AWS 扩大了面向个人消费者的服务，这对

> 云服务提供商也在推动大数据分析发展，它们将其视为一种扩大收入的手段。

Dropbox 和谷歌构成了挑战（Barr，2013）。单单是云计算的技术的进步就促进了大数据的收益，正如一位分析师所言，云技术"使基于巨量数据的复杂分析运算具有了可行性，而这在从前是人们想都不敢想的"（Wainewright，2013）。在推动大数据发展的进程中，云技术并非孤军奋战。智能设备的普及带来云端信息的大幅度增长，其中包括储存在手机中的定位数据，装在家里或者工作场所用来监视一切活动——从耗电量到家人、员工行为等——的设备，以及连续不断的社会化媒体（即社交媒体）中的信息。事实上，我们可以这样总结：企业与政府部门认识到了云计算与智能设备之间的紧密联系，这就催生了大数据分析。

云服务提供商也在推动大数据分析发展，它们将其视为一种扩大收入的手段。一些公司仅通过将分析程序引入它们提供给云计算用户的移动应用来将大数据投入使用，而另一些公司则更进一步，通过直接分析员工和顾客的数据来寻求附加价值。有个公司建立了一个全国数据库用以收集有盗窃记录的雇员的资料，使零售商以后可以避免雇到这些人（Clifford & Silver-Greenberg，2013）。另一个公司通过使用消费者数据开发出一种预测性的算法，能够使企业客户知道自己的哪个文件最有可能被用户下载到本地。还有一些公司通过利用公开可获得的档案，如人们发布的推特来"生成"

> 结合软件、系统和策略，使用户能够将自己的商务或企业资料与非结构化的消费者数据整合起来，以更好地识别和预测消费者行为。IBM 将后者称为"欲望的数据"，因为它显示了普遍流行的情绪和感受表达，比如对产品和服务的"喜欢"与"不喜欢"。

数据，进而制造出新的产品（Wainewright，2013）。这已经成为 IBM 智能分析项目的核心理念：结合软件、系统和策略，使用户能够将自己的商务或企业资料与非结构化的消费者数据整合起来，以更好地识别和预测消费者行为。IBM 将后者称为"欲望的数据"，因为它显示了普遍流行的情绪和感受表达，比如对产品和服务的"喜欢"与"不喜欢"。这就赋

予了云用户一种将销售记录与社交媒体发布关联起来的能力，从而通过联结行为数据和消费者感受来更深一步地审视消费者的意见——不仅仅是消费者买了些什么，更重要的是为什么买。IBM 很看好这个系统，它用通信载体来预测出 90 天内哪些消费者将对产品失去兴趣，以及在第一年里将会减少 35% 的买卖（IBM，2013）。大数据的潜力给了如 IBM 一类的传统企业重塑自我的机会。将信息和通信功能嵌入物体——我们可称为"物联网"——这方面研究的领先者通用电气公司，已花费了大量资金将自己转型为一家利用云技术寻求大数据解决方案的专业性公司（Butler，2013b）。这样做的还有世界领先的化工、农业综合企业，也是转基因种子的主要生产商孟山都公司①。2013年，孟山都公司花了 9.3 亿美元收购了硅谷的一家使用大数据进行天气气候分析的创业公司（McDuling，2013）。

179

这些进展表明了大数据和云计算之间的动态关系。那些曾经满足于仅仅提供数据存储业务和移动应用的云公司，现在却强烈希望利用数据来向消费者销售更多服务和开发新产品。不过，大数据也并非只会带来数不尽的经济好处，随之而来的还有关于云公司权利和责任的问题。一些企业和个人也许会想知道，为什么它们那些只希望被存储到云端的数据却被云公司用来寻求财务收益。这样的行为或许可以使那些愿意分享附加值的消费者受益，但是也会暴露消费者数据，并将这些数据用于预料之外的意图。此外，随着云技术在全球势不可挡的持续扩张，存储设备在其他国家政府管辖范围内安家落户的可能性越来越大，这些国家必然也会采用适应其自身的"游戏"规则、管控和政策。2013 年，微软在与中国的关系上迈出了至关重要的一步，就此，美中关系专家提醒人们要注意这个重大发展可能产生的影响（Ragland et al.，2013）。经济上极力吹捧云计算和大数据的协同效益，这可能很容易产生棘手的政治难题。

> 社会以新的方式利用信息，进而生产出有益见解、产品和具重大价值的服务的能力。

---

① 孟山都公司（Monsanto Company）是一家跨国农业生物技术公司。其旗舰产品 Roundup 是全球知名的除草剂。该公司目前也是转基因种子的领先生产商。

　　因此，在综合评估云计算的背景下对大数据进行思考，尤其是评价其认知方式，目前已变得尤为重要。美国国家标准技术研究院为云技术提出一种被普遍接受的定义并获得了大量支持。然而大数据就没那么幸运了。在大数据众多流行的定义中，维基百科的条目算是相当好的一个了："在信息技术中，大数据是一种庞大而复杂的数据集合，这些数据使用现有的数据库管理工具或者传统的数据处理设备是很难处理的。"[1] 2013 年一本书的作者称之为"社会以新的方式利用信息，进而生产出有益见解、产品和具重大价值的服务的能力"（Mayer-Schönberger & Cukier，2013：2）。

　　和云一样，大数据常常能在其支持者中引发热烈的响应，其中最冷静的一种描述是："把各种'超自然力量'归因于大数据已经变成了一种时尚"（Asay，2013）。广泛的尊崇"大数据原教旨主义"的大数据分析似乎已被人们不加批判地全盘接受，一位微软研究员对此表示担忧（Hardy，2013i）。人们相信，那些数据一旦被简单地收集在一起，就可以说明一切，进而产生出能够巨额盈利的商业信息，这就是那种"原教旨主义"的来源之一。然而真实情况并非如此，事实上数据分析是最困难的部分，而且其挑战性随着可收集数据量的增大而上升。因此，难怪一些专家担心企业们将纷纷放弃大数据，这很容易使人得出结论：行业内部"肮脏的小秘密"就是"不会有人'想要'使用大数据"（Elowitz，2013）。在研究把什么称为"大数据'崇高'"更为合适之前，最好先简要地审视是什么让人们如此大惊小怪。

　　虽然在实际应用过程中大数据分析可能会很有挑战性，但它的基本原理实际上比人们想象的要简单得多。分析师们采集一系列定量数据并对其进行相关性分析，以寻找能够产生预期或非预期的见解的关系，利用这些结果作出进一步的预测。让我们研究一下这个描述中的四个重要因素。首先，被分析的数据总是定量的，因为操作被应用于以数值表现的对象、事件、结果、观点意见中。但这并不代表大数据分析回避定性信息，相反，分析师会通过定量数据表达主观性的声音，比如分配"喜欢"与"不喜欢"或"满意"与"不满意"的感受数值。

其次，大数据通过探索变量之间的相关性得出结论。如两位大数据专家所言，这意味着"更加尊重相关性而非继续探索难以捉摸的因果关系"的观点正在被人们所接纳认同（Mayer-Schönberger & Cukier，2013：19）。比如，这种分析可能导致的结论是，选民的年龄与其对总统的支持度密切相关。具体说来，选民随着年龄的增长，对总统的支持程度也在下降。相关性分析可以测量出一段关系的取向，比如它是积极还是消极的，以及这段关系的强度。但只凭相关性分析也不能说明问题，不仅无法说明因果关系，甚至也没法证明一段关系到底是真实的还是虚假的。我们无法从数据本身判断两组变量是否呈正相关——它们之间的关系也许是由其他尚未发现的或多变的因素导致的，更糟糕的是，这段关系也可能来自虚假的数据，这些变量之间事实上并没什么联系。即使相关性达到了一个较高的程度——例如，在 100 份样本中，相关的呈现出现了 95 次，也无法保证因果关系的成立，或者排除伪关系的可能性。相关性帮助分析者确定一组变量中的哪些可以关联或者共变，并剔除掉那些无法关联或共变的变量。但是人们却往往误认为这是能够提供因果关系的证据，或者将它们之间的关联性视为理所当然，而与另外一些可能同样重要的变量隔绝开来。例如，雨伞的销售与车祸的发生有着高度相关，但并不意味着它们中的一个导致了另外一个的发生。相反，是第三个变量——雨的存在影响了另外两个因素。所以在这个例子中，雨伞销售和车祸之间的关系就是一种伪关系。

181

大数据分析有时也很可能与理论无关。实际上，绝大部分支持者认为，大数据分析让人们无需再提出有待检验的假说或理论，而让数据自己来说明一切（Anderson，2008）。虽然并非所有的大数据拥护者都强烈赞成这一观点，但大多数人还是这样认为的：考虑到我们测量与监测媒介行为的能力，不论是研究脸书上人们点赞的数量还是研究我们开车的速度，都应该科学地运用数学（如相关性分析）和数据分析概括出结论。这一点，正如迈尔-舍恩伯格和库克耶所强调的一样："我们不再那么需要通过

> 如今我们的世界充斥着数据，正如大数据支持者常比喻的那样，掉进干草堆里的针也可以找到了。理论和假设不再是人们的兴趣所在，研究者普遍相信大数据和云技术可以解决具体的问题。

对一种现象提出有效的实质性假设来了解我们这个世界了。"（Mayer-Schönberger & Cukier，2013：55）在过去我们需要理论的指导，那是因为手头的数据不够充分，我们无法仅凭数据本身来得出问题的答案。如今我们的世界充斥着数据，正如大数据支持者常比喻的那样，掉进干草堆里的针也可以找到了（Singh，2013）。理论和假设不再是人们的兴趣所在，研究者普遍相信大数据和云技术可以解决具体的问题。任何更加困难的问题的提出，实际上都排除了提供整个解决方法的可能。

大数据的主要目标是预测。在深入数据寻找普遍模式的过程中，除非发生重大的结构性变化，我们大可期待这些数据能够告诉我们未来是怎样的。知道"为什么"不如预测"将要发生什么"来得重要。正如一个 2013 年回顾所总结的那样："我们正在进入一个靠连绵不绝的数据预测未来的世界，在那里我们无法解释自己的决定背后的原因。"（Mayer-Schönberger & Cukier，2013：17）让我们来看看谷歌搜索的例子，如同在干草堆里寻找一根针一般，谷歌搜索通过大数据分析洞察了流感的扩散趋势，这一过程没有借助疾病预防控制中心（CDC）的专家之力，而在跟踪流感趋势的问题上，那些专家已经钻研很多年了。它的"数据海洋"更像是一座高耸的摩天大楼，它的云空间内保留了人们每天 30 亿条的搜索浏览痕迹。谷歌凭借这个庞大的数据库，对 5 000 万条人们最常用的搜索关键词和 2003 年至 2008 年之间疾病预防控制中心关于流感扩散的信息进行了比较（Ginsberg et al. ,2009）。研究人员在特定关键词的搜索频率和流感病毒在时间和空间上的扩散之间寻找相关性。他们发现："由于某些查询的相对频率与有疑似流感症状的病人就医百分比高度相关，我们可以就此准确地估计当前美国各地区每周流感病情的程度，相关的报告滞后一天左右。"（同上）因为其他有关流感的报告也要滞后两周，于是谷歌把报告结果做成了在线工具——"谷歌流感趋势"，并承诺向流感患者和普通公众提供如何预测流感传播的最佳资讯。此外，谷歌的动作还是低调而经济的。如在干草堆里寻找一根针一般，大数据分析在人们的搜索关键词中发掘了有效信息，谷歌谨慎地认为其预测方法将有

182

> "我们正在进入一个靠连绵不绝的数据预测未来的世界，在那里我们无法解释自己的决定背后的原因。"

助于优化地区与全球的流感防治工作。

目前，大数据在科学界已经被广泛运用。在基因组学领域，大数据被用于破译人类基因组；在天文学领域，大数据则被用于绘制天体图。一篇关于大数据对遗传学研究有哪些好处的评估报告载："随着数据采集功能的进步和速度的加快，存储与分析工具的优化使基因组测序的成本从近 20 亿英镑削减到了今天的 2 000 英镑左右，还将所要耗费的时间从原来的十年以上缩短到了一周。虽然无论如何都会有更多的增量收益，但这样的重大进展只有微软、亚马逊和天睿公司（Teradata）等其他云计算服务商才能够实现。"（Burn-Murdoch，2012）。斯隆数字巡天工程①使用大数据分析了更多天文信息，比该项目在 2000 年启动前的所有天文研究加起来还要多（May-er-Schönberger & Cukier，2013：7）。物理学家使用大数据来为量子行为建模，气候学家则用它来模拟气候变化。

大数据越来越多地被用于分析、模拟和预测人类行为（Boyd & Craw-ford，2012）。这些使用行为与大数据很"熟"，虽然并不总是直接相关。比如谷歌、必应和其他搜索引擎，它们通过对数据库进行运算而得出搜索结果。脸书的图谱搜索功能可以根据用户的主观选择如好友请求和"喜欢"的数量来为用户提供量身定做的搜索结果，这使大数据分析的运用更上一层楼。一些企业看到了大数据在普通线上使用中的价值，对个人用户能力的提高，尤其是谷歌公司，已经开始投资针对这种大数据的研发了。举个例子，微软首先使用了大型数据库来对自己的文字处理程序文件进行拼写检查，但却没有更深一步地研发这项技术——至少不如谷歌那么深入，谷歌公司用了同样的技术开发出了自己的搜索引擎、自动完形功能、谷歌邮箱以及谷歌 Docs 服务。事实上，大数据分析的这些用途还使谷歌开发出了一款完全基于云存储技术的笔记本电脑——Chromebook。这些大数据应用的成功案例吸引了更多关注，但是那些不那么引人注目的案例也是值得仔细推敲的。

美国军方是大数据分析领域的领导者，在其前承包商的雇员（即斯诺

183

---

① 即 Sloan Digital Sky Survey，简称 SDSS，是使用位于美国新墨西哥州阿帕奇山顶天文台的大口径望远镜进行的巡天计划。

登）在 2013 年夏天披露了针对美国境内外的大规模监视活动之后，这个由美国国家安全局推动的最大规模的全球电子监控网引发了轩然大波。60 年来，国家安全局一直通过其全球监控网络搜集数据信息，一开始是以截取电话通话的方式，现在则是靠捕获电子邮件和其他在线交流信息。它们依靠各种分析系统来储存、评估这些信息，如一些有可能提供安全威胁线索的关键词。1962 年，IBM 将自己的第一台计算机——当时还是顶级机密的 Stretch-Harvest 赠送给国家安全局用以进行监控活动（Lohr，2013a）。这个举动延续了政府监控通信技术的悠久传统，这类监控最先是从电报正式开始的。早在 1861 年，也就是电报刚投入使用几年之后，林肯总统就下令联邦法警进入全国每一个电报局调取所有的电报副本，用以铲除南部各州政府的支持者。

正如国家安全局的活动不是什么值得大惊小怪的新鲜事，对其滥用权力行为的抨击也并不稀奇。毕竟，在 20 世纪 70 年代"水门事件"发生不久后，包括国家安全局在内的政府机构被指控在国外进行间谍活动，一位美国参议院议员警告这将给美国民众带来危险（Greenwald，2013）。国家安全局活动的效果并不总是清晰的，部分是由于它所收集的信息远远超出了其分析能力。针对这一点，大数据分析能够强化数据处理的能力，还能够运用分析工具并作出预测，这就为国家安全局提供了一种理想的解决方案。为了进一步加强它的大数据分析能力，国家安全局与硅谷建立起了紧密的合作关系，在某种程度上恰如一位分析师所言："现在它们是同行了。"（*New York Times*，2013a）另一些人则认为，国家安全局与微软、谷歌、苹果、脸书和一些主要的电信公司之间的联系形成了数据情报复合体，这是一种现代版的"军事工业复合体"，1960 年艾森豪威尔总统卸任时曾对此提出过批评（Luce，2013）。于是，五角大楼与情报机构渐渐成了创业公司必不可少的训练基地。一位离职后成功创立了一家技术公司的前国家安全局雇员赞扬了老东家，认为国家安全局不仅仅让他跻身前沿，而且站到了时代的尖端（Sengupta，2013）。不过，私有企业与情报机构之间的关系事实上远远没有那么和谐。由于国家安全局的监视活动牵涉了一些主要的计算机与社交媒体公司，这些丑闻的揭露使得企业担心自己在网络世界的公众信任度下降。结果，在 2013 年的 12 月，苹果、雅虎、脸书、推特、美国在线、领英①、谷歌、微软一起写了一封致总统和国会的公开信，呼吁政府机构对网络监控进行调整与改革（Wyatt & Miller，2013）。

2013 年发生的丑闻并不会减慢国家安全局云数据中心在犹他州的建设进程，该数据中心计划用以存储、处理、分析预测情报机构的数据需求，预计耗资 20 亿美元（Bamford，2012）。当记者们试图调查这个被称作犹他数据中心②的地方时，他们发现这里的保密性严实得如同国安局（Hill，2013）。毕竟，一个连预算（估计也许是在数百亿范围内）也对公众保密的机构将自己最新的大项目隐藏起来也不足为奇。一位研究国安局的前沿专家说："所有的通信方式，包括私人邮件、电话通话和谷歌搜索的完整内容，以及所有的个人数据足迹——停车收据、旅行线路、书店账单和其他数字'小东西'都会流经这里的服务器和路由器，最后被储存在无底洞般的数据库中。这或多或少地实现了'全面信息认知'计划，这一计划是乔治·布什在第一任期内提出的，在 2003 年由于人们强烈抵制它，认为它具有侵犯国民隐私的嫌疑，于是该项目又被国会废除了。"（Bamford，2012）

犹他数据中心是一个巨大的建设项目，围绕着四幢面积各为 25 000 平方英尺的建筑建成，里面安置了用以处理分析数据的云服务器，还带有夹层，可以通过它引入传输数据文件的电缆。总计 90 万平方英尺的空间将被预留出来，专门用作技术支持和管理该建设项目。预算中的 1 000 万美元被用来制定保护设备的特殊措施，其中包括传说中能承受重达 15 000 磅的车辆以 55 英里时速撞击的特殊栅栏。该项目还拥有功率达到 65 兆瓦的变电站，因此整个操作过程均可自给自足。

185

---

① 领英（LinkedIn）创建于 2002 年，致力于向全球职场人士提供沟通平台，并协助他们事半功倍地发挥所长。作为全球最大的职业社交网站之一，LinkedIn 会员人数在世界范围内已超过 3 亿。

② 犹他数据中心（Utah Data Center），是美国情报体系使用的一座数据存储设施，拥有尧字节级的设计存储能力。它的作用是支持综合性国家计算机安全计划（Comprehensive National Cybersecurity Initiative，CNCI），但其具体职责则属于保密信息。美国国家安全局负责领导该设施的运作，也是国家情报总监的执行机构。

有三个关键的发展推动了犹他数据中心的建设。第一个是信息在世界范围内的海量增长，这需要耗资巨大的设备与处理能力。对公共数据进行分析将是一项艰巨的任务，有人估计过，从2010年到2015年，互联网上所有的公共数据存储量将翻两番，达到950艾字节以上。而在2003年网络发展的初期，信息总量仅约为5艾字节（Bamford，2013）。然而，国安局除了审查那些对公众开放的信息之外，还需截取并审查网络深处或曰"深网"①中的信息，包括一些有加密系统保护的政府和企业机密性报告，而这些在大数据的帮助下国安局是可以攻破的。据国安局一位首席专家总结，"随着新的犹他数据中心的建立，国安局总算是有了技术能力来存储和审查所有窃取来的机密了"（Bamford，2013；Deibert，2013）。

第二个关键发展是国安局国内监视活动的扩张（Clement，2013）。最初，国安局只是被指控拦截进出美国的电子通信，而现在其监视的范围也不仅仅限于美国境内了。据巴姆福德和前国安局雇员所述，在"9·11"恐怖袭击之后，国安局已经不知在多少个国内主要电信交换机和卫星地面站上安装了窃听器了。它们还在美国境内设置了10到20个设备来分析电子通信，并将国安局的监控圈延伸到了加拿大的一些主要城市（Bamford，2013；Clement，2013）。当该机构被正式禁止进行国内监视活动时，社会上涌现出关于国安局行为合法性与合宪性的不同观点，尤其是在"9·11"后出台了一些扩大政府在国内外拦截电子通信交流的权力的法规的背景下。由于一家波音软件子公司的帮助，国安局现在可以从马里兰州总部远程控制应用软件来搜索国家数据库，其中包括被存储在一台AT&T设备中的2.8万亿条电话计费账单，这些账单记录中有国安局准备记录、传输和分析的个人和机构信息。就此，犹他数据中心扩大了分析、利用这些最新获得的巨量数据的机会。

---

① "深网"指谷歌等搜索引擎不去搜索或无法搜索的所有网站和数据库，其信息量远远超出我们的想象。同时，它还有一大特点——完全匿名，将你与现实世界里的身份彻底分离。而要想进入"深网"，只需花不到三分钟下载并安装一个免费软件即可。使用"深网"本身并不违法，绝大多数使用者也非罪犯，但其匿名特质一旦被犯罪分子利用，尤其是与虚拟电子货币"比特币"相结合，极易成为"罪恶天堂"。

　　第三个关键发展是，虽然跟上信息流量的增长速度是一项令人望而却步的任务，但是国安局已经从处理能力和大数据分析的扩张中受益，真正使用上了自己所收集到的数据，进而分析其中的情报并对事件作出预测。现在，国安局已经获得了这样一种能力：将任意一个人名输入数据库，就能自动跟踪记录与此人来往的所有的电子通信。在认为必要时，国安局还会调出一份关于通信内容的具体分析用以完成风险评估。除了内容监视以外，国安局还使用元数据映射来描绘民众的社交网络，以此来确定网络连接强弱的影响和不同人群间关联网络中暗含着的纽带。鉴于其功能的定性与定量扩展，前国安局雇员瓦尔特·宾尼（Walter Binney）表示，该机构的关注点已经从对外国威胁信息的收集分析，转移到了在技术条件允许的情况下尽可能多地收集国内外人士的数据资料（Bamford，2012）。[2] 此外，鉴于大数据系统的预测功能，国安局和其他类似的情报机构可能将收集远远超过它们实际需求的数据量，这是因为数据加密破解技术的进步使情报机构目前无法破译和分析部分数据的问题在未来有可能得到解决。

　　在统一计划中，国安局居于领袖位置，美国中央情报局、美国国防部高级研究计划局和其他军事情报组织也都参与其中，该计划的内容是将大数据分析运用于实际工作，比如尚在争议中的战地无人机攻击。进行一次成功的无人机攻击所要处理的数据量极其庞大，所以它的成功应用面临着严峻挑战也不足为奇。事实上，一些业内人士对无人机计划的发展提出了质疑，因为这些计划的成功实施所需的处理能力已经超过目前的预算和技术所能及（Beidel，2012）。进一步说，2012 年，联邦政府宣布在大数据军事和民用研发上的投入超过了两亿美元。据报道，在新的年度预算中，国防部将要在大数据上押 6 000 万美元的"重大赌注"，其目标在于"促进大数据创新"，因为这将"提高战士和分析师的情境意识，并提供更强大的操作支持，从而使分析师从任意语言的文本中抽取信息的能力以及分析师所能观测到的目标、活动与事件的数量提高 100 倍"（U. S. Office of Science and Technology Policy，2012）。预计该基金将有力促进美国军方无人机攻击计划的发展（Beidel，2012）。

187

　　为响应国防部的号召，美国国防部高级研究计划局宣布在其 XDATA 计划上投资 2 500 万美元用以克服目前大数据分析方面的局限性。具体而言，它将重点放在发展软件程序和其他如高级算法、视觉表现之类的计算工具上，从而对文本文件和信息传递中的半结构化与非结构化数据加以检验。国家安全局和中央情报局并没有就此发表公开声明，因为前者不会在新闻发布会中公开计划，而后者的经费独立于国防部的授权。国家安全局对美国民众的监视活动被揭露后，在公众中产生了负面影响，很难说这是否会抑制将云和大数据用于军事用途的政府承诺。其实不太会。因为，虽然项目的名字常常变化（现在是"棱镜"，以后可能又变成其他的什么），但是国家安全局的监视活动已经进行了半个多世纪，而且这项工作对美国的监视行动而言至关重要，所以未必会给政府带来多大阻力。反倒是美国对盟国，尤其是位于欧洲和拉丁美洲的盟国政府事务的电子监控已经触犯了众怒，这可能导致关系破裂，而且足以构成对敏感的贸易谈判的威胁（Castle，2013）。实际上，对于国家安全局监视活动的曝光是否将大大削弱全世界对云计算的支持的问题，一些分析师持强烈的担忧态度（Linthicum，2013d）。据一家智库估计，由于国家安全局的监视引起了民众的顾虑，美国云产业在未来三年内的损失将达到 215 亿至 350 亿美元（Taylor，2013a）。思科公司宣称，由于担心美国政府的监视活动，云产业已经失去了一些新兴市场的业务（Meyer，2013）。

　　政府对于云计算所承担的义务并不仅限于在军事/情报方面的应用。除了推进医药保健方面的研究，政府部门还试图降低医疗成本，大数据的分析与预测就是达到这些目标的手段之一。为此，政府正在集资赞助一项联合项目，该项目汇集了美国国家科学基金会和卫生研究院的专家，致力于"从大量的、多元化的数据中集中管理、分析、可视化并提取有用信息"的研究（U. S. Office of Science and Technology Policy，2012）。虽然提高数据的分析与可视化水平并不会引起争议，但是那些基于病人信息的预测结果的最终用途引起了人们的顾虑：政府可能会利用这些结果来改变人们的行为，这通常被认为是一种过度干预。例如，政府该不该根据美国人在健康方面的选择来调整其医疗保险的覆盖范围，或者削减一些数据显示做了不好健康选择的人的福利呢？另一个与健康相关的领域——基因组学，也是大数据讨论的热门话题。为此政府与帮助奥巴马总统赢得 2012 年大选的亚马逊网络服务系统（AWS）进行了合作，储存了 200 太字节的基因组学研究资料（相当于要用到 1 600 万个档案柜或 3 万张标准 DVD 光碟的存储量）。这些数据是公开的，但是使用者必须向 AWS 支付计算费用。另外，政府依靠世界上最重要的私人云公司之一来储存、处理和分配极具价值的数据集也颇值得玩味。最后，能源和地质研究也获得了资金用以提高该领域中对资源与地质系统进行分析、可视化及预测的能力。

　　大数据越来越多地被运用于传统社会科学和人文学科中。现在的社会科学研究也经常由这些私有公司来牵头，可以在一些领域发现新的机会，比如识别欺诈、对病人进行健康风险评估、对消费者情绪或者重要机械系统以及社交媒体网站上的网络关系进行持续性监测（Davenport，Barth & Bean，2012）。大型数据集通过呈现实际结果为研究提供新的机遇。比如，一个联合国机构对一项关于组织如何应对人道主义危机的大数据研究提供了支持。数据包括一些社交媒体内容，其目标是提供行之有效的建议（Burn-Murdoch，2012）。在塞拉利昂，测绘公司 Esri① 提供了能显示哪里需要健康医疗诊所的软件和云门户（A. Schwarz，2013）。数据科学家与伦敦的一家名叫数据慈善（DataKind）② 的组织进行合作，向一些慈善机构提供建议来解决非营利部门中遇到的问题。此外，研究者们还与多伦多儿童医院进行合作，开发了一系列算法来预测早产儿的感染状况。尽管大数据可以带来这些便利，但是同样的算法预测也能被保险公司用来拒绝一些人的参保，可能被社交媒体公司用来对"潮流趋势"进行人为操作，因此也有不少

189

> 大数据越来越多地被运用于传统社会科学和人文学科中。

① 美国环境系统研究所公司（Environmental Systems Research Institute, Inc., Esri），最初以土地利用顾问公司的身份成立于 1969 年，目前为世界最大的地理资讯系统技术提供商之一，总部设在美国加利福尼亚。

② DataKind 是致力于在"善意"的数据科学家和寻求公益帮助的团队之间建立联系的非营利组织。

人担心这样将产生道德和政治问题（Burn-Murdoch，2012；Gillespie，2013）。为此，一些数据科学家倡导"用数据分析来做好事"的良好行为规范，承诺在研究之前先判断其道德取向是否正确，用分析技术带来积极的社会变革（D. Ross，2012）。这还促使社会各界呼吁数据科学民主化，要求科学研究的新兴领域对普通民众进一步开放（Harris，2013b）。

> 由于私有企业控制了绝大部分的大数据研究，大数据的访问与获取问题就凸显出来了。因为，企业通常不愿意遵循社会科学界传统的惯例，在学术论文中公开自己的研究证据。

由于私有企业控制了绝大部分的大数据研究，大数据的访问与获取问题就凸显出来了。因为，企业通常不愿意遵循社会科学界传统的惯例，在学术论文中公开自己的研究证据。2012年，这个问题变得更加明显，谷歌公司与剑桥大学的研究者拒绝为一篇关于 YouTube 在某些国家的普及程度的会议论文提供数据。那次会议的主席是一位领导惠普公司研究小组的物理学家，他对此做出了愤怒的回应，并表示会议不会再接受来自那些不愿分享数据资料的研究者的论文投稿，不管他们是出于商业原因、安全考虑还是其他任何理由。接着，他还给著名的科学学术期刊《自然》写了封信，声明本应扩大研究视野的大数据分析事实上却在反其道而行之，因为坐拥数据资料的那些私营企业拒绝将它们公开分享（Markoff，2012）。另一方面，在社会科学领域中，越来越多的重要学者开始研发工具，并通过使用商业软件和社交媒体生成数据，进而为社会提供更多的观察视角（Beer，2012）。

190

大数据也越来越多地被用于人文领域，它不仅动摇了传统的研究路径，还激起了相当多的争论（Hunter，2011）。在美国，是联邦政府的国家人文基金会（NEH）引导了大数据在人文学科领域的推进。作为美国最大的人文学科研究资助方，国家人文基金会是一个建立于 1965 年的联邦政府机构。每年，该机构都投入约 1.7 亿美元的预算用于为图书馆、高校、博物馆、公共广播等文化机构和普通学者提供资助，旨在加强人文学科的教学、科研和制度性的基础建设，包括扩大社会与教育和文化资源接触的机会。2006

年，国家人文基金会提出了数字人文倡议，2008 年该倡议升级为数字人文
办公室（Office of Digital Humanities，ODH），此举促
进了数字人文学科在美国的合法化。有了 ODH 的支
持，在该领域内工作的学者在 2009 年的现代语言协
会年会上找到了自己存在的价值，许多人认为这是

> 大数据也越来越多地被用于人文领域，它不仅动摇了传统的研究路径，还激起了相当多的争论。

该领域的一个转折点。数字人文学者将计算机科学应用于人文学科领域，
第一步就是研究大型数据集。虽然那些文学、历史、哲学等人文学科领域
的学者即便在用到计算机分析手段之前也有可能完成这类研究，但会面临
诸多困难。

　　在这些研究中，ODH 资助的网页可视化项目就涉及寻找、收集大数据
并加以分析的新方法："所有的印刷文本可以同时通过语言和图形符号来传
达信息，然而现有的计算机文本分析工具却仅仅分析语言内容。网页可视
化项目将开发一种应用程序来识别分析数字化的维多利亚时期诗歌的手抄
本的视觉特征，比如页边距空间、行缩进和字体属性。"（U. S. National En-
dowment for the Humanities，2013）另一些项目则直接将计算机分析手段应
用于分析大型数据集。其中一个 ODH 资助项目就是关于已发表作品的生命
周期的——"不仅包括学术和科学文献，还包括社会网络、博客以及其他
材料。"其目标在于"识别哪些学术活动将预示着新兴领域的出现，并确认
那些不该被边缘化而应被纳入学术协议和标准的数据集"（同上）。另外一
个 ODH 资助项目论证了其被称为"挖掘数据"的理由：因为它审视了"探
索数字化历史记录全文的新方法……使用大量存在于 12—16 世纪的城市宪
章，这些宪章是了解过去人们生活的最丰富的资源之一。新的工具将使得
用户真正挖掘这些记录的内容，找回那些对于地域和人们的丰富描述，并
突破那些将搜索限制在每个文件的作品档案（元数据）范围内的数字化条
目"（*Digging into Data Challenge*，2011）。

191

　　ODH 计划已经成功地在人文学科领域中有力地推进了量化研究，利
用云计算系统的优势对大型数据集进行了检验。[3] ODH 同样也吸引了来自

国际的关注与支持。它在 2009 年和 2011 年举办的"挖掘大数据"大赛收到了来自美国、英国、加拿大与荷兰的 150 个研究小组的研究计划，其中有 22 组受到了资助。2013 年，新的研究委员会与政府机构扩大了支持和资助，提供给该项目十个资助方。此举具有重大意义，因为在大多数西方国家，政府对人文学科领域包括研究、教学与建档的研究经费支持都已经下降到了令其捉襟见肘的程度，而那些云相关的大数据研究却跻身于少数几个研究经费日益上涨的领域（Delany，2013）。此外，尽管预算缩减，政府研究委员会却将所剩无几的经费更多地投入人文学科内的计算研究。数字人文研究的捍卫者对这种转变表示了支持，他们认为这将为人文学科教育与研究的各个方面都带来革命性变革。如国家人文基金会会长所言："随着科学技术与人文的日渐融合，一场革命开始了。"（Leach，2011）

然而在人文学科领域，并非所有人都这么认为，比如我们这个时代最杰出的文学和文化研究学者之一斯坦利·费希（Stanley Fish）①。对费希而言，数字人文研究的大多数支持者所提出的观点在他看来是"神学的"，因为它通过一种压缩的媒介来承诺自由，这种媒介又同时是线性的和受时间约束的，只能生产出离散的、局部的、情景式（也即此处与当下，由这一个作者，为这一观众所提供）的知识。对支持者而言，数字人文研究通过云技术和计算方法给我们提供了一个广阔的天地，知识在其中无所不在，并能够被所有人使用。通过它，我们都成为意义生产网络系统中的节点，在此，求知者与认知对象之间的空间、时间障碍被消除了。费希坚持认为，在这个观点中，大多数宗教是认同来世的，在那里，人们摆脱了死亡的镣铐和一切局限，成为造物主，即一切知识的来源。他承认，在业界内没有人能如此精确地用这种方式表达，但他认为他们也许能够达到同样的精确程度，因为对于数字人文主义者而言，他们的使命就是营造一个"扩张的、

192

---

① 美国文学理论家和法律学者。1938 年 4 月 19 日生于生于罗得岛。出版著作十多本，如《在我们自己的时代拯救世界》（牛津大学出版社）等。

无国界合作的未来，届时所有线性模式的弱点都能够被消除"（Fish，2012a）。他引述了菲茨帕特里克（Fitzpatrick，2011）的话，其在《计划中的淘汰》（*Planned Obsolescence*）一书中描述了传统媒体的局限性以及随新媒体出现的社会关系，并认为在一个新媒体的世界里，"我们需要少考虑结果，多考虑过程的文本；少谈个人所有权，多讲合作；少一些原创性，多一些混合性；少一点独占，多一点分享"（同上，83）。

在评述中，费希将数字人文研究视为一种神学，这正是我所说的数字"崇高"（Mosco，2004）。至少，数字人文通过将网络世界视作一种超越日常生活之平庸的手段来赋予其神话色彩，从而带来了历史的终结、地理的终结和政治的终结。更进一步讲，数字人文从德日进这类人的作品中得到启发而呈现出更明显的神学色彩，他在作品中表达了人类通过智慧圈寻求天人合一的设想，认为思想最平实的含义其实是由信息的增长带来的。雷·库兹威尔①（Kurzweil，2005）关于信息永生与奇点②的作品在数字世界中与德日进的论调不谋而合。

费希也对政治领域的数字人文研究提出了异议，尤其是其打破分隔各个学科的藩篱、拆除学者与普通大众之间的屏障进而实现人文学科民主化的目标。使费希的论述显得很有趣的是，他并不反对这些目标本身，但是他怀疑数字人文研究是否有能力达到这个目标。于他而言，该研究更像是为在文学文本和其他流行文化作品方面收集尽可能多的定量数据等的首要目标所做的掩饰，这至少可以用以激发人们对文本的新解读和对创作语境的新评估（Fish，2012b）。数字人文运动引发了激烈的辩论，其中支持者提到了"后退"的人文学科，而反对者则使用了诸如"阴险恶毒"一类的词语来形容该领域内顶级专家之一弗兰科·莫雷蒂（Franco Moretti）（Sunyer，2013）。

193

---

① 雷·库兹威尔生于1948年，1970年毕业于麻省理工学院计算机专业。他曾发明了盲人阅读机、音乐合成器和语音识别系统，为此获得许多奖项。他曾获9项名誉博士学位，2次总统荣誉奖。库兹威尔也是一名成功的企业家，他用他的发明创办了自己的企业，开发出多项造福人类的高科技产品。

② 原为天体物理学术语，指"时空中一个普通物理规则不适用的点"。在库兹威尔的理论中，"奇点"指人类与其他物种（如计算机）相融合的时刻。

大数据分析的准则背后，其实并没有什么新鲜的东西。多年以来，社会科学家一直致力于研究大型数据集，寻找看似无关的变量之间的关系。

> 大数据并不仅仅是一种方法，它还是一种神话，一个关于"崇高"的故事：智慧并非脱胎于有很多缺陷甚至局限性的人类，而是来自于储存在云中的纯数据。

但不同的是，现在所有的努力都致力于使它成为研究领域独一无二的工具，对于一些人来说，甚至成为曾经在自然科学研究和人文科学研究中引领了人们几个世纪的传统方法的神奇替代品。大数据并不仅仅是一种方法，它还是一种神话，一个关于"崇高"的故事：智慧并非脱胎于有很多缺陷甚至局限性的人类，而是来自于储存在云中的纯数据。

通过宣称"理论的终结"，克里斯·安德森（Chris Anderson）① 在 2008 年的一期《连线》杂志上断言："数据的泛滥使科学方法过时了。"（Anderson，2008）对于安德森来说，大数据完全意味着一种认知意义上的革命。这种观点极具神话色彩，因为它将大数据设想成一种革命性的发展，不仅仅让科学发展得更好，还以一种新的认知方式终结了我们所了解的科学。如很多神话传说一样，安德森的故事想象了一个新的世界，在那里，曾经被普遍接受的认知方式在今天被抛弃和排斥，而被一种更加简单的，能够解决世界上所有问题的东西所替代。科学方法的时代过去了，大数据相关性的王朝来临。通过列举谷歌怎样掀起广告界革命的例子，安德森表示："话虽这么说，但这次的大目标不是广告，而是科学。"或者更确切地说，这个目标是体现在获取知识途径中的科学的核心。"科学方法是建立在可检验的假说基础上的。大多数的模型，都是科学家头脑中可视化的系统。然后这些模型被检验，通过实验来证实或证伪这些基于世界运作方式的理论模型。这就是几百年来一直被沿用的科学方法。"虽然现在没有必要再这样做了，但是科学家们却不得不放弃他们所重视的一些观念。"科学家们必须经过训练从而认识到相关性并非因果关系，比如不应该因为 X 和 Y 之间存在着相关性而简单粗暴地下结论（这种相关性也许是一种巧合）。相反，应

---

① 前《连线》主编、畅销书作家，他用"长尾理论"解释互联网世界，后来离职创业。

该试着去理解连接这两者的潜在机理。一旦建立起了模型，就有足够的信心建立起数据集之间的关系，无法建立模型的数据只能算是噪音。这种科学的研究方法——假设、建模、检验——已经开始过时了。"

194

这种观点的核心论调是，神话有助于我们应付生活的不确定性，比如从早饭吃什么这样平庸的细枝末节，到如何寻找人生的真谛和面对死亡这类宏大问题。不是简单地给出答案，而是给出确定的答案，通常拥有极具说服力的清晰度、简洁性与激情。大数据不仅是众多理解和改变世界的工具之一，还是其中必不可少的一种。而其他的方法，包括曾指导和在其中实践的现代世界的科学及科学认知方式，都已经可以被扫进历史的垃圾堆了。有些人对这种观点有着透彻的理解。像克里斯·安德森和雷·库兹威尔这样的人是我们这个时代的先知，他们懂得如何为旧时代拉上帷幕，为新世界埋下伏笔。大多数的神话是关于终结的，不论是历史的终结还是理论的终结，抑或是科学的终结。这些神话召唤我们庆祝自己生在一个终结的时代，并开始体验一个新的时代。于安德森而言，今天最具远见卓识的是谷歌公司，不仅仅因为它是一家成功的企业、信息资本主义时代的引导性力量，最主要的是因为它运用了在大数据中找到的相关性来改变认知的意义："巨量数据的获得和相应的统计工具的使用，为认识世界提供了全新的路径。"相关性取代了因果关系。并且，没有相关模型和统一的理论，或者根本不需要任何机械的解释，科学也能进步。没有理由再紧紧抓住旧的方法不放，而且是时候发问了："科学可以从谷歌那里学到些什么？"（Anderson，2008）

对一些人而言，数据科学家才是新的预言家，他们能够像变魔术般从大量看似无关的信息中召唤出真理。据一位观察家说："大数据催生了被称作数据科学家的神话般的偶像：是孤狼般超级聪明的人，在计算机科学、建模、数据统计、分析、数学等领域中打下了坚实基础，并且拥有超强的商业头脑外加卓越的沟通能力，得以与商界或信息技术领域的引领者交流新发现。"（Walker，2013）还有一位观察家将数据科学家视为广告"狂人"形象的继承者（Steel，2012a）。神话在其中举足轻重。在这则案例中，数

195

据科学家作为最新神话偶像的出现对高等教育产生了重大的影响。各个高校都在争相制订计划，为《哈佛商业评论》颇具夸张的说法"21 世纪最时髦的职业"培养"有志者"（Miller，2013）。尽管 20 世纪 90 年代末的互联网泡沫①和 21 世纪初的金融泡沫导致了一批计划的失败，并且这些失败一定程度上造成了预算紧缩，新的项目仍然在高等教育的各个阶段层出不穷。即便是平常表现得十分克制的《纽约时报》在这时也凑了趟热闹，宣称数据科学家是"大数据时代的魔法师"，还描述了他们的许多才能："他们会处理数据，并使用数学模型来分析数据，还能通过文字或可视化效果来对其进行解释，进而提出如何使用信息做出决策的建议。"（同上）虽然尚不明确这些数据科学家能否凭借这些本领自食其力或者养家糊口，但是《纽约时报》却不带批判性地发布了麦肯锡公司的一则营销报告，该报告预测几百万个数据科学家职位需求将应运而生。值得注意的是，在经历了 20 世纪 90 年代末期人们对信息技术近乎狂热的信仰导致的经济灾难，以及大数据算法在 2008 年的金融危机中起的推波助澜的作用之后，教育者们仍然选择继续紧跟下一轮新的风尚。不过这一次将有所不同，神话在其中举足轻重。[4]

有一本 2013 年出版的书堪称围绕大数据进行神话建构的最新典范。该书由两位博闻多识的分析师所著，书的标题展示了他们惊人的洞察力：《大数据时代：生活、工作与思维的大变革》。一篇神话佳作的特点之一是，它能够在继续铺陈荒诞不经的叙事之前，为自己的故事配备清醒观念的"预防针"，以求使故事达到一定的合理性。对《大数据时代》一书的两位作者而言，"预防针"意味着他们并不完全赞同克里斯·安德森的论调："大数据可能并不预示着'理论的终结'，但是它的确从根本上改变了我们理解这个世界的方式。"（Mayer-Schönberger & Cukier，2013：72）。于是，即便接受了另一种同样惊人的观点，我们仍然需要去质疑那些隐含的夸张想法。

---

① 互联网泡沫，是指 1995 年至 2001 年间与信息技术及互联网相关的投机泡沫事件。当时，在欧美、亚洲多个股票市场中，互联网及信息技术相关企业的股价高速上升，在 2000 年 3 月 10 日达到顶峰。在此期间，西方国家的投机者看到了互联网板块及相关领域的快速增长，纷纷向此投机。然而，此番热潮于 2001 年全面消退，大量网络公司在耗尽投资之后倒闭，许多甚至还未盈利。

于作者而言，"信息技术的革命就在我们身边"，它并不体现于技术中，而是在信息里彰显，用魔法般的力量改变着我们认知世界的方式（Mayer-Schönberger & Cukier，2013：77－78）。这个观点在他们谈及大数据分析所选择的方法——寻找相关性时再次出现了："不能因为找到了相关性就想当然，这只是一种可能性。但是如果相关性的强度较大，那么变量之间存在联系的可能性也较高。"他们通过让我们去观察亚马逊的图书推荐和人们书架上摆着的书之间的联系来"证明"这一点（同上，p. 53）。虽然没有任何类似的证据来支持他们的观点，但他们也并未被吓退，还进一步提出："相关性通过让我们认识现象的代理人来帮助我们把握当下、预测未来。"（同上，pp. 53－54）还能有什么比相关性的魔杖更神秘、更崇高、更精彩地呈现出魔法师的技艺呢？只是这种魔术并非简单地从帽子里变出兔子，相关性能够告诉我们"是什么"和"将要发生什么"。

196

由于神话有举足轻重的作用，因此对这些观点做出批判性的反思是十分有必要的。然而，不论多有说服力，任何这一类批评都有不足之处，都应被仔细思考。云技术和大数据不只是技术性进步，因为它们的出现书写了一个新的神话，使数字"崇高"崭露头角，在 20 世纪末承诺要终结历史，消除地理的界限，促成政治的转型。像所有神话一样，它们也拥有许多魔法师为这个社会带来革命性转变及幸福的结局——摆脱平庸的日常生活中时间、空间和社会的约束，在云中迎接一个新世界。现在，我们可以前所未有地了解过去、展现当下和预测未来，并且几乎不受人类错误决策的后果影响。数据能够说明一切，或借数据科学家之口说明一切。和神话一样，仅凭它们所声称的真相是无法对其进行全面的评价的，相反，正如哲学家阿拉斯代尔·麦金泰尔[①]（MacIntyre，1970）所总结的，只能根据它们的状态是活跃还是衰退来对它们进行评价。若神话能继续让生活充满意义并能使那些痛苦而支离破碎的体验在社会和认知层次都可以被接受，那么神话即便被戳破也不会消失——比如在互联网泡沫破灭和金融危机之后

---

　　① 阿拉斯代尔·麦金泰尔，出生于苏格兰格拉斯哥，哲学家，在道德哲学、政治哲学、哲学史和神学等领域都作出了杰出的贡献。

依旧存在，并继续激励着人们，给人们注入希望和梦想。和神话所做的一样，云和大数据源源不绝地为社会供应可用的信息，这些信息将被用来解决困扰着这个世界的难题，使人们能够享受到迄今为止仅在梦境中才能体会到的圆满状态。

大数据：对数字实证主义的批评

大数据在定量数据与定性数据之间会优先考虑前者，因为前者为有意义的总结归纳提供了最佳条件，而在必要的时候，质化陈述可以以定性的方式呈现出来。例如，通过对与流感有关的搜索条目进行定量内容分析，谷歌公司能得出被认为与流感爆发具有相关性的一系列字符串，因此，研究人员就能比以往更早地预测到流感病毒的扩散。另一方面，如果想要从一种主观性的状态来进行大数据分析，比方说将推特上关于丰田普锐斯汽车的正面言论和其实际销售量关联起来，那么研究者就要为其赋值，来为回应的帖子划分程度。大数据也可以进行归纳大量消费者满意度结果的问卷调查分析，为每一种可能的回答指定一个数值，比如5和3分别代表"非常讨厌"和"一般"。毕竟，"非常喜欢"或"非常不喜欢"比"喜欢"或"不喜欢"代表了更强烈的吸引力。量化测量岂止是重要，它对大数据的转化能力而言简直是绝对必不可少的环节。如两名支持者所言："正如互联网通过赋予计算机通信功能而从根本上改变了世界，大数据也将通过赋予生活前所未有的量化维度来改变其基本层面。"（Mayer-Schönberger & Cukier, 2013：12）对于定量分析有很多可以谈，它既可以呈现复杂的行为表现，也能够表达相对简单的心理状态。因此也难怪大数据专家认为"量化研究多多益善"（Morozov，2013b：232）。数据分析的便捷性、做出广泛总结并进行预测的高可能性，强烈地诱惑着人们把一切研究方法变为定量方法。实际上，热门职业——数据科学家也仅仅是掌握了定量方法而已。此外，大数据也使得科学家无需选取整个人口总量为样本，也避免了随之而来的检验准确代表更大的群体（总人口）的数据的风险。

　　仅仅或主要依赖定量分析的问题在今天往往被人们忽略，但这是错误的。定量研究为行为和态度数据提供了科学的假象，其实这类数据通常远比它们所表现出来的样子更混乱无序。社会科学家深知违法行为报告数据的局限性，因为这些数据常常受目击者、警察，以及变化莫测的辩诉交易与审判的扭曲。然而，大数据的支持者以及他们的企业赞助商却一直在迫切但委婉地力促提出"预期策略"（Bachner，2013）。因为定量研究在体现较少主观性的数据上会更加有效，所以研究者往往会忽视一些需要他们谨慎考虑的问题。比起分析一位年轻人成为种族主义者的原因，研究唾手可得的选民分析数据结果（决定为哪个人投票几乎不存在主观性）或计算搜索条目的频率要容易得多。前者涉及一种全然不同的研究方法，虽然也许需要用到一部分定量数据，但还需要对研究对象进行密切观察和深度访谈——换句话说就是，还需要进行仔细的定性研究才能全面理解构成个人和人际关系经历的丰富主观性。大数据对主观性进行的处理，在某种程度上已经可以使分析师完成不可能完成的任务了——也就是说，指定具体精确的数值以表达不同的状态。这种做法在本质上就存在着缺陷，因为诸如快乐、抑郁或满意这样的主观状态对于不同的人来说意义各不相同，如果用同样的数值来代表这种状态就过于简单以至荒谬了。同样的道理也适用于其他态度术语，如"喜欢"和"不喜欢"、"赞成"与"不赞成"以及它们加上"强烈"二字的强化版。与这些术语相对应的数字有什么含义？研究者怎能将本应认真对待的含义仅仅通过赋值不同，来表现"同意"与"非常不同意"之间的区别呢？

　　忽视那些需要主观上谨慎对待的事物，包括长期观察、深度访谈及评价社会意义生产的要求和过于简化地对待问题或许都是错误的，说不清哪个更糟糕。计算机先驱杰伦·拉尼尔（Jaron Lanier）也表示，使用大数据来分析天气状况或星系形成和用大数据来检验往往自相矛盾而不可靠的人类情绪状态，这两类研究是有区别的（Lanier，2013）。有一种方法恰恰只是满足了罗曼·库德里亚肖夫（Roman Kudryashov）对罗兰·巴尔特品质量化的神话的借鉴："当语言无法处理现实的复杂性时，它就开始简化这个世界：先用数量来表达事物的品质，继而语言再次超越现实对其进行判断。即使语言在此时进行描述时也试图表现得更具科学性，但它也不会把属性与原始的对象关联起来，所以，语言并不直接判断对象，而是判断其属性。"（Kudryashov，2010）诚如巴尔特自己宣称的那样："票房与演员的辛勤汗水被一套完整的表演画上了等号。"（Barthes，1982：144）这句话让我想起了"相关性"这个词——从大数据分析中得出量化结论的关键技术，不论是研究票房与演员的辛勤程度，还是搜索条目与流感扩散。

作为一名社会学家，我对相关性的魔力和风险都很熟悉。我作为一名20世纪70年代的研究生，现在尚能记得从上交穿孔卡片到收到打印资料这一魔术般的情景，因为它们给了我一组相关性和置信度的数据（对统计意义的度量），而不运用这项技术的话，即使参考统计学课本也要费好几个小时才完成任务。这次经历使我第一次见识到了大型计算机的强大功能，当然，它仍然还需要通过本人的计算处理操作才能运作。更大的飞跃发生在20世纪80年代，当时我和一个同事一起启动了自己的主要研究项目，该项目是一项基于加拿大电话工人的全国性调查（Mosco & Zureik，1987）。在这项研究中变量呈指数式增长，大大超出了手工计算的能力范围。而且几百组相关性信息关联起了全体工人的人口统计学数据，从年龄到工作类别，以及对工作、同事、监控和劳动过程中越来越频繁使用的技术的态度。这看起来更加神奇，因为计算机正在做着我无法想象自己能独立完成的事情。然而这些却不算是今天大数据研究的东西，因为我们所依赖的是一个国家的样本而非全体人口数，这项研究给我的第一印象是，仿佛是在与打印资料上的数字对话。这主要因为我们小组中的一名高级成员是该领域有经验的老手，因而我们没过多久就发现，我所寻求的结论有很大一部分要到我们自己建立的模型中去寻找。于是我们从自己的理论视阈出发创造、设置和定义各种变量。该理论视阈后来使我们形成了这样的观点——变量中至关重要的因素是电子监控设施对工作满意度的影响。对此，时下非常受欢迎的（也非常成功）数据分析师西尔弗

> "数字没有办法自己开口说话，所以我们替它们发言，我们用意义解读数据。"

（Nate Silver）[1] 解释道："数字没有办法自己开口说话，所以我们替它们发言，我们用意义解读数据。"此外其他任何观点都是"严重错误"的（Asay，2013）。其实，不管发表意见的人是谁，人们发表的大部分言论都是没有意义的废话，或者用西尔弗的话来说叫"噪音"（Silver，2012）。当我认识到这一点时，一切都昭然若揭了。这主要是因为，大多数我们发现的相关性无论多强，都是虚假的或者不相关的；也就是说，两种变量之间的关系可能是由另外一种或多种变量生成的，或者这些变量本身就十分微不足道。纳西姆·塔勒布（Taleb，2012）[2] 和戴维·布鲁克斯（Brooks，2013）[3] 已经敏锐地发现，大数据的分析不仅无法从干草堆中找到针，反而将寻找范围扩大到了更多的干草堆。布鲁克斯还补充道："随着我们对数据的需求量增大，我们得找到更多统计学意义上显著的相关性。不过其中大部分相关性是虚假的，我们在试图了解情况时很容易被这些假象蒙蔽。我们收集的数据越多，虚假性越呈指数式增长。干草堆变得越来越大，然而我们所要找的那根针却仍然深埋其中。"

200

> "随着我们对数据的需求量增大，我们得找到更多统计学意义上显著的相关性。不过其中大部分相关性是虚假的，我们在试图了解情况时很容易被这些假象蒙蔽。我们收集的数据越多，虚假性越呈指数式增长。干草堆变得越来越大，然而我们所要找的那根针却仍然深埋其中。"

　　虽然大部分相关性是虚假的或琐碎的，但处理海量相关性最佳的两种方法却往往容易被大数据及其最大的"助推器"——理论与历史所忽视。理论是一种赋予数据丰富内涵的解释性阐述。没有哪种解释是完全说得通的，因为数据的复杂性和它所代表的世界只能被一种解释完美地理论化，而解释往往过于笼统以至于都不能再派上用场。

---

　　① 　纳特·西尔弗，统计学家、作家和政治性网站 538.com 的创始人。2008 年美国大选期间他成功预测出 49 个州的选举结果，2012 年大选期间更是成功预测出全部 50 个州的选举结果，被称为"神奇小子"。2009 年，《时代》周刊将他评选为全球 100 位最具影响力的人物之一。著有《信号与噪声》。

　　② 　纳西姆·塔勒布，风险管理理论学者，早年从事金融业，目前为纽约大学特聘教授。著有《黑天鹅：如何应对不可预知的未来》。

　　③ 　戴维·布鲁克斯，《纽约时报》著名且非常受欢迎的专栏作家。他曾任《标准周刊》杂志的资深编辑，也为《新闻周刊》和《亚特兰大月刊》等杂志撰文。他的著作包括畅销书《天堂里的波波族》和《在天堂里行驶》。

相反，我们的目标是找到一种基于数据并有合理性意义的理论。也许有些人会认为，这就需要用到另一个被大数据拥护者经常回避的概念内涵——因果关系了。比起期待庞杂的数据自己说明问题，还不如将数据与因果模型进行比对测试。其实，数据是否能自己说明一切也十分值得怀疑，因为无论是在云空间之内还是之外，数据都由人类的智慧和欲望产生，并带有人类的局限性和偏见，并不是一种独立于人类的观念或人的干扰而存在的实体。然而，我们并不是要在因果理论与完全抛弃理论之间做出选择，中立的立场是建立在互相建构的基础上的，这样可以在建立论点的过程中维持概念和数据、理论与实证的建构或相互建构。

建构理论也有其他方法，但问题是，任何后续的研究，包括需要用到大型数据集的研究在内都离不开数据，因为数据所表达的概念假设了一种理论视角。对此，布鲁克斯解释道："数据从来都不是半成品，它的产生总是带有人类的倾向和价值观。最后的结果看起来好像不带任何利害关系，但事实上，人们的价值选择贯穿着从建构到演绎的整个过程。"（Brooks，2013）这些价值选择可能或模糊或清晰，或强或弱。凭着我们已收集到的东西来看，数据确实无法说明一切，但是我们却可以帮助它说明一切。然而，如果数据极具价值并包含着可以与我们对话的信息，它们就能在与我们的对话中通过理论框架被赋予生命，这就是相互建构的本质所在。不过，这里面包含的信息却很难为大数据爱好者所理解。克里斯·安德森宣称理论终结的五年之后，《连线》杂志的一名作者仍然认为："对于科学而言，将大数据视为一场革命是完全合情合理的。此前的研究模式通常是预先提出假设然后通过数据样本进行证明，而今后，大数据算法将能够识别模式并随之生成理论，因此可以减少对原有模式的顾虑了。"（Steadman，2013）

除了对理论的关注度不足，大数据往往还容易忽视语境和历史背景。其中部分原因是大数据总是将行为作为一组离散事件或数据点来进行检验。对此，布鲁克斯再次表达了看法："人类的决策不是离散事件，这些决策是发生在因果事件和具体语境中

201

的，人类的大脑已经进化到能够解释这个现实的程度了。人们真的十分擅长编故事，他们能把多种原因和多种语境组织在一起。数据分析特别不利于叙述性和紧急性的思考，哪怕是在一则平淡无奇的小说中也无法自圆其说。"（Brooks，2013）令人担心的是，大型数据集和强大的计算能力那看似神奇的组合将指引人们用相关性来代替叙事，而且更重要的是，提出只依靠或主要依靠大数据才能解决的问题。抛开干草堆和针的隐喻，在历史的真实世界中，具体语境才是最重要的。这样说并非是因为在具体语境里能找到真相或解决方案，而是因为它能够主动形塑真相，并赋予真相以实质性。如一项关于城市发展通信技术的研究所描述的那样，这个结论显然不只是有"学术"价值。有时候，比起用最为深奥微妙的大数据分析解决复杂的实际问题，一群具有团队精神的人之间简单的电子邮件往来其实效率更高（Applebaum，2013）。

大数据越来越多地被应用于历史研究，以至于像"历史动力学"整个专业都需要涉及大数据。大数据还常被应用于在多伦多大学开展的这类研究中：分析语言和语法，进而追溯中世纪手稿的时间（Tilahun，Feuerverger & Gervers，2012）。该领域还拥有自己的学术期刊：《历史动力学：理论与数理历史学刊》（*Cliodynamics：The Journal of Theoretical and Mathematical History*）。大数据在历史研究中并非派不上用场，关键是在此它的效用有限。如果人们没有清楚地意识到这点，那么会很容易延续关于科学方法的终结和理论终结的神话制造，并且将其用于一个历史终结的假设，或者至少像我们知道的那样，用在历史研究中。历史研究的大部分赞助资金得益于政府意欲使历史学成为数字人文研究核心部分的计划，这是非常诱人的。这也不仅仅是运用大数据并将其置于历史语境中那么简单的事情。具体语境和历史并不是让人客观地插入数据的离散容器，它们是流动的，并且需要由专业的技术人员来进行经验判断，他们的主观体会不是一笔需要摆脱的"债务"，而是一种可以丰富我们知识的资产。

"本质上，"两位大数据的主要倡导者表示，"大数据就是预测。"（Mayer-Schönberger & Cukier，2013：11）由于这句话同时强调了依赖大数据的愿景和风险，我们很难产生反对的意见。谷歌公司摆脱了随机样本而转向数十亿数据，并以此来预测流感病毒的扩散，这种能力自然极具吸引力，而且对某些人来说是激动人心而具革命性意义的。但是请记住，即便如此，这个项目的货架寿命预测似乎也很短。在经历了几年的成功之后，谷歌的流感模型在2012—2013年的流感季大大高估了病例数，以失败收场。很难确切地说出为什么会发生这样的事，但是分析人士指出，12月到1月期间关于病毒传染的新闻媒体报道增多，这让人们用了很多与流感相关的搜索条件在谷歌进行搜索，致使其远远超出了公司的算法预期。此外，由于恰逢节假日，人们有更多的时间来关注新旧媒体。看来，搜索量的增加并不是因为人们有了流感的症状，而是由于媒体加强了对流感的报道并使得人们更关注这方面的信息。不管原因是什么，损失已经造成了。谷歌决心洗刷耻辱，承诺将完善算法功能，以便在今后做出更准确的预测（Butler，2013；Poe，2013）。这类预测模型也被用于股票市场，这应该引起人们对于大数据在经济领域过度自信所造成后果的担忧（Waters，2013b）。然而，经济学家们却十分自信甚至热情得过了头，他们认为大数据能够强力改变研究和政策的制定（Einav & Levin，2013）。这种热情的来源之一是分析人士预计，在商业领域大数据可以被用来更好地管理临时、廉价的劳动力。正如一个报告总结的那样："大数据正在重新安排我们如何给那些大多为非技术阶层的劳动力分配工作，分配一些临时性的工作，而这或许将是永久性的状态。"（Hardy，2013c）

如果我们能收集到更多信息，完善对有效相关性的筛选并恰当提炼模型和算法，云和大数据将带着完善我们对世界之认知的愿景出现。但是，世界是如此复杂，大数据狂热者的崇高愿望也许是遥不可及的。也许，在研究大数据的同时对精心筛选的样本补充一些传统的深度访谈效果更佳，但是只有当研究者在解决问题时具有开放的思维，并在进行研究时具有能够同时驾驭多种思路的能力时，多样化的研究方法才有可能实现。相反，只庆幸自己已经发现获取知识的革命性变革之关键，是无济于事的。

鉴于纳特·西尔弗在预测选举结果方面取得过相当大的成就，人们没有料到他会对大数据持批判的观点。然而，这恰恰是他在所有著作中支持的立场，尤其是在《信号与噪声》（*Signal and the Noise*）（2012）一书中有着明显体现。该书是一本精心之作，对大规模统计分析与预测的潜力和问题做了概述。对西尔弗来说，努力研究统计技术和贝叶斯分析的价值意味着致力于在各种确定性之上建立可能性，并认识到所有的研究都充满了我们能够识别的，即使是不能消除的偏见，并且对其进行说明。他认为，如果复杂的世界让确定结果变得遥不可及，我们可能要在推断准确的近似结果上做更多努力，做出即便存在误差但也合理的预测。人们在做社会研究时总会发现这样的现实，决定研究成败的并不是数据集的规模而是研究者的技能和人文关怀。

有关这一点的绝佳例子发生在 2013 年，一位博士生发现了一篇学术论文的重大错误，而该文还被政府政策制定者和企业决策者用来支持全世界公共部门强大的经济紧缩措施。这篇名叫《债务时代的增长》（"Growth in a Time of Debt"）的论文用了若干组大型数据集，看起来证明了当政府债务占国内生产总值（GDP）的比重超过 90% 时，经济增长率的中位数就会下降 1%，而平均增长率则会下降得更多这一推论。90% 这个临界点同时适用于发达国家与新兴经济体（Reinhart & Rogoff, 2010）。如果说有哪一个学术发现能如病毒传播般迅速蹿红，那么这篇文章就是个极为典型的例子。该文的两位作者，一位是华盛顿哥伦比亚特区美国国家经济研究局的经济学家，另一位则来自哈佛大学，有着学术明星的称号。《纽约时报》上还刊登了关于他们的大篇幅报道，题为《他们完成了（足有 800 年的）功课》（Rampell, 2010）。该事件几乎被所有主流媒体所谈论称道。[5]另一位学术明星，历史学家尼埃尔·弗格森（Niall Ferguson）称该文为"金融界的黄金法则"（Konczai, 2013）。更重要的是，政策制定者利用这篇论文促进了刚性的紧缩政策，因为此文似乎表明，削减政府开支将可以扭转经济衰退的局面，进而刺激经济增长。这是一个重大的转变，因为从 20 世纪 30 年代开始，政府或多或少地相信政府支出，尤其是基础设施和公共事业的支出能够刺激经济增长，即使这意味着承担更多债务。而新的研究却提出了一些完全不

204

同的看法：一旦政府债务达到了 GDP 中那神奇的 90% 临界点，经济将呈现出增长率大幅放缓的趋势。

政府、企业和保守派智囊团还是纷纷开始尝试运用这项发现，并支持、执行文中所说的方案来证明减少政府开支的正确性，即使经济政策已经被认为会导致消费不足。即使政府持续经历经济衰退，哪怕是双底型衰退乃至三底型衰退①，领导者仍然坚守着这个神奇的 90% 公式。到了 2013 年，还未开始撰写博士论文的麻省理工学院博士研究生托马斯·赫恩登（Thomas Herndon），发现了该论文中数据上的重大错误，于是对这篇文章的核心发现提出了质疑。正如一位评论员所言："这篇文章于 2010 年早期为全球紧缩政策行动提供了基础，然而其重要实证数据之一却是由于没有及时更新 Excel 表格中的行公式而造成的意外。"（Wise，2013）这位学生一开始只是想为一个计量经济学项目复制那篇论文的原始结论，但由于凭借现有的公开文件资料无法完成，于是他与作者取得了联系并成功索要到了他们的电子数据表格。很快，他就发现了其中有关国家增长率和债务水平数据的错误，并公开了他的结论（Herndon，Ash & Pollin，2013）。最后，原作者承认了错误，但是他们仍然坚持其紧缩政策的立场。

正如人们所预计的那样，辩论趋于白热化，大多数政府还是继续实行紧缩政策，即使已经失去了根本的"正当性"（Vina & Kennedy，2013）。然而，这对大数据的影响是显著的。在错误被检测出来之前，像诺贝尔经济学奖获得者保罗·克鲁格曼（Paul Krugman）这样的评论家就表达过大数据专家们所熟知的忧虑。克鲁格曼表示，这篇论文在相关性而不是因果关系的基础上使用了大数据分析得出了结论："一切他们所做的都是在检测债务水平和经济增长之间的相关性。由于债务水平并不是什么尖锐的极端事件，所以没有理由相信他们确定了这两者之间的因果关系。实际上，他们高度强调的例子——美国，在实践中恰恰昭示了虚假的相关性：高负债的年份

---

① 双底型衰退，即"W 形衰退"，指在全球经济已经触底回升时可能失去动能再度下滑至底部的一种局面。三底型衰退，即指在经历上述两轮下滑探底过程后依旧无法有力提振经济，形成三次探底。

恰好也就是二战之后几年，当时世界经济中发生的大事件是战后复员，这自然地意味着经济增长的放缓：铆工露斯①又回家去当家庭主妇了。"（Krugman，2010）除了指出相关性分析的局限性，这个例子还表明，就其本质而言，大数据会产生大问题。首先，在表格中输入的错误数据可能使整个分析过程发生显著的变化，继而放大原始错误的影响。在这种情况下，正是数据上的错误使该研究强有力的发现投政策制定者、企业领导人之所好，使他们更倾向于紧缩政策的实施，这种倾向后来变得十分明显。其次，数据集的大规模使得作者的同行与其他评论者很难发现他们的错误。此外，评论者能够接触到原始数据的可能性不大，数据集由横跨各个国家和时间段的多种变量组成这一点，使得这种可能性就更小了。在这个案例中，如果不是一位高度积极的博士生需要使用论文中的数据来完成自己的工作，这些错误就很可能不会被发现，而且这篇论文也将一直保留着支持紧缩政策的科学依据的地位。大数据可以归纳出炫目的结果并且覆盖掉一些大的错误，正如一位商业教育家总结的："不要误会我的意思：数据是很关键的，然而历史表明，数据会捉弄我们，使我们无法客观地理解这个世界上存在着的一切变量。所以要小心。虽然很多专业人士会告诉你，数据是进行决策的唯一出发点，但我认为太多人对数据所呈现的信息过于依赖了。正如我们所见，数据也会撒谎！"（Langer，2013）

> "数据是很关键的，然而历史表明，数据会捉弄我们，使我们无法客观地理解这个世界上存在着的一切变量。"

云文化

大数据奇点往往依赖于定量分析和相关性，而忽略理论、历史和文本。上述针对这一点的技术批评能够完善研究路径，而且或许还能提高一般性研

---

① 铆工露斯是第二次世界大战时对美国女工的统称。铆工露斯替代了参战的男人，她们大多在工厂里面生产武器和战争补给品。在战争时期，铆工露斯的身影随处可见，她们都是在工厂工作的原本过着平常生活的女性。

206 究的水准，自然不再是一种随随便便的大数据崇拜。然而，这一切还不够。大数据不仅仅是一种方法论工具，它还提供了一种非常特殊的认知方式。当云计算的全球扩张联系起来时，这种认知方式便有了重要的意义。尤其是云计算为我们支持大数据的"数字实证主义"，或者说对数据的特殊信任提供了强有力的技术基础，人们相信恰到好处地受数量、相关性和算法所限的数据可以告诉我们什么。就在你读眼前这句话的时间里，处理数十亿云中数据的能力使谷歌流感病毒预测计划合理化，正如在其他大数据项目中所产生的作用一样。云技术是神话的中心，但是如在其他例子中一样，在这里神话的地位举足轻重。因此，我们十分有必要将云技术视为一种文化力量，因为它并不仅是一种方法，而是一种完整的认知方式。如果不认真进行批判反思，这种认知方式将排挤掉其他有关认知的合理化途径。

　　"云"是一种非常强大的隐喻，可以说是信息技术世界短短的历史中最重要的发展。因此，它的意义远远超过电信专家所制造的那些云网络图表中准确但平庸的术语的词根。将它命名为"云"是对丰富的文学话语历史进行挖掘的结果，像"赛博空间"、"互联网"甚至"网络"这样的术语都无法与其内涵相匹配。就其本性而言，文化抵制所有类型的本质主义，包括体现在云计算中的数字世界发展趋势。文化还使云变成了一种信息库和大数据分析中数字实证主义的基础。"云"的隐喻，而不是网络图表中提供的未加修饰的图像，对"云计算"这个术语的产生有着重大意义。与此形成对比的是超现实主义偶像勒内·马格里特（René Magritte）① 的画作《光之帝国》（*The Empire of Light*），这幅画仿佛出自孩童之手，画面中布满了怪诞的云。在这幅画中，白昼时明亮的蓝天中缀满了蓬松的白

> "云"是一种非常强大的隐喻，可以说是信息技术世界短短的历史中最重要的发展。因此，它的意义远远超过电信专家所制造的那些云网络图表中准确但平庸的术语的词根。

---

① 比利时超现实主义画家。20 世纪 20 年代与巴黎的超现实主义者交往甚密，并开始潜心作画。早期作品包括《会飞的塑像》（1927）、《漂亮的俘虏》（1931）等。成熟期的作品色彩更为鲜明，物体位置并列，常以海和天空为题材。代表作有《风云将变》（1928）、《比利牛斯山上城堡》（1959）等。

云，静静地俯瞰着黑夜中的一排房屋。和使用云的图像来象征技术的云计算图表不同，马格里特的黑暗中的房子与白昼里明亮的蓝天白云形成了极为不和谐的冲突对比，表达了云端与地面存在着某种程度上强烈的差异扭曲。

　　云是文化史上最令人回味的图像之一，因为它们是所有人日常生活的一部分。因此毫不奇怪，被称为"nephelococcygia"①、凝视着符号和标志的云，可以看作一种古老的艺术。云也十分具有感召力，因为它们可以有几乎无限多种的"设计"，作为人们认识事物早期的形态的来源，还能从一种形态转变为另一种。在天空中，高积云像巨大的棉花球，卷积云则像成片的稻田，而波涛云呈沙滩般的涟漪状。而当弧状云形成，预示着一场即将到来的暴风雨，或当管状积雨云形成黑色云朵，并喷射出一阵又一阵的雨水时，这些宜人的景象就消失了（Pretor-Pinney，2011）。云的意义并不仅仅在于其文化感召力，它还为这个世界补充了维持生命所必不可少的资源。几千年来，云指引着巫师与科学家运用自己的特殊才能召唤出带雨的云。从这个角度来看，云是具有超然性的，因为它经历着沧海桑田的变幻，永远从天空俯视着众生。

　　难怪，几乎在一切文化中云都拥有悠久的历史，西方社会自然也不会例外。云是我们今天计算技术的绝佳隐喻。与电信系统相连的数据中心全天候无休运作，其计算技术网络与智能设备也超越了时间和空间。仿佛真正的云能制造出雨这种被大家认为是今天生活中必不可少的一种资源一样，云技术带给我们的则是知识。当然，咬文嚼字者可能会针对天空中的水蒸气和地面上巨大的水泥仓库而反驳——它们之间没有任何关联。[6]但如果这样理解的话，就无法体会这两者之间神圣而内涵丰富的隐喻关联了。我们惊叹于天空中的云朵，因为它们是无限变化着的永恒存在。它们因能够为大地带来雨水而显得崇高仁慈，也因能召唤出闪电、飓风与洪水等灾难而显得恐怖威严。而它们在技术领域的同行——庞大的数据工厂，则为人们

_207_

---

　　①　古希腊喜剧家阿里斯托芬作品《鸟》中鸟儿们建造的飘浮在空中的城市。有理想国但接近于幻境的意味。

提供了"认知之云",这个系统中存储了无数的、无所不在的信息,这些信息曾是"神授的",自从人类被驱逐出伊甸园之时起,它们就被排除在人类的认知范围之外了。

虽然有字面上的差异,云的形象也赋予了计算技术以光彩。首先,天空中由水蒸气构成的云通过赋予云计算一种缥缈的质感,对数据中心客观理性的形象起到了软化作用。云空间是一种无形的存在——数据可以在任何地方被储存和处理,但事实上又没有在任何地方发生改变。此外,云的图景让云计算具体化了,给云计算增添了一个有机化过程的光环,在某种程度上,云计算超越了陆地上实体存在的大煞风景的数据中心和能源垄断的形象。诚然,也有能够造成破坏的"乌云"存在,我们往往希望它们尽快散去而显现出备受珍爱的蓝天。但是我们也知道,这一切都是自然进程,是永恒的自然界循环的一部分,自然界的云使云计算也显得十分自然。云很少引发人们的反感,相反,还有"观云"协会的存在。而且,对于那些比起鸟儿更喜欢赏云的人,《云收藏家手册》(*Cloud Collectors Handbook*)这本书使人们有机会绘制、记录下观察到的各种类型的云。云赐予了众生生命,参与了自然界有节奏的周期循环,并为人们指明了提供回报的崇高愿景之路,因此,云受到了浪漫主义诗人雪莱与华兹华斯的青睐。还有谁会不喜欢云呢?

云的隐喻并不仅在于表达云计算的崇高。在其丰富多彩的历史中,这种隐喻包含了一种批判,对寻找超然性的乌托邦幻想构成了挑战,这种超然性若不存在于预言中,就存在于新技术中。考虑到它的无处不在并随着时间推移而历久弥新,在人类富于想象力的表达中常常能够出现云的影子也不足为奇。如果没有云的隐喻,人类的文学、音乐和视觉艺术将变得十分单调乏味。经过对文化中的云的全面考察,我从西方社会不同时期中选取了三个典范文本来反讽这种隐喻和采用了这种隐喻的信息技术。首先从《云》(*The Clouds*)开始。这是阿里斯托芬写的一部戏剧,旨在讽刺公元前5世纪时希腊人的精神生活。接下来是著于公元14世纪的《不知之云》,这是一位老修士写的精神指引,通过这份手稿,他向刚加入修道院的年轻修士提出忠告。最后，我选取了大卫·米切尔技艺高超的当代小说《云图》，这部小说叙述了跨越历史、纵横世界的六个相互关联的故事。

在云的文化史里，还可以举出其他许多的例子。在荷马的《伊利亚特》里，云的形象充满了自然而神秘的气息，暗示着自然田园美景和神明对战争阴云的兴趣之间的二元对立。阿西西的圣方济各大教堂内，乔托（Giotto）于13世纪所画的壁画上有一个隐藏在云层中的恶魔。这幅画描绘了基督陨落之时人间和天堂的情景。对于伟大的艺术家而言，即使是天上的神灵也要对撒旦做出让步。2011年，获奖作家安妮·普劳克丝（Annie Proulx）① 将她令人回味的"回忆录"起名《鸟云》（*Bird Cloud*），这是因为在她第一次踏上将要成为她的家园的怀俄明湿地和草原时，在黄昏的天空中，一朵鸟状的云迎接了她。对于作者来说，这不仅是一种召唤她在此定居的迹象，也是一种该地区丰富的似乎是常态的鸟儿的生活的暗示。事实上还有许多其他潜在的简明例子，但我所选取的这三个例子基本覆盖了重要的西方历史，代表了三种不同形式的文本叙事，而且更重要的是，它们隐喻式地道出了云计算与大数据所呈现的深层次的意义和威胁。还有一些例子来自音乐和美术等更加专业的领域以及西方人文世界之外，这些可能就超出我思想所能及了。[7]

209

云的智慧

尽管在公元前423年首次公开表演之后遭到了批评家的严厉批评并且被迫重写，但阿里斯托芬的《云》的重要意义从来不会被低估，不论是对于文学、思想史，还是在今天这样一个信息社会关于知识意味着什么的辩论。2 500年以后，它仍然是伊夫·史密斯（Eve Smith）所说的"扮演着社会良

---

① 安妮·普劳克丝，美国著名小说家。1969年获佛蒙特大学文学学士学位，1973年获乔治·威廉姆斯大学硕士学位。靠写"写书指南"一类的书籍养活自己和三个儿子。1992年，当她56岁时，出版了自己的第一本小说《贺卡》。1994年因小说《真情快递》获得普利策文学奖。1997年在《纽约客》上发表短篇小说《断背山》，2005年被华人导演李安搬上银幕，风光无限。

知的喜剧"的典范（Smith，2013）。苏格拉底是世界历史上最受尊崇的思想家之一，并且在一些人心目中，他是自己信仰的殉道者。但值得注意的是，阿里斯托芬的《云》通过对苏格拉底进行讽刺和奚落实现了对社会良知的诠释。该剧剧情围绕着一位名叫斯瑞西阿得斯的人展开，他曾经是一个富有的人，但现在却债务缠身。为了能够赖账摆脱债务，他把儿子斐狄庇得斯送到了苏格拉底建立的学校"思想所"① 学习。"思想所"能够向人们传授无论处于怎样的劣势，都能够赢得争论的技巧，或者就像斯瑞西阿得斯对儿子描述的那样："在那儿，他们使我们相信天体是一个闷灶，我们住在当中就像是木炭一样。② 只要肯给钱，他们会教你辩论，不论有理无理，你都可以把官司打赢。"这出戏把伟大的哲学家变成了戴尔·卡耐基，在1936年，他的经典著作《人性的弱点》成为当时出版物中的销售奇迹。《云》是剧中合唱曲的名字，云从海洋里冉冉升起直至天空，全方位凝视着这个世界，当被地召唤时，它就能与凡夫俗子们分享其渊博的知识和聪明的修辞。斯瑞西阿得斯的儿子与其说是个鬼才不如说是个懒鬼，于是斯瑞西阿得斯在咨询了一位门徒之后，决定亲自去思想所学习。这位门徒吹嘘了一番苏格拉底的研究发现，比如："跳蚤一次所跳的距离相当于它脚长的多少倍？"——这个问题引出了一个新的计量单位：跳蚤的脚长。长脚蚊子的嗡嗡声是从嘴里叫出来的还是从尾部发出来的？答案是从它的号筒状的尾部发出的。还有使用圆规以复杂的方法报复一只蜥蜴，因为这只蜥蜴在这位伟大的哲学家凝视天空进行"崇高思考"的时候，在他脸上拉了一堆屎并打断了他的思路。这些发现是科学还是无用的琐事？不论答案是什么，很明确的是，在这信息过剩的世界里，只要有剧作家的存在，自然就有争论在回响（Andrejevic，2013）。

相比起逃离这个看似疯狂的"思想所"，斯瑞西阿得斯更相信苏格拉底

---

① 这是阿里斯托芬杜撰的，苏格拉底没有开过这种学校，他没有正式的学生，没有正式的课程。

② 哲学家希波的奥古斯丁曾经把天体比作一个圆形的闷灶，里面燃着炭火。赫拉克利特也把人比作炭火，由官能吸收"圣理"，醒时吸得多，睡时吸得少。阿里斯托芬把这两种学说混在一起。

可以拯救自己。虽然目前并不清楚这是因为他觉得苏格拉底是一位伟大的思想家，还是因为认为他是一位能够说服人们赞美他平凡研究的老练的骗子。不过这对这位准门徒来说都不重要，因为他只需要能够赢过债主的辩论技巧就够了。在斯瑞西阿得斯第一次见到苏格拉底时，苏格拉底通过提供祭品和利用自己标志性的演说技巧召唤出了云神："不论你们正栖息在奥林匹斯山神圣的雪岭上，还是正徘徊在你们父亲的花园里与仙女们一同神圣地合唱，不论你们正在用金瓶汲取尼罗河的水，还是正停留在黑海的口岸或弥玛斯积雪的岩峰，请听我祈祷，愿你们接受这祭品，高高兴兴地享受。"召唤十分成功，云神们的合唱团很快就向苏格拉底敬礼致意了，并嘲讽地将他称为"最会说巧妙的无聊话的祭司"。苏格拉底认为雄辩胜于真理，于是云神的合唱团责备了他，并展示了她们自己的雄辩技巧。她们对绝望的斯瑞西阿得斯承诺："许多打官司的人将使你的门庭若市，来告诉你他们的状况，向你咨询他们的案件，他们还会对你的帮助做出金钱回报，你将获得一大笔钱。"不幸的是，斯瑞西阿得斯并不算得上一位好学生。也许是他的年龄赋予了他太多的经历、智慧和个性，以至于他难以接受这种庸俗和花言巧语的教育。或者，他也可能只是不适合苏格拉底所使用的深奥方法。

于是，苏格拉底命令斯瑞西阿得斯躺在小榻上并盖好毯子，好好反省自己，但是这烦人的老头却在毯子下自慰。他没能成功地从苏格拉底处学到东西，只好又去请求儿子去学习。也许是因为太年轻，他的儿子并不在乎自己能够获得的是智慧还是平庸，是真理还是雄辩。这一次，他答应了父亲成为一个模范学生。苏格拉底走到一边，两位角色交替表演了接下来的戏份：一位强调从真理出发进行争论，另一位则强调通过雄辩术操纵别人。最终后者赢得了争论。有了能言善辩的技巧，斐狄庇得斯通过运用自己华丽的雄辩术反驳了那些借钱给父亲的债主，从而帮助父亲摆脱了困境。不过对于斯瑞西阿得斯来说，不幸开始了。苏格拉底的教育使儿子变得极为傲慢，以至于到了殴打父亲、威胁母亲的程度。斐狄庇得斯甚至还为自己的暴力行径做出了十分有说服力的辩护，这是对这位在伟大哲学家教育

211

下成功转变了的儿子的最真实的考验。这不禁让父亲哀叹："哎呀！我真是神经错乱了，真是疯了！竟然因为苏格拉底的花言巧语而抛弃了神！"云神的合唱团并不同情斯瑞西阿得斯："这真是一个乖张的老头儿，想赖账欺骗他的债主；但是这个无赖今天很快就会遇到些意外的惩罚，因为他做出了这许多欺诈的行为，怀有可耻的心机。他求了许久，希望他的儿子变得聪明一些，能够打败一切正义，并说出一些反面的理由和一些花言巧语来驳倒正当的道理，并以此胜过一切与他为敌的人。我想他的希望立刻就可以实现。但是呀，他很快就会更希望自己的儿子生来就是个哑巴！"该剧的结局是，这位老头爬上了思想所，拆下了它的屋顶并付之一炬，给了大哲学家苏格拉底狠狠的一击。当一个门徒问斯瑞西阿得斯有何企图时，他用苏格拉底式的口吻答道："我在做什么？在和你们屋顶上的梁木分析巧妙的逻辑呢！"

《云》的诞生已经有约 2 500 年的历史了，依然保持着幽默性并历久弥新。当云神合唱团摆脱智慧之神的角色，恳求观众"喜欢"这部戏的时候，不禁让人想起桑顿·怀尔德（Thornton Wilder）① 《我们的小镇》（*Our Town*）和《九死一生》（*The Skin of Our Teeth*）中的那个可以毫不费力地穿过戏剧性的时间和空间的解说员。但是于我们而言，《云》在 2 500 年后的今天发出了最强音，引领了一个崭新的云的世界，这将有可能颠覆认知的含义。想一想云神合唱团回应苏格拉底召唤的第一句话："永恒的流云啊，快些出现吧；让我们从父亲——咆哮着的万丈深海那里升起，披着晶莹带露的衣衫腾入高山峻岭的林间；让我们可以遥望那天边的山谷、那圣地养育的果园、那潺潺的溪流与海上汹涌的浪涛，在那里，孜孜不倦的太阳点燃了闪耀的光束。但是请让我们摇落这掩盖了我们不朽美丽的雨雾，举目观望远方的山河。"在阿里斯托芬笔下，云神合唱团从海洋中升起，组成了弥漫着云朵的天空。这也符合现代的云的特质，因为它提

① 桑顿·怀尔德（1897—1975），美国老派的乐观主义者和作家，出生在威斯康星州，父亲曾任驻华领事，他本人在中国长大。于 1931 至 1936 年在芝加哥大学执教，第二次世界大战期间在空军中任情报官员。他喜用东方和古典戏剧的传统手法以及欧洲神秘剧的技巧。曾获得过普利策奖。

供了一种讨论全景知识的想象方式，对于监视世界、干预思想和行为而言，这种方式既是信息又是手段。阿里斯托芬对云计算发出了警告的信号弹。没有独立于权力的真理，无所不在的信息也逃脱不了无所不在的监视。

在《云》一书中，关键的本体论张力不在于真理和数据之间，而在于理性和雄辩之间。理性和雄辩被视为是不同的，因为理性——阿里斯托芬称之为"正义话语"的东西——正如其中的角色所说的那样，是"通过呈现真实"来不断发展的。而另一方面，雄辩意味着一位巧舌如簧者，能够娴熟地编造谎言，成功捏造事实，还被直白地描述为"歪曲的话语"。而云神的合唱团看起来似乎又是举棋不定的，一开始同意一种结果，但后来又承认雄辩只有在给斯瑞西阿得斯上课的时候才会占据上风，这是为了告诉他：如果想靠捷径取得成功，那么得来的成功必定要打折扣。在此，阿里斯托芬警告世人，花言巧语往往将自己伪装成智慧之云，要警惕它的诱惑。理性和雄辩、真理和谎言、知识和宣传之间存在着细微的差别。早在 2 500 年前，认知的方式就已经建立起来了，但并非被"哲人王"所推动——这样的人物的出现只是不切实际的愿望。相反，是那些哲学家骗术师、舆论导向专家，占据了知识和雄辩技巧的制高点，使它们相互"构成"、相互"感染"，刺激了认知方式的建立。在西方的认知方式里，在"云"中存储和处理的没有纯粹的真理，只有理性和雄辩之间持续不断的斗争。当代的"哲学家骗术师"布鲁诺·拉图尔①在其大师级著作《潘多拉的希望》（*Pandora's Hope*）（1999）一书中再现了苏格拉底与诡辩学派的论争，并以此表达了自己对理性与雄辩之间斗争的认识。

在我们离开阿里斯托芬的雅典世界，前往中世纪修道院与《不知之云》之前，有另外两个极具说服力的认知观点值得我们注意。今天，年轻人和

---

① 布鲁诺·拉图尔（Bruno Latour, 1947— ）是当代法国科学知识社会学家、社会建构论者、爱丁堡学派早期核心人物和巴黎学派领军人物。其开创的"实验室研究"，直接促成了科学知识社会学继"社会学转向"之后的又一次转向——"人类学转向"；他在实验室研究基础上构建出的"行动者网络理论"（actor-network-theory, ANT），标志着科学研究中与爱丁堡学派分庭抗礼的新学派——巴黎学派的诞生。

新技术的神话引起了人们极大的关注，这还导致了在信息技术的世界里一些老年人被嘲笑和羞辱，他们通常被描述成在信息技术的世界里无法熟练运用新技术的可笑形象。相反，年轻一代不需背负沉重的年龄负担，他们天生善于掌握智能设备，而且不像他们的父辈，年轻人能够领会云的智慧。我在别处也描述过这种技术史中的"青年崇拜"现象：从英勇的小电报员的故事，到"无线电男孩"勇敢地拯救了出海时遇到险境的水手等人的事迹，还有网络空间中在30岁之前就赚了人生第一个10亿美元的汽车修理行奇才，以及那位在电影《战争游戏》① 中拯救世界，使其免于核战争灾难的主人公（Mosco，2004）。对于那些全然相信或部分相信这种神话的人，阿里斯托芬讲述了一个截然相反的故事。虽然无人能避过他讽刺的飞镖，但这位剧作家却将最尖利的锋芒指向了小斐狄庇得斯。通过上"思想所"学校，他从一个懒得帮助自己的家人渡过难关的懒鬼，转变成了一个彬彬有礼的天才、狡猾的骗术师。当然，他的父亲即使再一无是处，但至少最终意识到了自己有多愚蠢。有了新的能力，斐狄庇得斯迫不及待地想通过证明侮辱自己的父母是正确的来挑战这个世界："真痛快啊！懂得了这种聪明的新技巧，我就能够藐视那些既定的法律了！从前我只爱玩马的时候，我甚至无法不带一点错误地连续说出三个词，但是如今导师改变了我，提升了我。我生活在这个充满微妙思想、理论和沉思的世界中，我相信我可以很满意地证明：我已经做得足够好了，可以打败我的父亲了。"也许，这出戏给人们的启发是，智慧在年轻人身上被白白浪费。最后说到"思想所"，这个名字确实起得有点名不符实，而且这个地方充斥着吹毛求疵的实证主义（跳蚤的脚长和它弹跳能力之间能有什么关系?）和浮夸的官样文章。一个只是名字上包含"思想"二字的机构并不能保证它真的能够传递智慧。因此值得我们提醒自己的是，在2 500年后的今天，拥有千兆字节容量的数据中心同样也无法确保这一事实。

---

① 1983年，电影《战争游戏》开黑客影片先河。电影讲述了一个在冷战后期一场电脑游戏引发的核危机的故事。

云阻碍了我们的前进

14 世纪时，不列颠群岛上的居民生活在"黑色先令"的恐惧之下。"黑色先令"指的是出现在腋下或者腹股沟的黑色圆形肿块，这样的症状预示着人罹患了淋巴腺鼠疫（即常说的"黑死病"），死亡正在临近。在那个世纪的后期，英格兰有近一半的人口被"黑死病"夺取了生命，这使得中世纪的内涵远远大于宫廷轶事之类。如果说这还不够，那么战争也来雪上加霜。那段时期英格兰正处于与法国连年争战的状态。事实上，所谓的"百年战争"① 持续了一个多世纪。无怪乎后来统治者向农民征收新的人头税，结果是迎来了一场遍及好几个国家的社会骚乱，统治者为此胆战心惊。在这样黑暗而混乱的社会背景下，一位匿名的宗教界人士（有人怀疑可能是一位牧师或者修士）为一位年轻的修道院新成员制作了一则指南。这份指南名为《不知之云》（Anonymous，2009）。

在宗教改革前的英格兰，修道院并不罕见，并且其中一些致力于神秘主义，它很容易使我们联想到一些东方的宗教传统，比如佛教。鉴于英国的这种修道院传统以及时代的剧变，沃尔特·希尔顿（Walter Hilton）、诺威奇的朱利安②的作品和当时以中世纪英语口语写成的佚名手稿应运而生。这些作品揭示了一种与大数据数字实证主义和云计算全然不同的认知方式及云的隐喻。在欧洲大陆，这些作者中有一些杰出的女性，比如圣女格特鲁德（Gertrude the Great）、锡耶纳的圣凯瑟琳（Catherine of Siena）和玛格丽特·波蕾特（Marguerite Porete）。鉴于云计算的认知方式从众多途径中脱颖而出，而且它实际上还带有奇特的特征，或者至少带有数字实证主义的话语霸权，我们很有必要回想一下其他认知途径——至少考虑一下我们因此失去了什么，并更加充分地理解今天云更广泛的含义。对于《不知之云》

_214_

---

① 百年战争指英国和法国以及后来加入的勃艮第，于 1337—1453 年间进行的战争，是世界最长的战争，断断续续进行了长达 116 年。

② 诺威奇的朱利安（Julian of Norwich），中世纪神学家、神秘主义者。

的作者而言，日常生活中每一字节的数据和经验都会使获得真正的智慧以及与上帝合为一体变得困难，而云就是这种状态的隐喻。这种状态只有在排除一切生活中的琐事，并通过沉思和冥想、集中精神和注意力想象着云上的光时，才有可能真正实现。

《不知之云》的宗教性本质十分明显。其目的是告诉那位年轻的僧侣和当代的广大读者如何接近神灵。对那些不熟悉信息技术文化的读者而言，这本书的内容也许看起来较为陌生，正如富兰克林（Franklin，2012）认为的那样："在对数字技术的分析中，神灵一般的数据存在着惊人的规律。"《连线》杂志联合创始人、前执行主编凯文·凯利（Kevin Kelly）在一篇探索"数字计算的超然能力"（2002）的文章中宣称"上帝是机器"。他并不是第一个或者最后一个这样说的人。互联网出现后，一些有识之士开始寻找其"崇高"的起源，包括前副总统阿尔·戈尔（Al Gore）、小说家汤姆·沃尔夫（Tom Wolfe）和网络专家埃里克·戴维斯（Erik Davis）（1998）与马克·德里（Mark Dery）（1996）在内的大师们在耶稣会牧师皮埃尔·泰亚尔·德·夏尔丹（即德日进）的作品中发现了端倪。联合国专门为德日进的作品发起了一个论坛，而且在人们的热情爆发的同时，《连线》杂志声明："早在半个多世纪前，耶稣会牧师德日进就预见了网络的出现。"（Kreisberg，1995）直至今日，德日进的作品仍然十分流行，尤其是他提出的核心概念"人类圈"或"智慧层"（noosphere）。在德日进看来，"人类圈"是一种围绕地球的思想氛围和精神空间，该词甚至现在还有另一种拼写形式——knowosphere（Revken，2012）。

这位耶稣会牧师的作品需要有超越知识的"崇高"视角才能够理解。具体而言，正如德日进在他的专著《人的现象》（*The Phenomenon of Man*）（1961）中描述的那样，在地球周围，除了保护着地球上生命的大气层之外，还有人类圈或智慧层，而且随着世界信息的高速生产，这一层圈子正在变得更加牢固。生物学家、人类学家戴维·斯隆·威尔逊（David Sloan Wilson）也表示："作为一种新的进化过程，我们人类的起源几乎与所有生命的起源同等重要。德日进把人类创造的世界称作'人类圈'，就像先于它存在的'生物肌肤'（生物圈）一样，'人类圈'如覆盖整个星球的肌肤一般缓缓生长蔓延。他料想，'思想的散点'将在更大的范围内集成、凝聚，直到达到一个趋于终极的全球意识。这个终极状态被德日进称为'欧米伽点'①。"（Revken，2012）对一些早期和现在的互联网爱好者而言，德日进的作品再次肯定了他们所做的努力：促进知识的传播；推动形成一种超越了达尔文进化论、达到纯粹的思想王国的进化愿景；坚持相信，对于人类发展来说，信息技术远不只是人类农业和工业发展到最新阶段的缔造者。在他们看来，这是一道人类、生命和宇宙演化的分水岭。计算机与其他信息技术不仅是一种新的生产手段，更是一把开启后人类世界的钥匙。我们目前所肩负的也不仅是一个时代，而是一种使命。

德日进的走红既让人感到困惑又可以理解。不难发现，对于那些狂热地坚信信息技术是进步的关键力量的人来说，德日进具有很大的吸引力。但更重要的意义却在于，德日进的主要作品出现于 20 世纪三四十年代，远远早于个人计算机和互联网的问世。[8]然而，这位耶稣会牧师直到今天仍然充满争议。作为一名考古学家，他的工作遭到了质疑，因为在 20 世纪出现的著名的皮尔丹人②骗局面前，他既是一名罪人又是一名受害者。此外，他的作品还使他陷入了持续不断的麻烦中，因为宗教当局认为"人类圈"一词来自于他们熟知的俄国科学家弗拉基米尔·沃尔纳德斯基（Vladimir Vernadsky）③，并且与天主教或者基督教有着某种关联。值得一提的是，沃尔纳德斯基深受斯大林的青睐，1943 年时还被授予过斯大林自然科学奖。然而，德日进的著作包含了如今有关信息时代和云计算神话的里程碑。因此，

216

---

① 德日进认为，统一的人类将穿越智慧层，最终达到宇宙进化的终点"欧米伽点"。欧米伽点是超生命、超人格的汇合点，是上帝的代名词，也是耶稣基督的位格。欧米伽点既是宇宙万物一系列进化的终点，又是超越宇宙进化的独立存在，宇宙中的进化对它没有任何影响。

② "皮尔丹人"是人类学历史上著名的骗局。1912 年，科学家认为他们发现了人类和猿类之间进化缺失的环节，他们在英国皮尔丹地区的沙砾中发现了一个类人猿头骨，之后由不列颠博物馆进行了修复。这颗头骨既像人类的头骨，牙齿下颌骨又非常像猿类。1953 年，科学家们最终揭示这只是一位无名伪造者的杰作，这颗头骨属于一位中世纪死者，下颌骨来自猩猩，牙齿来自黑猩猩，这个称被为"皮尔丹人"的类人猿头骨，只是中世纪人类头骨和猩猩牙齿拼凑起来的赝品。

③ 弗拉基米尔·沃尔纳德斯基，苏联未来学家、矿物学家和地球化学家。沃尔纳德斯基觉得，智力（或意识）将最终和每个独立个体合并，形成一个庞大的网络。在今天，它相当于万维网。

他的著作对如下几类读者是有说服力的：那些把传播学界的远见卓识者马歇尔·麦克卢汉（Marshall McLuhan）（1989）提出的信息图像看作是人类的全球神经系统的人；那些把计算机专家库兹威尔提出的网络世界概念视为精神机器时代不朽梦想的人；还有那些认为这些机器不仅仅是创造物质财富的工具，而且是通往救赎的钥匙的人。德日进为"认知之云"创造了精神基础，而"认知之云"使 IBM 出品的 SmartCloud 大名鼎鼎。库兹威尔支持不朽的计算机化文本，因为科学创造了一种功能，这种功能可以将人类的智能和精神储存到存储设备中。通过对这种功能的支持，他唤起了一种对信息技术的准宗教式解读。与此相关的还有他关于"奇点"，也即技术超级智能的著作，库兹威尔相信这些愿景在未来几十年内将得到实现。而且，这与德日进所鼓吹的颇具宗教意味的"人类圈"有惊人的相似之处。（Kurzweil，2005）

217

《不知之云》意在成为一本激励世人与上帝合二为一的精神指南。云计算这一类的技术使人们全面地理解知识和信息并从中获得智慧成为可能。而当这种智慧与完美机器、完美算法的隐喻被人们理解为"超自然"之时，《不知之云》也可以被当作一种无关宗教的文本被解读。据我所知，还没有人能够通过信息技术这个透镜弄懂《不知之云》这本书。这很容易理解，因为不像德日进的"人类圈"之云或者库兹威尔的"奇点"之云，佚名作者所著的《不知之云》虽然在内容上基本相同，但绝不是什么宇宙演化的崇高途径和进入精神机器时代的钥匙。佚名作者笔下的云与数据、事实、信息以及生活中琐碎平庸的细节相关，我们可以将这种云看作是大数据储存的地方，或者是数据科学家从中找到那根珍贵的针的干草垛。但是对于这位生活在 14 世纪的人而言，今天如此具有吸引力的信息之云在当时却只会阻碍人们实现生活的意义。在这位作者看来，生活的意义在于发现来自上帝的真知。在这样一个世俗的世界里，这本书向大家揭示了信息如何阻碍人们通向真理之路。德日进、库兹威尔和一切云计算与大数据的捍卫者认为，如果不是要寻求智慧和"奇点"，而是为了寻求知识的话，就应该制造出更多的数据并对其进行分析，进而得出结论和预测。他们还觉得，掌握更多数据和信息就意味着获取更多的知识、做出更精准的预测，为此世界也会变得更加美好。

对于我们这位生活在 14 世纪的作者而言，对云进行探索和追求并非开启智慧之门的钥匙，却恰恰是人们获取智慧的拦路虎。他总结道，对生活中的碎屑，包括那些遮蔽了真理的大量数据、信息和知识进行系统性的净化和清理才是解决问题的关键。考虑到实施这个计划是十分困难的——即使是由 14 世纪的人们来实施也很困难，作者在著作中描述了沉思和冥想的具体做法，这些方法能够帮助人们驱散不知之云："不管是世俗的还是神圣的，若一个人的心灵被骄奢淫逸所牵制，或者为世俗的快乐、地位和荣誉所诱惑，或者若一个人渴望财富、名利和他人的奉承，那上帝赋予我们的理性之力就将沉沦，并与邪恶为伍。"（同上，p. 27）事实上，求知更需要无知的行为。在现代人的思想中越多就是越好，因此他们很难理解这种观点。在世俗派看来，"云"（数据集或者"干草堆"）越庞大，我们就越容易解决这个世界上的问题。对"技术的宗教"的支持者而言，云的发展不论意味着凯利在机器中看见的上帝、德日进所展望的"人类圈"，还是库兹威尔对精神机器时代的预言，都是人类命运必不可少的组成部分，是进化过程中的一步。鉴于技术爱好者中流行的这种种观点，相比起其认识论或从无知到获取知识的方法，《不知之云》的宗教性似乎不成什么大问题。

218

然而，该书的人气复苏了，人们对其中宗教与非宗教领域的冥想活动兴趣大增，这恰好表明了这本书的认识论与现代思维相差并不远。该书译自中世纪英语，在 2009 年译本中附有对于这个版本的长篇介绍序言，其中提到了人们对这本著作的兴趣持续不减。而 1973 年版本得益于 60 年代兴起的反主流文化，尤其是另类的认知方式，关于这一点，著名的宗教学者休斯顿·史密斯（Huston Smith）在为此书所著的序言中也有提及。我们这个时代最重要的小说家之一唐·德里罗（Don Delillo）也在他最著名的两部作品里运用了"不知之云"这个概念。1985 年问世的《白噪声》（*White Noise*）追溯了毒雾的蔓延过程，德里罗用"不知之云"暗指书中的一个孩子（DeLillo，1985：290）。因为孩子不知道死亡，而大人却懂得生命将不可避免地走向消亡，相比起大人，孩子更为容易接受这个世界的别样之处。面对"空中毒雾事件"给日落带来的莫名影响，人们产生了孩童般不知所措的惊慌感："当然有敬畏感，而且是彻底的敬畏感，这是一种超越以往任何类型的敬畏感。但是我们不清楚自己在观看时是带着惊奇还是恐惧；我们不明白自己观看的到底是什么，或者这意味着什么；我们也不知道它是否永恒、是否属于经验的某个层次。对此我们将逐步调整适应，我们的困惑终将消解于其中。也许，它只是某种稍纵即逝的神秘氛围而已。"（同上，pp. 324‐325）横行的技术所带来的日落景象导致了一种奇怪的平静。"尽管人们仍然留在附近的地区……搜集着可怕的数据，"德里罗继续写道，"但没人打开收音机或者大声地讲话。某种金灿灿的东西从天而降，为天空增添了几分柔和。"（同上，p. 325）更重要的是，在德里罗为世界所公认的杰作——1998 年的《地下世界》（*Underworld*）中，他将这本 14 世纪的著作的名字作为他史诗小说六部分之一的标题和主题。在其中，德里罗借主角尼克·谢伊之口，在和他最近认识的女人做爱的过程中描述了《不知之云》的内容。谢伊坚持认为，再多的知识也不能使我们全面理解我们称为上帝的这种否定的含义。只有参与我们自己那无知的行为中，才有可能理解这种否定。此外书中还有大量对其他文化学者的引用，其中包括萨默塞特·毛姆（Somerset Maugham）①（《刀锋》）、J. D. 塞林格（J. D. Salinger）②（《弗兰妮和祖伊》）、莱纳德·科恩（Leonard Cohen）③（他的一首歌《窗》）。

219

企图通过未知来求知的愿景也出现在一些当代的作品里，但这些作品根本没有提及这本书。留意一下知名小说家扎迪·史密斯（Zadie Smith）于 2012 年所写的一篇文章，她在文章中对自己渊博的文字知识和使她感到遗憾的匮乏的音乐知识进行了比较（2012）。她不由得感到疑惑：自己到底是

---

① 毛姆，英国小说家、戏剧家。毛姆属于现实主义作家，但是小说当中有部分自然主义特征。例如重视环境描写，以及反映中下层人民生活。著作有戏剧《圈子》，长篇小说《人生的枷锁》《月亮和六便士》，短篇小说集《叶的震颤》《卡苏里那树》《阿金》等。

② J. D. 塞林格，美国作家，著有《麦田里的守望者》等名著。

③ 莱纳德·科恩，生于加拿大魁北克，是加拿大一位著名诗人、小说家、创作歌手。

怎样经历了从早年讨厌民谣歌手琼妮·米切尔（Joni Mitchell）的歌，却在若干年后喜欢上了它们的过程？史密斯十分困惑，因为最终她将享受民谣歌手的音乐视为一种崇高而热烈的经历，并表示"它使我感到彻底解脱"，且产生了一种对她而言从未在自己的工作中体验过的感受。她总结了原因，认为这种感觉也许来自于她对音乐一无所知的经历："我处于某种蒙昧的状态。"在这种纯粹的蒙昧中，带有某种崇高感的"无知"，抑或是某个超越或即将超越意识局限的、具有崇高感的事件使她的情感发生了变化。她以一种出乎意料的深度了解并热爱着米切尔的音乐，因为在此前她并不了解它，或者其他与音乐有关的东西。她所掌握的小说写作知识随着时间逐年增加，并渐渐积累成一朵观念的云团。与这不同的是，史密斯的音乐知识却经历了认识论的断裂，这并非点点滴滴的积累所导致的后果，而是由对其多年来有意的抗拒造成的。[9]

早在互联网，即现在的"云"诞生之前，德日进等人就预言了它的横空出世。但若把《不知之云》的作者也归为这一类预言家却有失偏颇。如果一定要将他们归为一类，也只是因为这位中世纪"教师"为在西方占主导地位的认知方式提供了另一种完全不同的选择，而这种选择对于云计算、大数据和它们对数字实证主义的促进作用而言是一种压倒性的挑战。

云图

阿里斯托芬的戏剧表明，在最早的西方文学中就已经存在对人们表现出来的傲慢的严肃思考，这种傲慢源于人们通过狭隘的实证主义和对信息的盲目崇拜来观察世界所导致的盲目自信。对《不知之云》那不知名的作者而言，真正的危险在于被信息淹没，琐碎的数据和话语几乎遮蔽了我们的视野，阻碍我们实现超越。而大卫·米切尔于2004年所著的小说《云图》一开始就使用了一种明显的逆喻，大胆挑战了传统的时间、空间与信息观念。

一个人怎么能构思出云的地图集来？地图集上的地图显示了一些相对

220

稳定的形态，比如大陆板块和水域。通常我们认为地图集可以描绘出世界、国家、宇宙或是城市的轮廓，但却无法确定大量在天空中快速移动、形态瞬息万变的水蒸气的位置。我们会给这些云的形态起名字，而且正如那些观鸟者所做的那样，一些人还对它们常见和罕见的形态进行了记录。但是"集"云者却远远少于那些搜集羽毛类生物的爱好者，这证明了用任何方法捕捉云的形态的行为都是十分奇怪的。由于其与生俱来的模糊性，云的概念十分合乎主体性，所以我们更应该用诗歌而不是地图集来描述它。当然，也有关于云的科学，比如从云的形态预测天气状况的好坏。不过我们倾向于把描绘云的任务留给那些能够想象出崇高景象的诗人，比如华兹华斯。他在"如云一般孤独"地漫游后写出了那样的句子，诗人来到了一片"金色水仙花"盛开的湖畔，那些花儿永远在"心间"闪烁，使诗人的心灵在"幸福的孤独"中诗情洋溢。对诗人而言，毕生乐趣的关键就是成为一朵云。还有人想起雪莱，他的诗歌《云》很多人在学生时代都学过，雪莱在诗中将云作为进入自然界时间轮回之想象的关键。米切尔小说的标题里，这两个看似怪异的并列词语提出了一种挑战：如果不把人看作网络图表或统计回归分析中将被捕获的数据点，而是看作从时间和空间中匆匆而过、朝生暮死的蜉蝣，那么关于他们人生的地图，或者说他们的云图将会是怎样的呢？

米切尔的小说赢得了无数的奖项和提名，也被《黑客帝国》的制片人改编成了电影，但收到的却是不温不火的评价。也许这也证明了将小说改编成电影是一件多么困难的事情，小说中作者写的是云的隐喻，而电影则从数据世界寻找隐喻。《云图》讲述了六个生活在世界各个角落的人物的故事，他们所生活的时代范围从 19 世纪到遥远的未来，但是整个故事的结尾与开头一样，都发生南太平洋的岛屿上。这六个故事按时间顺序发生，但是每个故事之间却互不相关，而且前五个主角都在故事结束之前死去了。每个故事中都会安排一个角色读到前一个故事，比如剧中一个故事里的角色偶然地发现了前一个故事中主角所写的日记。而第六个故事是全剧的关键点，从第六个故事出发，每个故事都可以按时间顺序被逆推，像俄罗斯套娃一样，每个故事都被其他故事所嵌套。米切尔笔下的历史是轮回的，这里不禁使我们回想起雪莱的古典诗歌。我们所经历的线性时间不过是一幅令人鼓舞的海市蜃楼。

"云"及"图"在小说中以三种形式呈现。第一种是音乐，和诗歌一样，是我们所熟悉的呈现云的话语类型。六位主角之一是一位名叫罗伯特·弗罗比舍的年轻音乐家，他致力于《云图六重奏》乐曲的编写，这部作品在他自杀之前才完成。接下来出现的主角在一家老唱片店找到了这首曲子的唱片。该六重奏将六位主角所展现的差异统一到一起，是弗罗比舍在帮助一位知名的作曲家完成一首名为《永恒轮回》的大调交响曲时构思出来的。弗罗比舍在结束自己年轻的生命时是深思熟虑的，也是毅然决然的："我的大脑就仿佛一个罗马焰火筒一样，一辈子最好的音乐就这么一下子在我脑海中降临了。我现在明白了，噪声和声音之间的界限是常规。我也明白了，所有的界限都是常规，等待着被超越。一个人可以超越任何常规，只要这个人能首先想到要这么做。"（Mitchell，2004：460）于是，弗罗比舍通过描绘出一则音乐形式的云图超越了常规。

弗罗比舍的六重奏以云的讲述方式描写小说的几位主角，但每一位主角事实上也彼此相互关联，并通过一种独特的沟通方式共同生活在历史的洪流中，这是云的第二种表现手法。亚当·尤因留下了一本个人日记；路易莎·雷是一个悬疑小说中的角色；蒂莫西·卡文迪什生活在一部关于他苦难经历的电影里；星美是一位出现在未来、具有英雄气概的克隆半机械人，她的图腾被后来的人们作为女神来崇拜；而生性淳厚的扎克里出现在他子孙半真半假的口述回忆录中。最终，随着世界濒临自我毁灭的边缘，我们遇到了"祈祷"——这是一个精巧的蛋形全息通信装置，它比我们今天最先进的智能手机还要超前好几代。毫不奇怪，对一个不存在先进技术的社群而言这件装置是神奇的。纵然它具有神一般的力量，却也无法阻止发明了它的文明走向衰落。

第三种云及云图的表现手法则通过灵魂的隐喻来产生。当扎克里询问来自曾经高度发达文明的少数科学家先知之一，心中没有信仰的人是如何

222

面对死亡的之时，先知用扎克里的方言回答了他："我们的真理极为冰冷。"扎克里却觉得这比冰冷更糟糕："只有那一个瞬间我对她感到遗憾。灵魂在时间的天空之间穿行……就仿佛云朵在这个世界的天空里川流不息。"后来，扎克里和先知一起躲避袭击者，"我坐在颠簸的皮划艇上观望天上的云朵，仿佛云朵穿过天空那样，灵魂也在时代之间游离。即使云朵不断改变着它们的形状和大小，它依然还是云朵，因此，不论灵魂如何变化，它也仍是灵魂。谁知道云朵从何而来、我们的灵魂将去往何处？只有星美知道。不论是东方还是西方，用的是指南针还是地图册。没错，只有云图才能告诉我们。"（Mitchell，2004：308）人类的灵魂和云一样神秘，它们能够穿越时间和空间，只有女神或灵魂地图才能告诉我们它们是什么，将何去何从。

与阿里斯托芬和《不知之云》的作者一样，大卫·米切尔是一位创造人类想象力之"云"的工程师。和今天那些搭建云计算系统的工程师没什么不同，米切尔的伟大创造通过克服时间和空间的限制捕获了一些至关重要的信息，并以一种独特的方式帮助我们处理这些信息，这种方式加深了我们对人类境遇的理解。米切尔的"云"有无数种形式，但它们基本上都体现了一种人际网络，人们通过留下的各种媒介跨越时间而相遇，这恰好向我们证明了这样一点：虽然如今的工程师还在致力于将观念和意识存储在复杂系统中，但我们其实已经将观念和意识存储在《云图》中描述的载体中了。一个生活在 19 世纪的律师写的日记，一位 20 世纪早期的作曲家写的乐谱，描写一位艰苦奋斗的作家的生活的悬疑小说，讽刺一位英国代理出版商的电影，在未来发现的半克隆人女神，将时间和空间带到当下的计算机设备，以及一位部落男子留给他子孙后裔的口述故事，这些都是观念的云的各种表现形式。当然，文学想象塑造的云和没有想象力的科学技术世界出现的云确实存在差异。显然，前者塑造的云脱胎于小说，而且对文学想象的评估标准是能否创造出与我们所熟知的世界关系密切的文学世界；然而创造出数据和移动应用之云的科学技术世界，却要用能否表现经验现实来评判其能力。但是，仅仅停留在这些简单差异上未免太过容易，更重要的是考虑那些为每个计划提供线索的微妙差别，尤其是为我们思考云计

223

算而提供的文化根基。

对米切尔来说，有价值的云来源于丰富的主体性，包括情绪智力，它对失去良知、性格、精神或者灵魂时刻保持着敏感。《云图》不仅仅是一个讲述人类之间普遍地为了物质利益或统治他人的快感而互相掠夺的故事，也不仅仅是一则有关人们如何用挣扎和抵抗进行回应，有时成功而通常失败的传说。如果《云图》真的只是关于这些，那么我们根本就不需要云图，因为这样的话所有的云都是一样的。它们的丰富性和多样性出现于历史语境中，而且云网络的每一个节点都浸润其中。这通常被大数据分析所忽视。大数据分析通过检验网络甚至是长期运用网络书写历史，然而这需要用推论才能做到，尤其是需要运用定量数据。这种途径难以对付那些关键的历史转折，或者非常有影响力但较难察觉的缓慢变化。解决这个问题不仅需要丰富的想象力和经验，还需要人类或者机器的智能。

让事情变得更加复杂的是那些给出描述和评价之人的主观性和个性化阐释，这其中包括小说家与读者。香农与韦弗的数学模型（1949）对传播过程的经典描述区分了发射器和接收器、信源和信宿，以及信号和噪声。一般来说，当过程中的每一步都被机械化，识别其中的每一项也就相对容易一些，从这一点来说这个模型是有意义的。然而对大多数形式的人类传播而言，这种说法远比一开始看起来要更加模糊。"噪声和信号之间的界限是常规。"在米切尔的小说中，弗罗比舍如是说，所有的常规都可以且应该被超越。正如著名的大数据提倡者纳特·西尔弗（Silver，2012）所理解的那样，我们不能仅仅简单地指出信号与噪声之间的区别，因为它们的含义都是模糊不清的，而且与连接在通信网络中的人们的主观预期有关系。现代物理学对独立于研究系统外的自主观察者提出了挑战，这意味着相对论是普遍存在的，不论是小说家还是大数据分析师，任何人都无法脱离人类参与者的社会网络而存在。信源也可以是信宿，发射器也同时可以接收信息，噪声对某些人而言可以是悦耳的音乐，或者对另一些人来说是有效的传播。此外，作家和小说家也是传播者，通常与他们特殊"显微镜"下的对象存在利害关系。

224

最后，小说版《云图》与电影版《云图》之间鲜明的差异也揭示了转译媒介本身的存在。不过其实我们没有必要像麦克卢汉那样走到决定论上去，他认为只要是作为媒介，不论是小说、电影还是研究报告都能对传播中的信息产生影响。小说为复杂性、细微的差别以及读者的想象留存了空间，而要复制这一点对于极具视觉震撼力的电影来说却更具挑战性。一份研究报告为小说和电影都无法达到的巨量数据提供了简明的副本。但是这样一来，这份报告就对定义和选择做出了假设，并且因其为了达到简单明了而压制研究对象的复杂性和主观性而付出代价。该报告也没有考虑到其构成的复杂性，正如科学工作者布鲁诺·拉图尔（Latour，2009）指出的那样，这份报告没有表明科学进程是如何通过多种表达和象征的模式完成这一工作的。

至少，米切尔的云图提醒了我们，合乎理性的认知方式和传播知识的方法，和那些得通过数字实证主义才能够接触到的、被安置在云空间中的大数据同时存在。但是，随着计算功能和数据分析功能的进步不断被应用于传统的人文和社会科学中，后者也在日益挤压着前者的空间。广泛兴起的数字人文及对它们的资金援助，还有那些迫切需要在人文学科中运用大数据吸引资源的高校领导人，使得捍卫那些具体的、定性的理解方式的人举步维艰，虽然几个世纪以来，这些方式一直被人文领域的学者们使用和探讨着。

尾声：云在人们身边流行起来

云的隐喻一直在我们的文学与艺术传统中扮演着重要角色。然而我情不自禁地认为，这是一个云的形象具有更为重要的文化显著性的时代。也许这是有关气候变化的争论，毕竟，在预测未来气候时云的分布仍是最主要的不确定因素；也许这是媒体对天气报道的热衷，尤其当自然灾害降临时；当然可能也跟不断增长的云计算意识有关。与字面意义上的云一样，2012 年，我在一次去往纽约市大都会艺术博物馆的旅行中发现云隐喻在人群中十分流行。我目睹了现代经典的云文化，发现这很容易使人渴望加入它们的行列中去。首先是安迪·沃霍尔（Andy Warhol）的作品《银云》（*Silver Clouds*）——充满了氦气的金属"枕头"轻轻地在房间里四处飘浮，仿佛晴朗春日里的云朵一般。沃霍尔最初的想法是制作在空中飘浮的灯泡，后来被与他一同工作的科学家，来自贝尔实验室的比利·克鲁佛（Billy Klüver）告知该计划无法实施，于是他开始创作能在空中飘浮的云（"The Warhol：Silver Clouds"，2010）。结果就是，一位艺术家与一位工程师之间伟大的合作诞生了。这些艺术品在房间里飘浮着，彼此之间互相碰撞或与观赏者轻轻接触。最初，该作品的金属外壳给了人们一个惊喜，因为金属物体本身是无法在空气中飘浮起来的。这种感觉很快就变成了一种随机移动的灵感，1968 年，摩斯·肯宁汉（Merce Cunningham）①穿着由沃霍尔的艺术家朋友贾斯珀·约翰斯（Jasper Johns）设计的全套服装大获成功，此后，这种灵感被肯宁汉的舞团正式采用。这种灵感也被非正式地表达过，正如《银云》的所有观众注意到的那样，虽然有些奇怪，但一本正经的游客在装满云朵的房间里情不自禁地跳起了舞。

也是在同一天，我参观了大都会艺术博物馆的屋顶花园，那里更多的云艺术展吸引了大批观众。那次参展的有托马斯·萨拉切诺的大型装置作品《云城》。这组艺术品由互相连接的大型模块构成，由反光透明材料制成的模块拔地而起，人们可以爬到顶上去观赏装置所反射的美丽景象。[10]我们爬上了云模块的单元结构，登上了城市的顶端，看到自己被折射了许多次的映像和这个城市的美丽景色，我们被这个城市的建筑和中央公园包围着。但这同样又使人感到恐惧，因为人们所立足的模块结构的表面透明且反光，给人一种生活在信息处理设备内部的错觉。不过，这也可能仅仅因为我对另一种类型的云想了很多。

云计算本身已成为有意识的艺术表现对象，其中最令人瞩目的是多美子·泰尔（Tamiko Thiel）（2012）创作的《云之绿》（*Clouding Green*）。一

226

---

① 摩斯·肯宁汉，美国舞蹈家、编导。他的抽象舞蹈，编舞技术新颖，是最有影响、最受争议的现代舞领袖人物之一。

批著名的现代艺术家致力于赋予艺术—科学运动以鲜活的生命，而多美子就是他们中的一员。有着产品设计工程（斯坦福大学）与机械工程（麻省理工学院）双硕士学位的她正致力于一些多维度、扩张现实的项目，这些项目旨在创造出具有社会文化意义的戏剧性叙事。数据中心的排放物中有部分由可再生能源生成，而《云之绿》使用了一些技术来呈现这部分的可视化表达。通过借鉴国际绿色和平组织 2012 年的报告《你的云有多清洁?》，泰尔做了一场极具视觉震撼力的表演，表现了被标记了色彩的云层覆盖了企业云数据中心的上空。通过这种方式，泰尔在云计算与云文化之上的鸿沟上搭建了一座桥梁，旨在唤起人们心中的艺术与环保意识。只有人们的情感产生了共鸣，才有可能产生心有灵犀的回应。在这位艺术家手中，数据之云通过这种共鸣被赋予了生命。这种技术、艺术与政治的融合点燃了人们的希望。在我们共同的蓝天里，乌云不再是唯一的景象。

> 数据之云通过这种共鸣被赋予了生命。这种技术、艺术与政治的融合点燃了人们的希望。在我们共同的蓝天里，乌云不再是唯一的景象。

注 释

第二章 从计算机公共设施到云计算

［1］比如苹果公司是如何使用权力来保护自己的 iTunes 服务的（Bott，2013）。*227*

［2］云计算公司的破产可能给消费者带来悲剧性的后果，就像一些人在 2013 年极有前途的云计算供应商 Nirvanix 公司消失之后才得到教训（Kepes，2013）。

［3］与云计算公司达成策略性同盟的一条路径就是去除遗留系统的负担。2013 年 11 月，惠普公司采用这种方法与 Salesforce 公司达成合作，它将脆弱的惠普计算机服务器、数据存储器以及网络全部迁移到 Salesforce 公司的云计算设施中（Kolakowski，2013）。

［4］"开放"的意识形态（Morozov，2013a）。

［5］VMware 开发出一种软件从而破坏了传统的服务器市场，这种软件允许服务器可以同时为多台机器工作，使得复杂的任务能在多台服务器之间共享完成。

［6］并未以过度谦虚闻名的埃里森现在成了头号云计算"爆破工"："我不接受人们说我没有'赶上'云计算的潮流，我认为是我发明了它。"（Waters，2012）

［7］英国也在耗巨资加强其进行网络攻击的能力。事实上，2013 年起英国就成为第一个正式宣布正在提高赛博战进攻能力的国家（Fung，2013）。

第三章 销售云崇高

［1］虽然这个更简约版本的神话也很有用（Landa，2013）。

［2］在我写作此书时，这则广告可以通过以下链接观看:http：//www. youtube. com/watch？v = MaA9l2H8BM8。

［3］这个引用来自 YouTube 上一则广告的网友评论部分，后来这个视频被撤下了。*228*
在那之后的一段时间里这个视频无法在网上看到，直到后来又重新出现在 YouTube 上。因为这则广告存在的争议过大，还引发了人们的讽刺。见 http：//www. youtube. com/watch？feature = player_embedded&v = buYxMvqkDfs。

［4］苹果公司也成功游说了联邦政府。它花费了 250 万美元用来游说华盛顿哥伦比亚特区，并在 2012 年至 2013 年获得了回报，奥巴马总统采取了一个非同寻常的举措:撤销了美国联邦贸易委员会对苹果公司的专利侵权行为裁定（Kirchgaessner，2013）。

［5］持这种观点的并非只有他一人（Parry，2013）。

［6］2013 年，一个旨在煽动人们对信息技术的狂热的学校成立了。该校名为德雷

普英雄学院，坐落于硅谷，位于脸书总部同一条路的另一端。英雄学院传授给那些有抱负的企业家"技术世界独特的魔法思维品牌"。学生缴纳 9 500 美元的学费进行为期两个月的学习，主要是在比尔·盖茨与其他 IT 名人的海报下畅谈，学习一点编码知识，并以各种方式在云技术、大数据等其他信息技术概念的"圣坛"下"朝拜"。据介绍，"这简直是一场为期八周的硅谷文化专题广告片。它的目标是以科技的繁荣感染学员，使他们有足够的勇气放弃传统的职业道路规划而在新的土地上施展拳脚。"（Roose，2013）

第四章 乌 云

［1］ 谷歌公司的 Loon 计划通过彼此连接的热气球为指定地区的人提供 Wi-Fi 服务，这是一个云计算系统真正利用类似云的事物的例子。尽管如此，对一些人来说，这仍然是有些令人困惑的例外（Meehan，2013）。

［2］ 见 www. OVH. com。

［3］ 对于研究媒介的学者 Sean Cubitt 来说，"云计算并不是没有重量的：它是一个沉重的行业。为了获取我们想要的电影，需要利用金属、塑料、水坝、数千英里的电缆、卫星及火箭发射、数百万吨的电子产品——这样的云看上去少了些松软的感觉"（2013）。

［4］ 还有一些其他的考虑，包括有利于商业的税收代码使得脸书不需要为它所赚取的钱财缴纳联邦或州立所得税。事实上，这可以抵偿 4.29 亿美元（*Citizens for Tax Justice*，2013）。

［5］ 听到谷歌公司拒绝对于隐私权的要求也是让人极不自在的，在一个关于隐私的案例中，该公司的一份文件声称"个人期望对其主动移交给第三方的信息享有隐私权，这并不符合法律规定"（Szoldra，2013）。

［6］ 想想在 2013 年一场关于图书馆的会议中，人们是如何宣布的："根据预测，在五年内所有的图书馆馆藏、系统和服务都会被迁移至云端。本次会议将是一次尝试，我们试图去探索如何将云计算应用到图书馆程序中去。"（*Daily Pioneer*，2013）

［7］ 见 http：//microwork-dev. ucsd. edu/。

第五章 大数据与云文化

［1］ 见 https：//en. wikipedia. org/wiki/Big_ data。

［2］ 瓦尔特·宾尼于 2001 年离开了 NSA，但仍然与 NSA 雇员保持着联系。当时 NSA 启动了未经许可的窃听计划。"他们亵渎了建立这个机构的宪法。但是他们却毫不在意，他们会不择手段地推进这个计划，并将铲除任何阻止计划实施的人。当他们开始亵渎宪法时，我觉得我不能再待下去了。"（Bamford，2012）

［3］ 示例请参见 Tilahun，Feuerverger & Gervers，2012。

［4］ 并非所有的专家和评论家都认同这个神话，2012 年奥巴马总统竞选班子的首席技术官于 2013 年的一场会议环节之一发表了题为《数据科学家：21 世纪最时髦的职业》的讲话，在讲话中他认为："很大程度上，数据科学家作为一种职业只会是一时的

风尚。"（Parry，2013）

　　［5］参见 http：//www. reinhartandrogoff. com/related-research/growth-in-a-time-of-debt-featured-in。

　　［6］数据中心的景象使我想起了马格里特另一幅很受欢迎的作品，画面上是一只烟斗（名为《形象的叛逆》，烟斗下有一行法语 Ceci n'est pas une pipe，意为"这不是一只烟斗"）。我想把数据中心的昏暗乏味描述为 Ceci n'est pas un nuage——"这不是云"。

　　［7］在人文学科领域为了其存在的合法性（或者说为了"生存"）而与"数字化"这个词产生瓜葛之前，我已经接受了丰富的人文教育。坦率地说，我对此感到幸运。

　　［8］我还能记起在 20 世纪 60 年代，作为大学生的自己第一次读到他的作品时的感受。通过培养自己的思想，我们将参与到推动人类进步的全球进程中去，使人类更加接近宇宙的命运，即欧米伽点。当时的我认为这是极为可能的。

　　［9］这里只是略微地讽刺琼妮·米切尔因为在《Both Sides，Now》一曲中唱到了云而为人们熟知，尤其是那句歌词"但此时云却挡住我的去路"。

　　［10］见 http：//www. metmuseum. org/saraceno。

230

参考文献

Abdul, Salam. 2013. "What John Smith Thinks of Cloud Computing: A Big 'Ol Warehouse." *Cloud Tweaks.* www.cloudtweaks.com/2013/01/what-john-smith-thinks-of-cloud-computing-a-big-ol-warehouse.

Acaroglu, Leyla. 2013. "Where Do Old Cellphones Go to Die?" *New York Times.* www.nytimes.com/2013/05/05/opinion/sunday/where-do-old-cellphones-go-to-die.html.

Anderson, Chris. 2008. "The End of Theory: The Data Deluge Makes the Scientific Method Obsolete." *Wired.* www.wired.com/science/discoveries/magazine/16-07/pb_theory.

Andrejevic, Mark. 2013. *Infoglut: How Too Much Information Is Changing the Way We Think and Know.* New York: Routledge.

Anonymous. 2009. *The Cloud of Unknowing.* Edited and translated by Carmen Acevedo Butcher. Boston: Shambala.

Ante, Spencer. 2012. "IBM and the Cloud: Danger and Opportunity." *Wall Street Journal.* http://blogs.wsj.com/corporate-intelligence/2012/10/17/ibm-and-the-cloud-danger-and-opportunity.

Apple. 2011. "Apple iCloud Commercial." YouTube. www.youtube.com/watch?v=YWZTMyjmcnU.

———. 2012. "Apple TV Ad iCloud Harmony." YouTube. www.youtube.com/watch?v=YWZTMyjmcnU.

Applebaum, Alec. 2013. "Techs in the City." *New York Times.* www.nytimes.com/2013/06/02/opinion/sunday/the-limits-of-big-data-in-the-big-city.html.

Asay, Matt. 2013. "Nate Silver Gets Real about Big Data." *ReadWriteEnterprise.* http://readwrite.com/2013/03/29/nate-silver-gets-real-about-big-data.

Babcock, Charles. 2013a. "Amazon Again Beats IBM for CIA Cloud Contract." *InformationWeek.* www.informationweek.com/cloud/infrastructure-as-a-service/amazon-again-beats-ibm-for-cia-cloud-contract/d/d-id/1112211.

———. 2013b. "Amazon, Telcos Will Battle for Cloud Customers." *Information-Week.* www.informationweek.com/cloud-computing/infrastructure/amazon-telcos-will-battle-for-cloud-cust/240150631.

Bachman, Katy. 2013. "Is Facebook About to Run into Privacy Issues Again?" *Adweek.* www.adweek.com/news/technology/facebook-about-run-privacy-issues-again-147491.

Bachner, Jennifer. 2013. *Predictive Policing: Preventing Crime with Data and Analytics*. Washington, DC: IBM Center for the Business of Government. www.businessofgovernment.org/content/about-center-business-government-connecting-research-practice.

Bamford, James. 2012. "The NSA Is Building the Country's Biggest Spy Center (Watch What You Say)." *Wired*. www.wired.com/threatlevel/2012/03/ff_nsadatacenter/all.

———. 2013. "They Know Much More Than We Think." *New York Review of Books*. www.nybooks.com/articles/archives/2013/aug/15/nsa-they-know-much-more-you-think.

Barr, Alistair. 2013. "Amazon vs. IBM: Big Blue Meets Match in Battle for the Cloud." Reuters Canada. http://ca.reuters.com/article/businessNews/idCABRE96K04B20130721.

Barrett, Brian. 2012. "Should the Internet Be a Utility?" *Gizmodo*. http://gizmodo.com/5972173/should-the-internet-be-a-utility.

Barthes, Roland. 1979. *Mythologies*. Translated by A. Lavers. New York: Hill and Wang.

———. 1982. *A Barthes Reader*. Edited by Susan Sontag. New York: Hill and Wang.

Barton, Mike. 2012. "Greenpeace Cloud Protest: Do Amazon, Microsoft Deserve the Doghouse?" *Wired*. www.wired.com/insights/2012/04/greenpeace-cloud-protest.

Basulto, Dominic. 2013. "Is This the Year Everybody Gets Hacked?" *Washington Post*. www.washingtonpost.com/blogs/innovations/post/is-this-the-year everybody-gets-hacked/2013/02/21/eeb88fd4-7c2f-11e2-9073-e9dda4ac6a66_blog.html.

Bauman, Zygmunt. 2000. *Liquid Modernity*. Cambridge, UK: Polity.

Beer, David. 2012. "Using Social Media Data Aggregators to Do Social Research." *Sociological Research* Online. www.socresonline.org.uk/17/3/10.html.

Beidel, Eric. 2012. "Flood of Data Puts Air Force's Drone Growth on Hold." *National Defense*. www.nationaldefensemagazine.org/blog/Lists/Posts/Post.aspx?ID=738.

Bernnat, Rainer, Wolfgang Zink, Nicolai Bieber, and Joachim Strach. 2012. "Standardizing the Cloud: A Call to Action." Booz & Co. www.booz.com/media/uploads/BoozCo_Standardizing-the-Cloud.pdf.

Bilton, Nick, and Claire Cain Miller. 2013. "How Pay-per-Gaze Advertising Could Work for Google Glass." *New York Times*. http://bits.blogs.nytimes.com/2013/08/20/google-patents-real-world-pay-per-gaze-advertising.

Bott, Ed. 2013. "How Apple Used Its Money and Muscle to Kill an iTunes Competitor." *ZDNet*. http://anteyekon4myst.sharedby.co/share/eP3mAq.

Bourne, James. 2013. "Cloud Computing Saves Energy on Huge Scale, Says New Study—but How?" *Cloud Tech*. www.cloudcomputing-news.net/news/2013/jun/12/cloud-computing-saves-energy-huge-scale-says-new-study-how.

Boyd, Danah, and Kate Crawford. 2012. "Critical Questions for Big Data." *Information, Communication and Society* 15, no. 5: 662–679.

Bradshaw, Tim. 2012. "Apple: Innovator's Dilemma." *Financial Times*. www.ft.com/intl/cms/s/2/b558911a-4ac7-11e2-9650-00144feab49a.html.

————. 2013. "Apple Says Child Labour Found at Suppliers." *Financial Times.* www.ft.com/intl/cms/s/0/8af2a286-6754-11e2-8b67-00144feab49a. html.

Bradshaw, Tim, and Emily Steel. 2013. "Hacked PCs Falsify Billions of Ad Clicks." *Financial Times.* www.ft.com/intl/cms/s/0/ab60c728-908f-11e2-a456-00144feabdc0.html.

Bradsher, Keith, and David Barboza. 2013. "H.P. Directs Its Supplies in China to Limit Student Labor." *New York Times.* www.nytimes.com/2013/02/08/business/global/hewlett-packard-joins-push-to-limit-use-of-student-labor-in-china.html.

Brannen, Kate. 2013. "Wanted: Geeks to Help Fight Pentagon Cyberwar." *Politico.* www.politico.com/story/2013/01/wanted-geeks-to-help-fight-pentagons-cyberwar-86946.html.

Brian, Matt. 2013. "Thousands of Accounts Found to Host Unsecured Passwords, Photos, and Other Files on Amazon's Cloud." *Verge.* www.theverge.com/2013/3/27/4152964/researcher-exposes-data-businesses-amazon-s3.

Briscoe, Gerard, and Alexandros Marinos. 2009. "Community Cloud Computing." First International Conference on Cloud Computing, Beijing, China. LSE Research Online. http://eprints.lse.ac.uk/26516/1/community_cloud_computing_%28LSERO_version%29.pdf.

Brooks, David. 2013. "What Data Can't Do." *New York Times.* www.nytimes.com/2013/02/19/opinion/brooks-what-data-cant-do.html.

Bryant, Chris. 2013. "European Data Protection under a Cloud." *Financial Times.* www.ft.com/intl/cms/s/0/dbee868a-f43c-11e2-8459-00144feabdc0.html.

Budden, Robert. 2013. "Ads on Facebook Drop after Appearing Next to Offensive Posts." *Financial Times.* www.ft.com/intl/cms/s/0/d1e74ee8-c7ae-11e2-be27-00144feab7de.html.

Bump, Philip. 2013. "Update: Now We Know Why Googling 'Pressure Cookers' Gets a Visit from Cops." *Atlantic Wire.* www.theatlanticwire.com/national/2013/08/government-knocking-doors-because-google-searches/67864.

Bundy, Todd, and Michael Haley. 2012. "China's Cloud Cities." *OSP.* www.ospmag.com/issue/article/Chinas-Cloud-Cities.

Burke, Edmund. 1998. *Philosophical Enquiry into the Origin of Our Ideas of the Sublime and Beautiful.* New York: Penguin (original work published 1756).

Burn-Murdoch, John. 2012. "Big Data: What Is It and How Can It Help?" *Guardian.* www.guardian.co.uk/news/datablog/2012/oct/26/big-data-what-is-it-examples.

Butler, Brandon. 2012a. "Gartner: 1/3 of Consumer Data Will Be Stored in the Cloud by '16." *Network World.* www.networkworld.com/news/2012/062512-gartner-cloud-260450.html.

————. 2012b. "Gartner: Cloud Putting Crimp in Traditional Software, Hardware Sales." *Network World.* www.networkworld.com/news/2012/071312-gartner-cloud-260882.html.

————. 2013a. "Cost Battle: Cloud Computing vs. In-House IT." *Network World.* www.networkworld.com/news/2013/031813-cloud-cost-267615.html.

————. 2013b. "What GE's Cloud Computing Foray Means for Big Data." *Network*

World. www.networkworld.com/news/2013/061913-ge-cloud-271011.html.

Butler, Declan. 2013. "When Google Got Flu Wrong." *Nature*. www.nature.com/news/when-google-got-flu-wrong-1.12413.

Calo, Ryan. 2013. "The Catch-22 That Prevents Us from Truly Scrutinizing the Surveillance State." *Atlantic*. www.theatlantic.com/technology/archive/2013/03/the-catch-22-that-prevents-us-from-truly-scrutinizing-the surveillance-state/273738.

Cassidy, John. 2013. "Bezos and the *Washington Post*: A Skeptical View." *New Yorker*. www.newyorker.com/online/blogs/johncassidy/2013/08/bezos-and-the-washington-post-a-skeptical-view.html.

Castle, Stephen. 2013. "Report of U.S. Spying Angers European Allies." *New York Times*. www.nytimes.com/2013/07/01/world/europe/europeans-angered-by-report-of-us-spying.html.

Center for Energy-Efficient Telecommunications. 2013. *The Power of Wireless Cloud*. Melbourne, Australia: University of Melbourne. www.ceet.unimelb.edu.au/pdfs/ceet_white_paper_wireless_cloud.pdf.

Chappuis, Bertil. 2012. "Cloudpreneurs." *Techonomy*. http://techonomy.com/conf/12-tucson/entrepreneurship-2/cloudpreneurs.

Chatter.com. 2011a. "Halftime Ad 1 with wil.i.am." YouTube. www.youtube.com/watch?v=tdqoQ0zL7GQ.

———. 2011b. "Halftime Ad 2." YouTube. www.youtube.com/watch?v=tcjAD-_H_rk.

Chen, Brian X. 2012. "'The Cloud' Challenges Amazon." *New York Times* www.nytimes.com/2012/12/27/technology/latest-netflix-disruption-highlights-challenges-of-cloud-computing.html.

Chief Information Officer, Department of Defense. 2012. *Cloud Computing Strategy*. www.defense.gov/news/dodcloudcomputingstrategy.pdf.

Chou, Timothy. 2012. "Marco Polo 2.0: Report from China." *CFO*. www3.cfo.com/article/2012/12/the-cloud_china-cloud-services-companies-strategies.

Chronicle of Higher Education. 2013. "Major Players in the MOOC Universe." http://chronicle.com/article/Major-Players-in-the%20MOOC/138817.

CioL. 2013. "Foxconn Plans to Establish Cloud Computing R&D Center in Southern Taiwan." www.ciol.com/ciol/news/193445/foxconn-plans-establish-cloud-computing-r-d-center-southern-taiwan.

Cisco. 2013. "Cisco Global Cloud Index: Forecast and Methodology, 2012–2017." www.cisco.com/en/US/solutions/collateral/ns341/ns525/ns537/ns705/ns1175/Cloud_Index_White_Paper.pdf.

Citizens for Tax Justice. 2013. "Facebook's Multi-Billion Dollar Tax Break: Executive-Pay Tax Break Slashes Income Taxes on Facebook—and Other Fortune 500 Companies." http://ctj.org/ctjreports/2013/02/facebooks_multi-billion_dollar_tax_break_executive-pay_tax_break_slashes_income_taxes_on_facebook--.php.

Clancy, Heather. 2012. "Greenpeace Re-grades Apple in Green Data Center Report." *ZDNet*. www.zdnet.com/greenpeace-re-grades-apple-in-green-data-center-report-7000000805.

Clark, Jack. 2012a. "Cloud Computing's Utility Future Gets Closer." *ZDNet*. www.

zdnet.com/cloud-computings-utility-future-gets-closer-7000007256.

———. 2012b. "How Google Compute Engine Hopes to Sidestep AWS Failures." *ZDNet.* www.zdnet.com/google-compute-engine hopes-to-sidestep-aws-failures-7000001379.

Clement, Andrew. 2013. "IXmaps—Tracking Your Personal Data through the NSA's Warrantless Wiretapping Sites." Paper presented at the 2013 IEEE International Symposium on Science and Technology, June 27–29, Toronto.

Clifford, Stephanie, and Jessica Silver-Greenberg. 2013. "Retailers Track Employee Thefts in Vast Databases." *New York Times.* www.nytimes.com/2013/04/03/business/retailers-use-databases-to-track-worker-thefts.html.

Cloud Expo. 2013. "Enterprise IT's Two Biggest Game Changers under One Roof—Cloud Computing and Big Data." www.cloudcomputingexpo.com.

Cloud Tweaks. 2012. "Cloud Predictions for the New Year." http://us2.campaign-archive2.com/?u=04809abc68958c8c94da79e96&id=36235497ec&e=0ed a32265e.

———. 2013. "Do Cloud Companies Know How to Market Themselves?" http://us2.campaign-archive2.com/?u=04809abc68958c8c94da79e96&id=183a82 3c77&e=0eda32265e.

Cohen, Julie E. 2013. "What Privacy Is For." *Harvard Law Review* 126: 1904–1933. www.harvardlawreview.org/media/pdf/vol126_cohen.pdf.

Cohen, Reuven. 2012. "How Cloud Computing Helped Obama Win the Presidential Election." *Forbes.* www.forbes.com/sites/reuvencohen/2012/11/15/how-cloud-computing-helped-obama-win-the-presidential-election.

———. 2013. "Cloud Computing at the Hotel California: Check-In and Never Leave!" *Forbes.* www.forbes.com/sites/reuvencohen/2013/05/02/cloud-computing-at-the-hotel-california-check-in-and-never-leave.

Columbus, Louis. 2012a. "Cloud Computing and Enterprise Software Forecast Update, 2012." *Forbes.* www.forbes.com/sites/louiscolumbus/2012/11/08/cloud-computing-and-enterprise-software-forecast-update-2012.

———. 2012b. "Roundup of Cloud Computing Forecasts and Cloud Computing Estimates, 2012." Software Strategies Blog. http://softwarestrategiesblog.com/2012/01/17/roundup-of-cloud-computing-forecasts-and-market-estimates-2012.

Crawford, Susan. 2012. "US Internet Users Pay More for Slower Service." *Bloomberg.* www.bloomberg.com/news/2012-12-27/u-s-internet-users-pay-more-for-slower-service.html.

CRM Software Blog editors. 2011. "6 Reasons Why Salesforce.com Is Worried about Microsoft CRM." CRM Software Blog. www.crmsoftwareblog.com/2011/09/6-reasons-why-salesforce-com-is-worried-about-microsoft-crm.

Crovitz, L. Gordon. 2013. "Silicon Valley's 'Suicide Impulse.'" *Wall Street Journal.* http://online.wsj.com/article/SB10001424127887323539804578266290231 304934.html.

Cubitt, Sean. 2013. "How to Weigh a Cloud." *The Conversation.* http://theconversation.com/how-to-weigh-a-cloud-19581.

Cushing, Ellen. 2013. "Amazon Mechanical Turk: The Digital Sweatshop." *UTNE Reader.* www.utne.com/science-technology/amazon-mechanical-turkzm0z13jfzlin.aspx.

Daily Pioneer. 2013. "Meet on Cloud Computing." http://archive.dailypioneer.com/avenues/127319-meet-on-cloud-computing-.html.

Dalwadi, Manish. 2012. "Enterprise Cloud Computing: The War for Enterprise Software." Center for Digital Strategies, Tuck School of Business at Dartmouth. http://digitalstrategies.tuck.dartmouth.edu/assets/images/Enterprise_Cloud_Final_Manish_Dalwadi.pdf.

Darrow, Barb. 2013. "If PRISM Doesn't Freak You Out about Cloud Computing, Maybe It Should, Says Privacy Expert." *Gigaom.* http://gigaom.com/2013/06/28/if-prism-doesnt-freak-you-out-about-cloud-computing-maybe-it-should-says-privacy-expert.

Data Center Journal. 2013. "Industry Perspective: Energy Efficiency and Renewable Sources for the Data Center." www.datacenterjournal.com/facilities/industry-perspective-energy-efficiency-and-renewable-sources-for-the-data-center.

Davenport, Thomas H., Paul Barth, and Randy Bean. 2012. "How 'Big Data' Is Different." *MIT Sloan Management Review.* http://sloanreview.mit.edu/article/how-big-data-is-different.

Davis, Erik. 1998. *Techgnosis: Myth, Magic and Mysticism in the Age of Information.* New York: Harmony.

Deibert, Ronald J. 2013. *Black Code: Inside the Battle for Cyberspace.* New York: Random House.

Delany, Ella. 2013. "Humanities Studies under Strain around the World." *New York Times.* www.nytimes.com/2013/12/02/us/humanities-studies-under-strain-around-the-globe.html.

DeLillo, Don. 1985. *White Noise.* New York: Viking.

Deloitte. 2009. "Cloud Computing: Forecasting Change." www.deloitte.com assets/Dcom-Netherlands/Local%20Assets/Documents/EN/Services/Consulting/nl_en_consulting_cloud_computing_security_privacy_and_trust.pdf.

Dembosky, April. 2013a. "Facebook Buys Ad-Serving Platform." *Financial Times.* www.ft.com/intl/cms/s/0/5de42176-81ed-11e2-b050-00144feabdc0.html.

———. 2013b. "Facebook Spending on Lobbying Soars." *Financial Times.* www.ft.com/intl/cms/s/0/cfaf0c78-65b2-11e2-a17b-00144feab49a.html.

Dembosky, April, and James Fontanella-Khan. 2013. "US Tech Groups Criticized for EU Lobbying." *Financial Times.* www.ft.com/intl/cms/s/0/e29a717e-6df0-11e2-983d-00144feab49a.html.

Dery, Mark. 1996. "Industrial Memory." *21c.* www.21cmagazine.com/Mark-Dery-Industrial-Memory.

Digging into Data Challenge. 2011. "ChartEx." www.diggingintodata.org/Home/AwardRecipientsRound22011/tabid/185/Default.aspx.

Dignan, Larry. 2011a. "Analytics in 40 Years: Machines Will Kick Human Managers to the Curb." *ZDNet.* www.zdnet.com/blog/btl/analytics-in-40-years-machines-will-kick-human-managers-to-the-curb/61092.

———. 2011b. "Cloud Computing's Real Creative Destruction May Be the IT Workforce." *ZDNet.* www.zdnet.com/blog/btl/cloud-computings-real-creative-destruction-may-be-the-it-workforce/61581.

Duhigg, Charles, and David Barboza. 2012. "In China, Human Costs Are Built into an iPad." *New York Times.* www.nytimes.com/2012/01/26/business/ieconomy-apples-ipad-and-the-human-costs-for-workers-in-china.html.

Dutta, Soumitra, and Beñat Bilbao-Osorio. 2012. *Global Information Technology Report 2012: Living in a Hyperconnected World.* Geneva: World Economic Forum.

Dyer-Witheford, Nick. 2013. "Red Plenty Platforms." *Culture Machine* 14: 1–27.

Eckel, Erik. 2012. "Why Businesses Shouldn't Trust Apple's Cloud Services." *TechRepublic.* www.techrepublic.com/blog/mac/why-businesses-shouldnt-trust-apples-cloud-services/2262.

Edwards, Jim. 2013. "Liberal Groups Begin Facebook Ad Boycott over Zuckerberg's Big Oil Lobbying." *Business Insider.* www.businessinsider.com/facebook-ad-boycott-over-fwdus-oil-lobbying-2013-5.

Eggers, David. 2013. *The Circle: A Novel.* New York: Knopf.

Einav, Liran, and Jonathan D. Levin. 2013. "The Data Revolution and Economic Analysis." Working Paper 19035, National Bureau of Economic Research, Cambridge, MA. www.nber.org/papers/w19035.

Elowitz, Ben. 2013. "In Media, Big Data Is Booming but Big Results Are Lacking." *All Things D.* http://allthingsd.com/20130520/in-media-big-data-is-booming-but-big-results-are-lacking.

Erl, Thomas, Ricardo Puttini, and Zaigham Mahmood. 2013. *Cloud Computing: Concepts, Technology and Architecture.* Upper Saddle River, NJ: Prentice Hall.

Evans-Pritchard, Ambrose. 2012. "High Tech Expansion Drives China's Second Boom in the Hinterland." *Telegraph.* www.telegraph.co.uk/finance/comment/9701910/Hi-tech-expansion-drives-Chinas-second-boom-in-the-hinterland.html.

Ewing, Jack. 2013. "Amazon's Labor Relations under Scrutiny in Germany." *New York Times.* www.nytimes.com/2013/03/04/business/global/amazons-labor-relations-under-scrutiny-in-germany.html?pagewanted=all&_r=0&gwh=FCF0A5D17B34AF08B45C6563A3889C3E&gwt=pay.

Fingas, Jon. 2013. "Strategy Analytics: iCloud, Dropbox and Amazon Top Cloud Media in the US." *Engadget.* www.engadget.com/2013/03/21/strategy-analytics-cloud-media-market-share.

Finkle, Jim. 2012. "Amazon-Netflix Christmas Outage and the Costly Risks of 'Cloud' Reliance." *Globe and Mail.* www.theglobeandmail.com/report-on-business/international-business/us-business/amazon-netflix-christmas-outage-and-the-costly-risks-of-cloud-reliance/article6736744.

———. 2013. "White House Will Soon Revive Cybersecurity Legislation." Reuters. www.reuters.com/article/2013/02/26/us-cybersecurity-obama-idUSBRE91P02120130226.

Fish, Stanley. 2012a. "The Digital Humanities and the Transcending of Morality." *New York Times.* http://opinionator.blogs.nytimes.com/2012/01/09/the-digital-humanities-and-the-transcending-of-mortality.

———. 2012b. "Mind Your P's and B's: The Digital Humanities and Interpretation." *New York Times.* http://opinionator.blogs.nytimes.com/2012/01/23/

mind-your-ps-and-bs-the-digital-humanities-and-interpretation.

Fitzpatrick, Katharine. 2011. *Planned Obsolescence: Publishing, Technology, and the Future of the Academy.* New York: New York University Press.

Foley, John. 2012. "10 Developments Show Government Cloud Maturing." *Information Week.* www.informationweek.com/government/cloud-saas/10-developments-show-government-cloud-ma/240002578?itc=edit_in_body_cross.

Fontanella-Kahn, James, and Bede McCarthy. 2013. "Brussels to Soften Data Protection Rules." *Financial Times.* www.ft.com/intl/cms/s/0/dbf20262-8685-11e2-b907-00144feabdc0.html.

Forbes. 2012. "Americans Still Unclear about Cloud Computing." www.forbes.com/sites/thesba/2012/11/13/americans-still-unclear-about-cloud-computing.

Fox, Justin. 2013. "The Web's New Monopolists." *Atlantic.* www.theatlantic.com/magazine/archive/2013/01/the-webs-new-monopolists 309197.

Franck, Lewis. 2013. "4 Non-obvious Costs of Cloud Downtime." *Cloud Tech.* www.cloudcomputing-news.net/blog-hub/2013/feb/05/4-non-obvious-costs-of-cloud-downtime.

Franklin, Seb. 2012. "Cloud Control, or the Network as Medium." *Cultural Politics* 8, no. 3: 443–464.

Freeland, Chrystia. 2013. "When Work and Wages Come Apart." *New York Times.* www.nytimes.com/2013/02/22/us/22iht-letter22.html.

Fung, Brian. 2013. "How Britain's New Cyberarmy Could Reshape the Laws of War." *Washington Post.* www.washingtonpost.com/blogs/the-switch/wp/2013/09/30/how-britains-new-cyberarmy-could-reshape-the-laws-of-war.

Gallagher, Ryan. 2013. "Software That Tracks People on Social Media Created by Defence Firm." *Guardian.* www.guardian.co.uk/world/2013/feb/10/software-tracks-social-media-defence.

Gallagher, Sean. 2012. "How Team Obama's Tech Efficiency Left Romney IT in the Dust." *Ars Technica.* http://arstechnica.com/information-technology/2012/11/how-team-obamas-tech-efficiency-left-romney-it-in-dust.

Gangireddy, Geetha. 2012. "Making the Most of Cloud Computing in the Military and Department of Defense." *Blackboard Blogs.* http://blog.blackboard.com/professional-education/making-the-most-of-cloud-computing-in-the-military-department-of-defense.

Gapper, John. 2013a. "Bosses Are Reining in Staff Because They Can." *Financial Times.* www.ft.com/intl/cms/s/0/90300088-80cf-11e2-9c5b-00144feabdc0.html.

———. 2013b. "Google Is the General Electric of the 21st Century." *Financial Times.* www.ft.com/intl/cms/s/0/e57abef0-cd0c-11e2-90e8-00144feab7de.html.

Gartner. 2013. "About Gartner." www.gartner.com/technology/about.jsp.

Gates, Bill. 1995. *The Road Ahead.* New York: Viking.

Gerovitch, Slava. 2010. "The Cybernetic Scare and the Origins of the Internet." *Baltic Worlds.* http://balticworlds.com/the-cybernetics-scare-and-the-origins-of-the-internet.

Gillespie, Tarleton. 2013. "Can an Algorithm Be Wrong?" *Limn.* http://limn.it/

can-an-algorithm-be-wrong.

Gilmoor, Dan. 2013. "Embrace the Cloud Computing Revolution with Caution." *Guardian*. www.guardian.co.uk/commentisfree/2013/mar/05/cloud-data-revolution-google-chromebook-pixel.

Ginsberg, Jeremy, Matthew H. Mohebbi, Rajan S. Patel, Lynnette Brammer, Mark S. Smolinski, and Larry Brilliant. 2009. "Detecting Influenza Epidemics Using Search Engine Query Data." *Nature* 457: 1012–1014.

Giridharadas, Anand. 2013a. "Reality Crashes the Technocrats' Party." *New York Times*. www.nytimes.com/2011/03/26/us/26iht-currents26.html.

———. 2013b. "What the Facebook Search Engine Tells Us." *New York Times*. www.nytimes.com/2013/02/23/us/23iht-letter23.html.

Glanz, James. 2012a. "Data Barns in a Farm Town, Gobbling Power and Flexing Muscle." *New York Times*. www.nytimes.com/2012/09/24/technology/data-centers-in-rural-washington-state-gobble-power.html.

———. 2012b. "Power, Pollution, and the Internet." *New York Times*. www.nytimes.com/2012/09/23/technology/data-centers-waste-vast-amounts-of-energy-belying-industry-image.html.

———. 2013. "Landlords Double as Energy Brokers." *New York Times*. www.nytimes.com/2013/05/14/technology/north-jersey-data-center-industry-blurs-utility-real-estate-boundaries.html.

Glanz, James, and Eric Lipton. 2004. *The Rise and Fall of the World Trade Center*. New York: Times Books.

Globe Investor. 2012. "Competition Chatter around U.S. Telcos Gets Louder." www.theglobeandmail.com/globe-investor/news-sources/?date=20121231&archive=rtgam&slug=escenic_6804996.

Glover, Tony. 2013. "Cloudy Outlook for Blue Sky Computing in the Middle East." *National*. www.thenational.ae/business/industry-insights/technology/cloudy-outlook-for-blue-sky-computing-in-the-middle-east.

Gold, Matthew K. 2012. *Debates in the Digital Humanities*. Minneapolis: University of Minnesota Press.

Goldberg, Michael. 2013. "Cloud Computing Experts Detail Big Privacy and Security Risks." *DataInformed*. http://data-informed.com/cloud-computing-experts-detail-big-data-security-and-privacy-risks.

Goldner, Matt. 2010. *Winds of Change: Libraries and Cloud Computing*. Dublin, OH: Online Computer Library Center.

Gonsalves, Antone. 2013. "The Nine Top Threats Facing Cloud Computing." *ReadWriteEnterprise*. http://readwrite.com/2013/03/04/9-top-threats-from-cloud-computing.

Gordon, Michael. 2013. "2 Americans Advised Not to Visit North Korea." *New York Times*. www.nytimes.com/2013/01/04/world/asia/bill-richardson-and-googles-eric-schmidt-are-advised-not-to-visit-north-korea.html.

Gordon, Robert J. 2000. "Does the 'New Economy' Measure Up to the Great Inventions of the Past?" *Journal of Economic Perspectives* 14, no. 4: 49–74.

Greenhouse, Steven. 2013. "Tackling Concerns of Independent Workers." *New York Times*. www.nytimes.com/2013/03/24/business/freelancers-union-tackles-concerns-of-independent-workers.html.

Greenpeace International. 2010. "Making IT Green: Cloud Computing and Its Contribution to Climate Change." www.greenpeace.org/international/Global/international/planet-2/report/2010/3/make-it-green-cloud-computing.pdf.

———. 2011. "How Dirty Is Your Data? A Look at the Energy Choices That Power Cloud Computing." www.greenpeace.org/international/Global/international/publications/climate/2011/Cool%20IT/dirty-data-report-greenpeace.pdf.

———. 2012. "How Clean Is Your Cloud?" www.greenpeace.org/international/Global/international/publications/climate/2012/iCoal/How Cleanis Your Cloud.pdf.

Greenwald, Glenn. 2013. "Liberal Icon Frank Church on the NSA." *Guardian*. www.guardian.co.uk/commentisfree/2013/jun/25/frank-church-liberal-icon.

Gross, Grant. 2013. "Ovum: Big Data Collection Clashing with Privacy Concerns." *InfoWorld*. www.infoworld.com/d/big-data/ovum-big-data-collection-colliding-privacy-concerns-212397.

Groucutt, Peter. 2013. "Cloud Computing Is Becoming a Utility." *Real Business*. http://realbusiness.co.uk/article/24508-cloud-computing-is-becoming-a-utility-.

Hanna, Sheree. 2013. "Cloud Computing—Where Does Your Data Go When the Service Dies?" *African Business Review*. www.africanbusinessreview.co.za/business_leaders/cloud-computing-where-does-your-data-go-when-the-service-dies.

Hardy, Quentin. 2012a. "Active in Cloud, Amazon Reshapes Computing." *New York Times*. www.nytimes.com/2012/08/28/technology/active-in-cloud-amazon-reshapes-computing.html.

———. 2012b. "Google Apps Challenging Microsoft in Business." *New York Times*. www.nytimes.com/2012/12/26/technology/google-apps-moving-onto-microsofts-business-turf.html.

———. 2012c. "Intel's Schooling from the 'Big Four' Cloud Customers." *New York Times*. http://bits.blogs.nytimes.com/2012/12/05/intels-schooling-from-cloud-customers.

———. 2013a "Amazon Bares Its Computers." *New York Times*. http://bits.blogs.nytimes.com/2013/11/15/amazon-bares-its-computers.

———. 2013b. "Declaring This a Year for Fixing and Rebuilding, H.P. Posts Lower Profit." *New York Times*. www.nytimes.com/2013/02/22/technology/hp-reports-decline-in-revenue-and-profit.html.

———. 2013c. "Elance Pairs Hunt for Temp Work with Cloud Computing." *New York Times*. http://bits.blogs.nytimes.com/2013/09/24/elance-pairs-hunt-for-temp-work-with-cloud-computing.

———. 2013d. "Google: Let a Billion Supercomputers Bloom." *New York Times*. http://bits.blogs.nytimes.com/2013/05/21/google-let-a-billion-supercomputers-bloom.

———. 2013e. "I.B.M. Inflates Its Cloud." *New York Times*. http://bits.blogs.nytimes.com/2013/06/18/i-b-m-inflates-its-cloud.

———. 2013f. "Intel Tries to Secure Its Footing beyond PCs." *New York Times*. www.nytimes.com/2013/04/15/technology/intel-tries-to-find-a-foothold-beyond-pcs.html?pagewanted=all&_r=0.

———. 2013g. "Intel's Extensive Makeover." *New York Times*. http://bits.blogs.

nytimes.com/2013/09/10/intels-extensive-makeover.

———. 2013h. "Oracle and Salesforce: A Data Sharing Deal." *New York Times.* http://bits.blogs.nytimes.com/2013/06/21/oracle-and-salesforce-a-data-sharing-deal.

———. 2013i. "Why Big Data Is Not Truth." *New York Times.* http://bits.blogs.nytimes.com/2013/06/01/why-big-data-is-not-truth.

Harpreet. 2013. "Huawei to Offer Cloud Storage to CERN." *Tools Journal.* www.toolsjournal.com/cloud-articles/item/1272-huawei-to-offer-cloud-storage-to-cern.

Harris, Derrick. 2013a. "Researchers Create Cloud-Based Brain for Robots." *Gigaom.* http://gigaom.com/2013/03/11/researchers-create-cloud-based-brain-for-robots.

———. 2013b. "We Need a Data Democracy, Not a Data Dictatorship." *Gigaom.* http://gigaom.com/2013/04/07/we-need-a-data-democracy-not-a-benevolent-data-dictatorship.

Hartzog, Woodrow, and Evan Selinger. 2013. "Obscurity: A Better Way to Think about Your Data Than 'Privacy.'" *Atlantic.* www.theatlantic.com/technology/archive/2013/01/obscurity-a-better-way-to-think-about-your-data-than-privacy/267283.

Hayles, N. Katherine. 1999. *How We Became Posthuman: Virtual Bodies in Cybernetics, Literature, and Informatics.* Chicago: University of Chicago Press.

Herndon, Thomas, Michael Ash, and Robert Pollin. 2013. "Does High Public Debt Consistently Stifle Economic Growth? A Critique of Reinhart and Rogoff." University of Massachusetts Amherst, Political Economy Research Institute. www.peri.umass.edu/236/hash/31e2ff374b6377b2ddec04deaa6388bl/publication/566.

Hickey, Andrew R. 2012. "Verizon Relies on Cloud Services for Future Growth." *CRN.* www.crn.com/news/cloud/232500629/verizon-relies-on-cloud-services-for-future-growth.htm.

Hill, Kashmir. 2013. "Surprise Visitors Are Unwelcome at the NSA's Unfinished Utah Spy Center (Especially When They Take Photos)." *Forbes.* www.forbes.com/sites/kashmirhill/2013/03/04/nsa-utah-data-center-visit.

Hille, Katharin, and Daniel Thomas. 2013. "China Blames U.S. Hackers for Attacks." *Financial Times.* www.ft.com/intl/cms/s/0/8203676e-818f-11e2-904c-00144feabdc0.html.

Hodson, Hal. 2013. "Crowdsourcing Grows Up as Online Workers Unite." *New Scientist.* www.newscientist.com/article/mg21729036.200-crowdsourcing-grows-up-as-online-workers-unite.html.

Hoover, J. Nicholas. 2012. "6 Ways Amazon Helped Obama Win." *InformationWeek.* www.informationweek.com/government/cloud-saas/6-ways-amazon-cloud-helped-obama-win/240142268.

———. 2013. "Military Plans Exabyte Storage Cloud." *InformationWeek.* www.informationweek.com/government/cloud-saas/military-plans-multi-exabyte-storage-clo/240152481.

Horn, Leslie. 2011. "Facebook Picks Sweden for First Data Center Outside U.S." *PC.* www.pcmag.com/article2/0,2817,2395378,00.asp.

Houlder, Vanessa. 2013. "Google Accused of Devious and Unethical Behaviour."

Financial Times. www.ft.com/intl/cms/s/0/d1193b70-be2b-11e2-bb35-00144feab7de.html.

Hunnius, Gerry, G. David Garson, and John Case, eds. 1973. *Workers' Control: A Reader on Labour and Social Change*. New York: Random.

Hunter, Andrea. 2011. *The Digital Humanities: Third Culture and Democratization of the Humanities*. PhD diss., Queen's University, Kingston, Ontario, Canada.

IBM. 2012a. "All in the Cloud." YouTube. www.youtube.com/watch?v=q_d7Io_rr2s.

———. 2012b. "IBM Advertisement." *New Yorker*, November 19, 23.

———. 2013. "IBM Advertisement." *New Yorker*, April 8, 11.

Investor's Business Daily. 2013. "Cloud Computing Users Are Losing Data, Symantec Finds." http://finance.yahoo.com/news/cloud-computing-users-losing-data-205500612.html.

Ipeirotis, Panos. 2013. "Mechanical Turk: Now with 40.92% Spam." *A Computer Scientist in a Business School*. www.behind-the-enemy-lines.com/2010/12/mechanical-turk-now-with-4092-spam.html.

Isaacson, Walter. 2011. *Steve Jobs*. New York: Simon and Schuster.

Jacob, Rahul. 2013. "Better Workplaces Require Better Consumers." *Financial Times*. www.ft.com/intl/cms/s/0/94215ed0-97d6-11e2-b7ef-00144feabdc0.html.

Jenkins, Patrick. 2013. "HSBC Set to Cut Thousands of Jobs." *Financial Times*. www.ft.com/intl/cms/s/0/8d7afe12-8cd0-11e2-8ee0-00144feabdc0.html.

John, James. 2013. "Cloud Computing for Government Is Not Just a Cost Cutter." *Information Daily*. www.theinformationdaily.com/2013/02/01/cloud-computing-for-government-is-not-just-a-cost-cutter.

Jokinen, Pekka, Pentti Malaska, and Jari Kaivo-oja. 1998. "The Environment in an 'Information Society': A Transition Stage towards More Sustainable Development?" *Futures* 30, no. 6: 485–498.

Kaminska, Izabella. 2013. "What Google Reader Tells Us about Banking and Nationalisation." *Financial Times*. http://ftalphaville.ft.com/2013/03/25/1438422/what-google-reader-tells-us-about-banking-and-nationalisation.

Kanter, James. 2013. "European Regulators Fine Microsoft, Then Promise to Do Better." *New York Times*. www.nytimes.com/2013/03/07/technology/eu-fines-microsoft-over-browser.html.

Kelly, Kevin. 2002. "God Is the Machine." *Wired*, December, 180–185.

———. 2010. *What Technology Wants*. New York: Penguin.

Kenealy, Chris. 2013. "Five Different Ways to Sell Cloud Computing to Anyone." *Cloud Tweaks*. www.cloudtweaks.com/2013/03/five-different-ways-to-sell-cloud-computing-to-anyone.

Kepes, Ben. 2013. "A Nirvanix Post-Mortem—Why There's No Replacement for Due Diligence." *Forbes*. www.forbes.com/sites/benkepes/2013/09/28/a-nirvanix-post-mortem-why-theres-no-replacement-for-due-diligence.

Kerner, Sean Michael. 2013. "30 Years of TCP/IP Dominance Began with a Deadline." InternetNews.com. www.internetnews.com/blog/skerner/30-years-of-tcpip-dominance-began-with-a-deadline.html.

Kerr, Dara. 2012. "Microsoft to Google: You're Not 'Serious' about Business Apps." *CNET*. http://news.cnet.com/8301-1023_3-57561046-93/microsoftto-google-youre-not-serious-about-business-apps.

———. 2013. "NASA Falls Short on Its Cloud Computing Security." *CNET.* http://news.cnet.com/8301-1009_3-57596053-83/nasa-falls-short-on-its-cloudcomputing-security.

Kirchgaessner, Stephanie. 2013. "Obama Patent Move Caps New Apple March on Washington." *Financial Times.* www.ft.com/intl/cms/s/0/b84f5a88-ff77-11e2-b990-00144feab7de.html.

Kirilov, Kiril. 2011. "Cloud Computing Market Will Top $241 Billion in 2020." *Cloud Tweaks.* www.cloudtweaks.com/2011/04/cloud-computing-market-will-top-241-billion-in-2020.

Kisker, Holger. 2011. "10 Cloud Predictions for 2012." *Forrester.* http://blogs.forrester.com/holger_kisker/11-12-13-10_cloud_predictions_for_2012.

Ko, Carol. 2012. "How to Sell Cloud Computing to CIOs and CFOs." *Asia Cloud Forum.* www.asiacloudforum.com/content/how-sell-cloud-computing-cios-and-cfos.

Kolakowski, Nick. 2013. "Salesforce, HP Teaming Up to Sell 'Superpods.'" *Slashdot.* http://slashdot.org/topic/cloud/salesforce-hp-teaming-up-to-sell-superpods/.

Konczai, Mike. 2013. "Reinhart-Rogoff a Week Later: Why Does This Matter?" *Next New Deal.* www.nextnewdeal.net/rortybomb/reinhart-rogoff-week-later-why-does-matter.

Kreisberg, Jennifer Cobb. 1995. "A Globe, Clothing Itself with a Brain." *Wired.* www.wired.com/wired/archive/3.06/teilhard.html.

Krugman, Paul. 2010. "Notes on Rogoff (Wonkish)." *New York Times.* http://krugman.blogs.nytimes.com/2010/07/21/notes-on-rogoff-wonkish.

———. 2013. "Is There Any Point to Economic Analysis?" *New York Times.* http://krugman.blogs.nytimes.com/2010/07/21/notes-on-rogoff-wonkish.

Kudryashov, Roman. 2010. "Roland Barthes: Myth Today." *What Are These Ideas?* http://whataretheseideas.com/roland-barthes-myth-today.

Kurzweil, Ray. 2005. *The Singularity Is Near.* New York: Viking.

Lam, Lana. 2013. "Edward Snowden: U.S. Government Has Been Hacking Hong Kong and China for Years." *South China Morning Post* www.scmp.com/news/hong-kong/article/1259508/edward-snowden-us-government-has-been-hacking-hong-kong-and-china.

Landa, Heinan. 2013. "Top 4 Myths of Cloud Computing." *TechFlash.* www.bizjournals.com/washington/blog/techflash/2013/01/top-4-myths-of-cloud-computing.html.

Langer, Art. 2013. "It's Not Just the Data, Stupid." *Wall Street Journal.* http://mobile.blogs.wsj.com/cio/2013/02/19/its-not-just-the-data-stupid.

Lanier, Jaron. 2013. *Who Owns the Future?* New York: Simon and Schuster.

Latour, Bruno. 1999. *Pandora's Hope: Essays on the Reality of Science Studies.* Cambridge, MA: Harvard University Press.

Leach, Jim. 2011. "The Revolutionary Implications of the Digital Humanities." Speech to 5th Annual Conference of HASTAC, University of Michigan. National Endowment for the Humanities. www.neh.gov/about/chairman/speeches/the-civilizing-implications-the-digital-humanities.

Lee, Edmund. 2012. "Apple's iTunes Would Be One of World's Biggest Media Companies." *Techblog.* http://go.bloomberg.com/tech-blog/2012-12-03-

apple%E2%80%99s-itunes-would-be-one-of-world%E2%80%99s-biggest-media-companies.

Lee, Justin. 2013a. "China Cloud Program to Invest $360B to More Than Double Data Center Capacity." *Web Host Industry Review*. www.thewhir.com/web-hosting-news/china-cloud-program-to-invest-360b-to-more-than-double-data-center-capacity.

———. 2013b. "Public Cloud Services Spending to Reach $47.4 Billion in 2013: IDC Report." *Web Host Industry Review*. www.thewhir.com/web-hosting-news/public-cloud-services-spending-to-reach-47-4b-in-2013-idc-report.

Lee, Timothy B. 2013. "These Tech Companies Are Spending Millions on High-Priced Lobbyists." *Washington Post*. www.washingtonpost.com/blogs/wonkblog/wp/2013/07/02/these-tech-companies-are-spending-millions-on-high-priced-lobbyists.

Lessin, Jessica E. 2012. "Google's Explainer-in-Chief Can't Explain Apple." *Wall Street Journal*. http://online.wsj.com/article/SB10001424127887323717004578159481472653460.html.

Lewin, Tamar. 2013. "Online Classes Fuel a Campus Debate." *New York Times*. www.nytimes.com/2013/06/20/education/online-classes-fuel-a-campus-debate.html.

Linthicum, David. 2012. "Cloud Computing in 2013: Two Warnings." *InfoWorld*. www.infoworld.com/d/cloud-computing/cloud-computing-in-2013-two-warnings-208759.

———. 2013a. "Everyone Has Heard of the Cloud, but Few Know What It Is." *InfoWorld*. www.infoworld.com/d/cloud-computing/everyone-has-heard-of-the-cloud-few-know-what-it-210818.

———. 2013b. "Hey, HR, Get Off My Cloud." *InfoWorld*. www.infoworld.com/d/cloud-computing/hey-hr-get-of-my-cloud-218413.

———. 2013c. "The Proof Is In: Amazon Fully Controls the Cloud." *InfoWorld*. www.infoworld.com/d/cloud-computing/the-proof-in-amazon-fully-controls-the-cloud-222641.

———. 2013d. "Thanks NSA, You're Killing the Cloud." *Cloud Computing*. www.infoworld.com/d/cloud-computing/thanks-nsa-youre-killing-the-cloud-220434.

———. 2013e. "What Will 'Cloud Computing' Mean in 10 Years?" *InfoWorld*. www.infoworld.com/d/cloud-computing/what-will-cloud-computing-mean-in-10-years-219497.

Liptak, Adam. 2013. "Justices Turn Back Challenge to Broader US Eavesdropping." *New York Times*. www.nytimes.com/2013/02/27/us/politics/supreme-court-rejects-challenge-to-fisa-surveillance-law.html.

Lohr, Steve. 2013a. "Big Data Sleuthing, 1960s Style." *New York Times*. http://bits.blogs.nytimes.com/2013/06/10/big-data-intelligence-sleuthing-1960s-style.

———. 2013b. "Big Data Trying to Build Better Workers." *New York Times*. www.nytimes.com/2013/04/21/technology/big-data-trying-to-build-better-workers.html.

———. 2013c. "McKinsey: The $33 Trillion Technology Advantage." *New York Times*. http://bits.blogs.nytimes.com/2013/05/22/mckinsey-the-33-trilliontechnology-payoff.

Luce, Edward. 2013. "Data Intelligence Complex Is the Real Issue." *Financial Times.* www.ft.com/intl/cms/s/0/a1dd626c-cf80-11e2-be7b-00144feab7de.html.

Luckerson, Victor. 2013. "PRISM by the Numbers: A Guide to the Government's Secret Internet Data-Mining Program." *Time.* http://newsfeed.time.com/2013/06/06/prism-by-the-numbers-a-guide-to-the-governments-secret-internet-data-mining-program.

Lynch, Michael P. 2013. "Privacy and the Threat to the Self." *New York Times.* http://opinionator.blogs.nytimes.com/2013/06/22/privacy-and-the-threat-to-the-self.

MacIntyre, Alisdair. 1970. *Sociological Theory and Philosophical Analysis.* New York: Macmillan.

MacLeod, Ian. 2013. "Cloud E-data Law Puts Users at Risk; Canadians' Private Info Open to U.S. Eyes via Computing Service." *Ottawa Citizen*, February 2, A1.

Makower, Joel. 2012. "How Do You Measure the Cloud's Environmental Impact?" *GreenBiz.com.* www.greenbiz.com/blog/2012/04/14/how-do-you-measure-environmental-impact-cloud.

Manjoo, Farhad. 2013. "Facebook Follows You to the Supermarket." *Slate.* www.slate.com/articles/technology/technology/2013/03/facebook_advertisement_studies_their_ads_are_more_like_tv_ads_than_google.html.

Market Watch. 2013. "Cloud Security Alliance Warns Providers of 'The Notorious Nine' Cloud Computing Top Threats in 2013." www.marketwatch.com/story/cloud-security-alliance-warns-providers-of-the-notorious-nine-cloud-computing-top-threats-in-2013-2013-02-25.

Markoff, John. 2012. "Troves of Personal Data, Forbidden to Researchers." *New York Times.* www.nytimes.com/2012/05/22/science/big-data-troves-stay-forbidden-to-social-scientists.html.

Marlow, Iain. 2013. "Huawei Canada's Sean Yang." *Globe and Mail.* www.theglobeandmail.com/report-on-business/careers/careers-leadership/huawei-canadas-sean-yang-dismissing-suspicion-over-dim-sum/article6957873.

Marshall, Alex. 2013. "Should the Public or Private Sector Control Broadband?" *Government Technology.* http://m.benton.org/node/148781?utm_campaign=Newsletters&utm_source=sendgrid&utm_medium=email.

Marshall, Bob. 2012. "IBM's 'Smarter Planet' TV Campaign Gets a Makeover." *Agency Spy.* www.mediabistro.com/agencyspy/ibms-smarter-planet-tv-campaign-gets-a-makeover_b28274.

Marx, Leo. 1964. *The Machine in the Garden: Technology and the Pastoral Ideal in America.* New York: Oxford University Press.

Mathias, Craig. 2012. "The Huawei Controversy—The Rest of the Argument." *Nearpoints.* www.networkworld.com/community/blog/huawei-controversy-%E2%80%93-rest-argument.

Maxwell, Richard, and Toby Miller. 2012a. *Greening the Media.* New York: Oxford.
———. 2012b. "Greening Starts with Us." *New York Times.* www.nytimes.com/roomfordebate/2012/09/23/informations-environmental-cost/greening-starts-with-ourselves.

Mayer-Schönberger, Viktor, and Kenneth Cukier. 2013. *Big Data: A Revolution That*

Will Transform How We Live, Work, and Think. New York: Houghton-Mifflin.

Mazzucato, Mariana. 2013. *The Entrepreneurial State: Debunking Public vs. Private Sector.* London: Anthem Press.

McCall, Jay. 2012. "Avoid the Cloud Services Piecemeal Trap." *Business Solutions.* www.bsminfo.com/blog/bsm-blog.

McCarthy, Bede. 2013. "Staff Undermines Cybersecurity Efforts." *Financial Times.* www.ft.com/intl/cms/s/0/01f936e6-a365-11e2-ac00-00144feabdc0.html.

McChesney, Robert W. 2013. *Digital Disconnect: How Capitalism Is Turning the Internet against Democracy.* New York: New Press.

McDuling, John. 2013. "Why Is the World's Biggest Seed Company Betting Nearly $1 Billion on a Big Data Startup?" *Quartz.* http://qz.com/130946/why-is-the-worlds-biggest-seed-company-betting-nearly-1-billion-on-a-big-data-startup.

McFedries, Paul. 2012. *Cloud Computing: Beyond the Hype.* San Francisco: HP Press.

McKendrick, Joe. 2013a. "10 Quotes on Cloud Computing That Really Say It All." *Forbes.* www.forbes.com/sites/joemckendrick/2013/03/24/10-quotes-on-cloud-computing-that-really-say-it-all.

———. 2013b. "Cloud Computing Market May Become an Oligopoly of High Volume Vendors." *Forbes.* www.forbes.com/sites/joemckendrick/2013/07/11/cloud-computing-market-may-become-an-oligopoly-of-high-volume-vendors.

———. 2013c. "In the Rush to Cloud Computing, Here's One Question Not Enough People Are Asking." *Forbes.* www.forbes.com/sites/joemckendrick/2013/02/19/in-the-rush-to-cloud-computing-heres-one-question-not-enough-people-are-asking.

McKinsey & Company. 2013. "About Us." www.mckinsey.com/about_us.

McLuhan, Marshall. 1989. *The Global Village.* New York: Oxford University Press.

McMillan, Robert. 2013. "Cloud Computing Snafu Shares Private Data between Users." *Wired.* www.wired.com/wiredenterprise/2013/04/digitalocean.

Medina, Eden. 2011. *Cybernetic Revolutionaries: Technology and Politics in Allende's Chile.* Cambridge, MA: MIT Press.

Meehan, Chris. 2013. "Google's Project Loon Makes Cloud Computing a Reality with Solar-Power and Balloons." *Daily Fusion.* http://dailyfusion.net/2013/06/googles-project-loon-makes-cloud-computing-a-reality-with-solar-power-and-balloons-12074.

Mell, Peter, and Timothy Grance. 2011. "The NIST Definition of Cloud Computing." National Institute of Standards and Technology, Information Technology Laboratory. www.csrc.nist.gov/publications/nistpubs/800-145/SP800-145.pdf.

Meyer, David. 2013. "Cisco's Gloomy Revenue Forecast Shows NSA Effect Starting to Hit Home." *Gigaom.* http://gigaom.com/2013/11/14/ciscos-gloomy-revenue-forecast-shows-nsa-effect-starting-to-hit/.

Miller, Claire Cain. 2011. "Amazon Cloud Failure Takes Down Web Sites." *New York Times.* http://bits.blogs.nytimes.com/2011/04/21/amazon-cloud-failure-takes-down-web-sites.

———. 2013. "Data Science: The Numbers of Our Lives." *New York Times.* www.nytimes.com/2013/04/14/education/edlife/universities-offer-courses-in-a-hot-new-field-data-science.html.

Miller, Claire Cain, and Quentin Hardy. 2013. "Google Elbows into the Cloud."

New York Times. www.nytimes.com/2013/03/13/technology/google-takes-on-amazon-and-microsoft-for-cloud-computing-services.html.

Miller, Eden. 2002. "Designing Freedom, Regulating a Nation: Socialist Cybernetics in Allende's Chile." Working Paper #34, Program in Science, Technology, and Society, MIT, Cambridge, MA. http://web.mit.edu/sts/pubs/pdfs/MIT_STS_WorkingPaper_34_Miller.pdf.

Miller, Kathleen, and Chris Strohm. 2013. "IBM Wins Its Largest Cloud-Computing Contract." *Bloomberg*. www.bloomberg.com/news/2013-08-15/ibm-wins-its-largest-u-s-cloud-computing-contract.html.

Mills, Mark P. 2013. "The Cloud Begins with Coal: Big Data, Big Networks, Big Infrastructure, and Big Power." Digital Power Group. www.tech-pundit.com/wp-content/uploads/2013/07/Cloud_Begins_With_Coal.pdf.

Mims, Christopher. 2013. "Amazon Doesn't Reveal What It Makes on Cloud Computing, but Here's the Number, Anyway." *Quartz*. http://qz.com/78754/amazon-doesnt-reveal-what-it-makes-on-cloud-computing-but-heres-the-number-anyway.

Mishkin, Sarah. 2013. "Foxconn Admits Student Intern Labor Violations at China Plant." *Financial Times*. www.ft.com/intl/cms/s/0/88524304-319f-11e3-817c-00144feab7de.html.

Mishkin, Sarah, Patti Waldmeir, and Katharin Hille. 2013. "Apple Supplier Faces Sanctions in China." *Financial Times*. www.ft.com/intl/cms/s/0/cafeb812-7ce2-11e2-adb6-00144feabdc0.html.

Mitchell, David. 2004. *Cloud Atlas*. New York: Random House.

Moeller, Katy. 2013. "Taxes on Computing Irk Idaho Tech Businesses." *Idaho Statesman*. www.idahostatesman.com/2013/01/11/2408172/computing-tax-clouds-tech-economy.html.

Morozov, Evgeny. 2013a. "Open and Closed." *New York Times*. www.nytimes.com/2013/03/17/opinion/sunday/morozov-open-and-closed.html.

———. 2013b. *To Save Everything, Click Here: The Folly of Technological Solutionism*. New York: PublicAffairs.

Mosco, Vincent. 1982. *Pushbutton Fantasies: Videotex and Information Technology*. Norwood, NJ: Ablex.

———. 2004. *The Digital Sublime: Myth, Power, and Cyberspace*. Cambridge, MA: MIT Press.

———. 2009. *The Political Economy of Communication*. 2nd ed. London: Sage.

Mosco, Vincent, and Catherine McKercher. 2008. *The Laboring of Communication: Will Knowledge Workers of the World Unite?* Lanham, MD: Lexington Books.

Mosco, Vincent, Catherine McKercher, and Ursula Huws, eds. 2010. *Getting the Message: Communication and Global Value Chains*. London: Merlin.

Mosco, Vincent, and Elia Zureik. 1987. *Computers in the Workplace: Technological Change in the Telephone Industry*. Report for the Canadian Federal Department of Labour Technology Impact Research Fund.

Moses, Asher. 2012. "How the Internet Became a Closed Shop." *Sydney Morning Herald*. www.smh.com.au/technology/technology-news/how-the-internet-became-a-closed-shop-20121221-2brcp.html.

Moskowitz, Milton, and Robert Levering. 2013. "The 100 Best Companies to Work For." *Fortune*, February, 85–96.

Musil, Steven. 2012. "Foxconn Working Conditions Slammed by Workers' Rights Group." *CNET*. http://news.cnet.com/8301-13579_3-57444213-37/foxconn-working-conditions-slammed-by-workers-rights-group.

Nagel, David. 2013. "Cloud Computing to Make Up 35% of K–12 IT Budgets in 4 Years." *Journal*. http://thejournal.com/articles/2013/02/19/cloud-computing-to-make-up-35-of-k12-it-budgets-in-4-years.aspx.

National Institute of Standards and Technology (NIST). 2011. "US Government Cloud Computing Technology Roadmap: High Priority Requirements to Further USG Cloud Computing Adoption." www.nist.gov/itl/cloud/upload/SP_500_293_volumeI-2.pdf.

———. 2013. "NIST Cloud Computing Program." www.nist.gov/itl/cloud/.

National Science Foundation (NSF). 2012. "Report on Support for Cloud Computing." www.nsf.gov/pubs/2012/nsf12040/nsf12040.pdf.

Naughton, John. 2013. "Digital Capitalism Produces Few Winners." *Guardian*. www.guardian.co.uk/technology/2013/feb/17/digital-capitalism-low-pay.

Neff, Gina. 2012. *Venture Labor*. Cambridge, MA: MIT Press.

Negroponte, Nicholas. 1995. *Being Digital*. New York: Knopf.

Nelson, D. Schwartz, and Charles Duhigg. 2013. "Apple's Web of Tax Shelters Saved It Billions, Panel Finds." *New York Times*. www.nytimes.com/2013/05/21/business/apple-avoided-billions-in-taxes-congressional-panel-says.html.

New York Times. 2013a. "Report: Deepening Ties between N.S.A. and Silicon Valley." http://bits.blogs.nytimes.com/2013/06/20/daily-report-the-deepening-ties-between-the-n-s-a-and-silicon-valley.

———. 2013b. "Should Companies Tell Us When They Get Hacked?" www.nytimes.com/roomfordebate/2013/02/21/should-companies-tell-us-when-they-get-hacked.

Nextgov. 2013. "Pentagon Signs $5 Million Deal for Cyber Battleground." www.nextgov.com/cybersecurity/2013/06/pentagon-signs-5-million-deal-cyber-battleground/65594.

Noble, David. 1997. *The Religion of Technology: The Divinity of Man and the Spirit of Invention*. New York: Knopf.

Novet, Jordan. 2013. "Long-Shot Distributed Data Center Project in Canada Like SETI for Mobile." *Gigaom*. http://gigaom.com/2013/03/07/long-shot-distributed-data-center-project-in-canada-like-seti-for-mobile.

Nye, David. 1990. *Electrifying America: Social Meanings of a New Technology, 1880–1940*. Cambridge, MA: MIT Press.

———. 1994. *American Technological Sublime*. Cambridge, MA: MIT Press.

O'Connor, Mark. 2013. "How to Regulate Cloud Computing." *Guardian*. www.guardian.co.uk/media-network/media-network-blog/2013/mar/28/regulation-cloud-computing-data-protection.

O'Connor, Sarah. 2013. "Amazon Unpacked." *Financial Times*. www.ft.com/intl/cms/s/2/ed6a985c-70bd-11e2-85d0-00144feab49a.html.

O'Neill, Shane. 2011. "Forrester: Public Cloud Growth to Surge, Especially

SaaS." *CIO*. www. cio.com/article/680673/Forrester_Public_Cloud_ Growth_to_Surge_Łspecially_SaaS.

Ong, Josh. 2012. "Cloud Atlas: A Weather Forecast on the Chinese Cloud Industry." *Next Web*. http://thenextweb.com/asia/2012/12/01/cloud-atlas- the-state-of-the-chinese-cloud-industry.

Orenstein, Gary. 2010. "Selling the Infrastructure Cloud." *Gigaom*. http://gigaom. com/2010/07/11/selling-the-infrastructure-cloud.

Osborne, Charlie. 2013. "Chinese Labor Group Alleges Worker Abuse by Apple Supplier Pegatron." *ZDNet*. www.zdnet.com/chinese-labor-group-alleges- worker-abuse-by-apple-supplier-pegatron-7000018660.

Page, Lewis. 2011. "DARPA Wants Weapons-Grade Military Cloud Computing." *Register*. www.theregister.co.uk/2011/05/17/darpa_war_clouds.

Palmer, Maija. 2013a. "Cloud Computing Hinders Data Deletion." *Financial Times*. www.ft.com/intl/cms/s/2/0e8aad72-7444-11e2-80a7-00144feabdc0. html.

———. 2013b. "Data Mining Offers Rich Seam." *Financial Times*. www.ft.com/intl. cms/s/2/61c4c378-60bd-11e2-a31a-00144feab49a.html.

Panattieri, Joe. 2012. "Top 100 Cloud Service Providers List 2012." *Talkin' Cloud*. http://talkincloud.com/%5Bprimary-term%5D/top-100-cloud-services- providers-list-2012-ranked-10-1.

Parkhill, Douglas F. 1966. *The Challenge of the Computer Utility*. Reading, MA: Addison-Wesley.

Parkman, Ralph. 1972. *The Cybernetic Society*. New York: Pergamon Press.

Parry, Marc. 2013. "'Big Data' Is Bunk, Obama Campaign's Tech Guru Tells Uni- versity Leaders." *Chronicle of Higher Education*. http://chronicle.com/blogs/ wiredcampus/big-data-is-bunk-obama-campaigns-tech-guru-tells-university- leaders/47885.

Parsons, John J. 2013. "The Unutterable Name." *Hebrew Names of God*. www. hebrew4christians.com/Names_of_G-d/YHVH/yhvh.html.

Pellow, David, and Lisa Sun-Hee Park. 2002. *The Silicon Valley of Dreams*. New York: New York University Press.

People's Daily Online. 2013. "Tencent to Build Chongqing Cloud Computing Cen- ter." http://english.peopledaily.com.cn/90778/8294842.html.

Perkins, Tara. 2013. "Should Data Centers Have a Canadian Address?" *Globe and Mail*. www.theglobeandmail.com/report-on-business/industry-news/ property-report/should-data-centres-have-a-canadian-address/article 13224735.

Perlin, Ross. 2011. *Intern Nation: How to Earn Nothing and Learn Little in the Brave New Economy*. New York: Verso.

Perlroth, Nicole, and Quentin Hardy. 2013. "Bank Hacking Was the Work of Iranians, Officials Say." *New York Times*. www.nytimes.com/2013/01/09/technology/ online-banking-attacks-were-work-of-iran-us-officials-say.html.

Perlroth, Nicole, David E. Sanger, and Michael S. Schmidt. 2013. "As Hacking against U.S. Rises, Experts Try to Pin Down Motive." *New York Times*. www. nytimes.com/2013/03/04/us/us-weighs-risks-and-motives-of-hacking-bychina-or-iran.html.

Perrow, Charles. 1999. *Normal Accidents: Living with High-Risk Technologies.* Princeton, NJ: Princeton University Press.

Pew Research Center. 2013. *The State of the News Media: 2013.* Project for Excellence in Journalism. http://stateofthemedia.org.

Pilling, David. 2013. "America Cedes Moral High Ground on Cyber-Spying." *Financial Times.* www.ft.com/intl/cms/s/0 0a11deea-d831-11e2 9495-00144feab7de.html.

Poe, Emily. 2013. "Google's Bad Case of the Flu." *Fierce CIO.* www.fiercecio.com/story/googles-bad-case-flu/2013-02-15.

Pogue, David. 2013. "Photoshop's New Rental Program and the Outrage Factor." *New York Times.* http://pogue.blogs.nytimes.com/2013/07/05/photoshops-new-rental-program-and-the-outrage-factor.

Porat, Marc Uri. 1977. *The Information Economy: Definition and Measurement.* Office of Telecommunications Special Publication 77-12, May. Washington, DC: US Department of Commerce.

Powell, Rob. 2013. "Pacnet Has Big Plans for China." *Telecomasia.net.* www.telecomasia.net/content/pacnet-has-big-plans-china.

Pretor-Pinney, Gavin. 2011. *The Cloud Collectors Handbook.* London: Hodder.

Qian, Zhao. 2013. "China's Cloud Computing Chain Ready." *People's Daily Online.* http://english.peopledaily.com.cn/90778/8273069.html.

Qing, Liau Yun. 2013. "China's Cloud Deployment Dampened by Nascent Enterprise Demand." *ZDNet.* www.zdnet.com/cn/chinas-cloud-deployment-dampened-by-nascent-enterprise-demand-7000012662.

Quinn, Michelle. 2013. "Samsung's Lobbying Grows with Its Market Share." *Politico.* www.politico.com/story/2013/01/samsungs-lobbying-grows-with-its-market-share-86784.html.

Rachman, Gideon. 2013. "A Conspiracy of Reasonable People." *Financial Times.* www.ft.com/intl/cms/s/0/6e78755a-693d-11e2-b254-00144feab49a.html.

Ragland, Leigh Ann, Joseph McReynolds, Matthew Southerland, and James Mulvenon. 2013. *Red Cloud Rising: Cloud Computing in China.* Vienna, VA: Center for Intelligence Research and Analysis. http://origin.www.uscc.gov/sites/default/files/Research/Red%20Cloud%20Rising_Cloud%20Computing%20in%20China.pdf.

Raimondo, Justin. 2013. "The Great Cyber-Warfare Scam." Antiwar.com. http://original.antiwar.com/justin/2013/02/19/the-great-cyber-warfare-scam.

Rampell, Catherine. 2010. "They Did Their Homework (800 Years of It)." *New York Times.* www.nytimes.com/2010/07/04/business/economy/04econ.html.

Rao, Leena. 2009. "McKinsey's Cloud Computing Report Is Partly Cloudy." *TechCrunch.* http://techcrunch.com/2009/04/16/mckinseys-cloud-computing-report-is-partly-cloudy.

———. 2010. "Google Spent $1.34 Million on Lobbying in Q2, Up 41 Percent from Last Year." *TechCrunch.* http://techcrunch.com/2010/07/21/google-spent-1-34-million-on-lobbying-in-q2-up-41-percent-from-last-year.

"The Reasons Why Amazon Mechanical Turk No Longer Accepts International

Turkers." 2013. Tips for Requesters on Mechanical Turk http://turkrequesters. blogspot.ca/2013/01/the-reasons-why-amazon-mechanical-turk.html.

Regalado, Antonio. 2011. "Who Coined 'Cloud Computing'?" *MIT Technology Review.* www.technologyreview.com/news/425970/who-coined-cloud-computing.

Reid, Stefan, and Holger Kisker. 2011. *Sizing the Cloud.* Cambridge, MA: Forrester.

Reinhart, Carmen M., and Kenneth S. Rogoff. 2010. "Growth in a Time of Debt." Working Paper 15639, National Bureau of Economic Research, Cambridge, MA. www.nber.org/papers/w15639.pdf.

Reuters. 2013a. "Huawei Springs Back with 33% Rise in Net Profit." *New York Times.* www.nytimes.com/2013/01/22/technology/huawei-springs-back-with-33-rise-in-net-profit.html.

———. 2013b. "Survey Details Data Theft Concerns for U.S. Firms in China." *New York Times.* www.nytimes.com/2013/03/30/business/global/survey-details-data-theft-concerns-for-us-firms-in-china.html.

Revken, Andrew C. 2012. "Exploring the Roots of an Emerging Planet-Spanning 'Mind.'" *New York Times.* http://dotearth.blogs.nytimes.com/2012/12/26/exploring-the-roots-of-an-emerging-planet-spanning-mind.

Ribeiro, John. 2013. "Microsoft's Azure Service Hit by Expired SSL Certificate." *PCWorld.* www.pcworld.idg.com.au/article/454609/microsoft_azure_service_hit_by_expired_ssl_certificate.

Rivlin, Gary. 2004. "The Tech Lobby, Calling Again." *New York Times.* www.nytimes.com/2004/07/25/business/the-tech-lobby-calling-again.html.

Robinson, Duncan. 2013. "Tech Trends Increase Cybercrime Threat." *Financial Times.* www.ft.com/intl/cms/s/0/806d7d72-7d16-11e2-adb6-00144feabdc0.html.

Roeder, Ethan. 2012. "I Am Not Big Brother." *New York Times.* www.nytimes.com/2012/12/06/opinion/i-am-not-big-brother.html.

Rogers, Mike, and C. A. Dutch Ruppersberger. 2012. "Investigative Report on the U.S. National Security Issues Posed by Chinese Telecommunications Companies Huawei and ZTE." US House of Representatives, Permanent Select Committee on Intelligence. http://intelligence.house.gov/sites/intelligence.house.gov/files/documents/Huawei-ZTE%20Investigative%20Report%20%28FINAL%29.pdf.

Romm, Tony. 2013a. "How Google Beat the Feds." *Politico.* www.politico.com/story/2013/01/how-google-beat-the-feds-85743.html.

———. 2013b. "Twitter's Hacker Problem." *Politico.* www.politico.com/story/2013/04/twitter-ap-hacking-problem-90510.html.

Roose, Kevin. 2013. "Up, Up, and Away!" *New York Magazine.* http://nymag.com/news/features/draper-university-silicon-valley-2013-8.

Ross, Christopher. 2012. "Keep Your Heads in the Cloud." *Corbus.* www.corbus.com/blog/2012/01/06/keep-your-heads-in-the-cloud/.

Ross, Duncan. 2012. "Turn Your Analytical Skills into a Public Good." *Causes.* www.causes.com/actions/1694321-turn-your-analytical-skills-into-a-public-good.

RTT News. 2013. "Is Your Private Life Safe under Cloud Computing?" www.rttnews.com/2044231/is-your-private-life-safe-under-cloud-computing.aspx.

Sachs, Jeffrey. 2013. "Professor Krugman and Crude Keynesianism." *Huffington Post Canada*. http://blogs.ft.com/the-a-list/2012/07/12/move-americas-economic-debate-out-of-its-time-warp.

Sadowski, Jathan. 2013. "Why Does Privacy Matter? One Scholar's Answer." *Atlantic*. www.theatlantic.com/technology/archive/2013/02/why-does-privacy-matter-one-scholars-answer/273521.

Sanger, David E., David Barboza, and Nicole Perlroth. 2013. "Chinese Army Is Seen as Tied to Hacking Attack against U.S." *New York Times*. www.nytimes.com/2013/02/19/technology/chinas-army-is-seen-as-tied-to-hacking-against-us.html.

Sayare, Scott. 2012. "On the Farms of France, the Death of a Pixelated Workhorse." *New York Times*. www.nytimes.com/2012/06/28/world/europe/after-3-decades-in-france-minitels-days-are-numbered.html.

Schiller. Dan. 1981. *Telematics and Government*. Norwood, NJ: Ablex.

———. 2014. *Digital Depression: The Crisis of Digital Capitalism*. Urbana: University of Illinois Press.

Schmidt, Eric, and Jared Cohen. 2013. *The New Digital Age: Reshaping the Future of People, Nations, Business*. New York: Knopf.

Schuman, Michael. 2013. "Marx's Revenge: How Class Struggle Is Shaping the World." *Time*. http://business.time.com/2013/03/25/marxs-revenge-how-class-struggle-is-shaping-the-world.

Schwarz, Ariel. 2013. "How Maps Can Change the World." *Fast Company*. www.fastcoexist.com/1681766/how-maps-can-change-the-world.

Schwarz, Matthew J. 2013. "Microsoft Hacked: Joins Apple, Facebook, Twitter." *InformationWeek Security*. www.informationweek.com/security/attacks/microsoft-hacked-joins apple-facebook-tw/240149323.

Scott, A. O. 2012. "Spielbergian, on a Budget." *New York Times*. www.nytimes.com/2012/12/30/movies/awardsseason/beasts-of-the-southern-wild-shares-something-with-lincoln.html.

Sengupta, Semini. 2013. "The Pentagon as Silicon Valley's Incubator." *New York Times*. www.nytimes.com/2013/08/23/technology/the-pentagon-as-start-up-incubator.html.

Shannon, Claude E., and Warren Weaver. 1949. *The Mathematical Theory of Communication*. Urbana: University of Illinois Press.

Shaw, Robert. 2013. "A Quick Guide for Cloud Companies That Don't Understand Marketing." *Cloud Tweaks*. www.cloudtweaks.com/2013/01/a-quick-guide-for-cloud-companies-that-dont-understand-marketing.

Sherr, Ian, and Don Clark. 2013. "H-P's New Servers Will Cut Power Use." *Wall Street Journal*. http://online.wsj.com/article/SB10001424127887324504704578410643910775254.html.

Shields, Greg. 2013. "How to Beat a Cloud Skeptic: Four Steps towards Rationalizing the Great Cloud Debate." *InfoWorld*. http://resources.infoworld.com/ccd/show/200014814/00636570079897IFWGC2RZTF220.

Silver, Nate. 2012. *The Signal and the Noise*. New York: Penguin.

Silverman, Gary. 2013. "Digital Intelligence and Dumb Terrorists." *Financial Times*. www. ft. com/intl/cms/s/0/800d3268-d8d4-11e2-84fa-00144 feab7de.html.

Silverman, Rachel Emma. 2013. "Tracking Sensors Invade the Workplace." *Wall Street Journal*. http://online.wsj.com/article/SB10001424127887324034804578344303429080678.html.

Singer, Natasha. 2012. "A Vault for Taking Charge of Your Online Life." *New York Times*. www.nytimes.com/2012/12/09/business/company-envisions-vaults-for-personal-data.html.

———. 2013. "When Your Data Wanders in Places You've Never Been." *New York Times*. www.nytimes.com/2013/04/28/technology/personal-data-takes-a-winding-path-into-marketers-hands.html.

Singh, Gurjeet. 2013. "The Big Data World Is Operating at 1 Percent." *Gigaom*. http://gigaom.com/2013/03/10/the-big-data-world-is-operating-at-1-percent.

SmartData Collective. 2013. "Cloud Computing Use Increases among Supply Chains." http://smartdatacollective.com/onlinetech/99516/cloud-computing-use-increases-among-supply-chains.

Smith, Eve. 2013. "Aristophanes' Cloudcuckooland to Terry Pratchett's Discworld: Comedy as Social Conscience." *Comedy Studies* 4, no. 1: 23–33.

Smith, Zadie. 2012. "Some Notes on Attunement." *New Yorker*, December 17, 30–35.

Solman, Paul. 2013. "Web Oils the Wheels of Progress." *Financial Times*. www.ft.com/intl/cms/s/0/002d4e10-ad8d-11e2-82b8-00144feabdc0.html.

Solnit, Rebecca. 2010. *A Paradise Built in Hell: The Extraordinary Communities That Arise in Disaster*. New York: Penguin.

Soto, Onell R. 2011. "Big Desert Solar Farm Means Big Factory in S.D." *U-T San Diego*. www.utsandiego.com/news/2011/mar/10/big-desert-solar-farm-means-big-factory-in-san-die.

Sprint. 2013. "iPhone 5 'I Am Unlimited: Picture Perfect' Commercial." YouTube. www.youtube.com/watch?v=C9qxjBlL3ko.

Spufford, Francis. 2010. *Red Plenty*. London: Faber and Faber.

Stapleton, Jay. 2013. "Cloud Computing Trend Raises Ethical Issues." *Connecticut Law Tribune*. www.ctlawtribune.com/PubArticleCT.jsp?id=1202609066339&Cloud_Computing_Trend_Raises_Ethical_Issues_&slreturn=20130608132308.

Steadman, Ian. 2013. "Big Data and the Death of the Theorist." *Wired*. www.wired.co.uk/news/archive/2013-01/25/big-data-end-of-theory.

Steel, Emily. 2012a. "Data Scientists Take Bite Out of Mad Men." *Financial Times*. www.ft.com/intl/cms/s/2/db8d250e-4279-11e2-979e-00144feabdc0.html.

———. 2012b. "TV Companies in Digital Ad Fightback." *Financial Times*. www.ft.com/intl/cms/s/0/bd47e5fc-4bb6-11e2-b821-00144feab49a.html.

Stewart, James B. 2013. "Looking for a Lesson in Google's Perks." *New York Times*. www.nytimes.com/2013/03/16/business/at-google-a-place-to-work-and-play.html.

Stoller, Jonathan. 2012. "Why Cold Canada Is Becoming a Hot Spot for Data Centres." *Globe and Mail*. www.theglobeandmail.com/report-on-business/economy/canada-competes/why-cold-canada-is-becoming-a-hot-spot-for-data-centres/

article6598555.

Streitfeld, David. 2013. "As Competition Wanes, Amazon Cuts Back Discounts." *New York Times*. www.nytimes.com/2013/07/05/business/as-competition-wanes-amazon-cuts-back-its-discounts.html.

Sunyer, John. 2013. "Big Data Meets the Bard." *Financial Times*. www.ft.com/intl/cms/s/2/fb67c556-d36e-11e2-b3ff-00144feab7de.html.

Sutter, John D. 2011. "iCloud: Revolution or the Next MobileMe?" *CNN Tech*. www.cnn.com/2011/TECH/web/06/07/icloud.reaction/index.html.

Swinhoe, Dan. 2013. "Green IT." *IDG Connect*. www.idgconnect.com/blog-abstract/743/dan-swinhoe-asia-green-it-asia.

Szoldra, Paul. 2013. "Google: If You Use Gmail, You 'Have No Expectation of Privacy.'" *Business Insider Australia*. www.businessinsider.com.au/gmail-privacy-google-court-brief-2013-8.

Takahashi, Dean. 2013. "It's Crowded in Here: CES Attendance Tops 150,000." *VB*. http://venturebeat.com/2013/01/12/its-crowded-in-here-ces-attendance-tops-150000.

Talbot, Chris. 2013. "Cloud Outages: Power Loss Blamed as Main Cause." *Talkin' Cloud*. http://talkincloud.com/cloud-computing-research/cloud-outages-power-loss-blamed-main-cause.

Talib, Nasim. 2012. *Antifragile: Things That Gain from Disorder*. New York: Random House.

Tanaka, Edward Tessen. 2012. "The NSA and Military Cloud Computing: Just Painting a Cyber Bullseye for Attackers?" *Pateixia*. www.patexia.com/feed/the-nsa-and-military-cloud-computing-just-painting-a-cyber-bullseye-for-attackers-2401.

Tang, Han. 2013. "China's Young Workers Fight Back at Foxconn." *Labor Notes*. www.labornotes.org/2013/08/china%E2%80%99s-young-workers-fight-back-foxconn.

Taylor, Paul. 2013a. "Cloud Computing Industry Could Lose Up to $35 Bn on NSA Disclosures." *Financial Times*. www.ft.com/intl/cms/s/0/9f02b396-fdf0-11e2-a5b1-00144feabdc0.html.

———. 2013b. "Hesse Puts Sprint Back among Frontrunners." *Financial Times*. www.ft.com/intl/cms/s/0/0fe039f4-56b1-11e2-aad0-00144feab49a.html.

Teilhard de Chardin, Pierre. 1961. *The Phenomenon of Man*. New York: Harper Torchbooks.

Tett, Gillian. 2013. "Break a Wall of Silence on Cyber Attacks." *Financial Times*. www.ft.com/intl/cms/s/0/d5b2464e-6648-11e2-b967-00144feab49a.html.

Thibodeau, Patrick. 2013. "Cloud Computing's Big Debt to NASA." *Computerworld*. www.computerworld.com/s/article/9237439/Cloud_computing_s_big_debt_to_NASA.

Thiel, Tamiko. 2012. "'Clouding Green' @ Zero1 Biennial." Mission-Base. http://mission-base.com/tamiko/AR/clouding-green.html.

Thomas, Daniel. 2013. "Baidu Nets France Telecom Browser Deal." *Financial Times*. www.ft.com/intl/cms/s/0/07812948-5d92-11e2-ba99-00144feab49a.html.

Tilahun, Gelila, Andrey Feuerverger, and Michael Gervers. 2012. "Dating Medieval

English Charters." *Annals of Applied Statistics* 6, no. 4: 1615–1640.

Tunstall, Jeremy. 1986. *Communications Deregulation: The Unleashing of America's Communications Industry*. New York: Blackwell.

Turk, James. 2013. "Outsourcing to Google: A Bad Deal for York Academic Staff." Presentation to York University Academic Staff. Canadian Association of University Teachers. www.yufa.ca/wp-content/uploads/2013/02/2013.02-Google-YUFA-final.pptx.

Tydeman, John, Hubert Lipinski, Richard P. Adler, Michael Nyhan, and Laurence Zwimpfer. 1982. *Teletext and Videotex in the United States*. New York: McGraw-Hill. www.ft.com/intl/cms/s/0/07812948-5d92-11e2-ba99-00144feab49a.html.

Udell, Jon. 2012. "Is It Time to Mandate Cloud Storage Preservation?" *Wired*. www.wired.com/insights/2013/01/guaranty-associations-cloud-storage.

U.S. National Endowment for the Humanities, Office of the Digital Humanities. 2013. "Digital Humanities Start-Up Grants." www.neh.gov/grants/odh/digital-humanities-start-grants.

U.S. Office of Science and Technology Policy. 2012. "Obama Administration Unveils 'Big Data' Initiative: Announces $200 Million in New R&D Investments." White House. www.whitehouse.gov/sites/default/files/microsites/ostp/big_data_press_release.pdf.

Vega, Tanzina. 2013. "Two Ad Giants Chasing Google in Merger Deal." *New York Times*. www.nytimes.com/2013/07/29/business/media/two-ad-giants-in-merger-deal-chasing-google.html.

Verizon Wireless. 2013. "Verizon Powerful Answers—'Suddenly: 60' Commercial." YouTube. https://www.youtube.com/watch?v=xpuoN6S3Efk.

Vina, Gonzalo, and Simon Kennedy. 2013. "Finance Chiefs Endorse Cuts as Reinhart-Rogoff Challenged." *Bloomberg*. www.bloomberg.com/news/2013-04-19/finance-chiefs-endorse-cuts-as-reinhart-rogoff-challenged.html.

Wainewright, Phil. 2013. "Cloud Providers Working with Big Data." *ZDNet*. www.zdnet.com/cloud-providers-working-with-big-data-7000013521.

Waldrop, M. Mitchell. 2002. *The Dream Machine: J.C.R. Licklider and the Revolution That Made Computing Personal*. New York: Penguin.

Walker, Michael. 2013. "Data Science Is a Team Sport." *Data Science Central*. www.datasciencecentral.com/profiles/blogs/data-science-is-a-team-sport.

Wallsten, Peter, Jia Lin Yang, and Craig Timberg. 2013. "Facebook Flexes Political Muscle with Immigration Bill." *Washington Post*. www.washingtonpost.com/business/economy/facebook-flexes-political-muscle-with-carve-out-in-immigration-bill/2013/04/16/138f718e-a5e7-11e2-8302-3c7e0ea97057_story.html.

"The Warhol: Silver Clouds." 2010. www.warhol.org/uploadedFiles/Warhol_Site/Warhol/Content/Exhibitions_Programs/Exhibitions/EX_20100903_TE_SilverClouds.pdf.

Warren, Tom. 2010. "Microsoft Shows Off Its 'Cloud Power' with New Advertising Campaign." *WinRumors*. www.winrumors.com/microsoft-shows-off-its-cloud-power-with-new-advertising-campaign.

Waters, Richard. 2012. "Oracle Takes to Cloud with Buying Spree." *Financial Times*.

www.ft.com/intl/cms/s/0/73a7facc-5043-11e2-805c-00144feab49a.html.

———. 2013a. "Big Intelligence to Tackle Cyberthreats." *Financial Times*. www.ft. com/intl/cms/s/0/87ed6bc8-8105-11e2-9fae-00144feabdc0.html.

———. 2013b. "Google Search Proves to Be New Word in Stock Market Prediction." *Financial Times*. www.ft.com/intl/cms/s/0/e5d959b8-acf2-11e2-b27f-00144feabdc0.html.

———. 2013c. "IBM Looks beyond the IT Department for Fresh Growth." *Financial Times*. www.ft.com/intl/cms/s/0/9ecf5a64-d8cf-11e2-a6cf-00144feab7de. html.

———. 2013d. "Inside Business: Cloud Hangs over Old Guard of Business Software." *Financial Times*. www.ft.com/intl/cms/s/0/33099ad8-b7e6-11e2-bd62-00144feabdc0.html.

Wegener, Al. 2013. "Big Data Plumbing Problems Hinder Cloud Computing." *Electronic Design*. http://electronicdesign.com/communications/big-data-plumbing-problems-hinder-cloud-computing.

Weisinger, Dick. 2013. "Cloud Computing: Skills Gap Threatens Technology Boom?" *Formtex Blog*. www.formtek.com/blog/?p=3541.

Whittaker, Zack. 2012. "Samsung Hikes Apple Chip Prices by 20 Percent." *ZDNet*. www.zdnet.com/samsung-hikes-apple-chip-prices-by-20-percent-report-7000007254.

Wiener, Norbert. 1948. *Cybernetics; or, Control and Communication in the Animal and the Beast*. New York: Wiley.

———. 1950. *The Human Use of Human Beings*. Boston: Houghton Mifflin.

Wiles, Will. 2012. "Before Fruit Ninja, Cybernetics." *New York Times*. www.nytimes. com/2012/11/30/opinion/the-no-10-dashboard-and-cybernetics.html.

Wilhelm, Alex. 2012. "Microsoft's Cloud Vision." *Next Web*. http://thenextweb. com/microsoft/2012/12/13/microsofts-cloud-vision-how-azure-is-the-linchpin-to-the-firms-new-devices-and-services-corporate-strategy.

Wilson, James, and Barney Jopson. 2013. "Amazon Hit by Old World Strike Action." *Financial Times*. www.ft.com/intl/cms/s/0/e4d3bdde-bc82-11e2-9519-00144feab7de.html.

Wilson, Karin. 2012. "Avoid Failure When Marketing Cloud Computing." *Cloud Computing Journal*. http://cloudcomputing.sys-con.com/node/2307497.

Wilson, Valerie Plame, and Joe Wilson. 2013. "The NSA's Metastasised Intelligence-Industrial Complex Is Ripe for Abuse." *Guardian*. www.guardian.co.uk/commentisfree/2013/jun/23/nsa-intelligence-industrial-complex-abuse.

Wingfield, Nick, and Melissa Eddy. 2013. "In Germany, Union Culture Clashes with Amazon's Labor Practices." *New York Times*. www.nytimes.com/2013/08/05/business/workers-of-amazon-divergent.html.

Winner, Langdon. 2004. "Resistance Is Futile: The Posthuman Condition and Its Advocates." In *Is Human Nature Obsolete?* edited by Harold Bailie and Timothy Casey, 385–411. Cambridge, MA: MIT Press.

Winslow, George. 2013. "The Measurement Mess." *Broadcasting and Cable*. www. broadcastingcable.com/article/494609-The_Measurement_Mess.php.

Wise, Bill. 2013. "Big Data's Usability Problem." *All Things D*. http://allthingsd. com/20130423/big-datas-usability-problem.

Wojtakiak, Mark. 2012. "Tag Archives: Deloitte Cloud Computing Forecast Change." *Storage Effect*. http://storageeffect.media.seagate.com/tag/deloitte-cloud-computing-forecast-change.

Wolf, Gary. 2010. "The Data-Driven Life." *New York Times*. www.nytimes.com/2010/05/02/magazine/02self-measurement-t.html.

Wolonick, Josh. 2012. "Are Apple and Google in Race for North Carolina's 'Black Gold'?" *Minyanville*. www.minyanville.com/sectors/technology/articles/Are-Apple-and-Google-in-Race/12/7/2012/id/46453.

Woodall, Angela. 2013. "Amazon Files Court Complaint over CIA Cloud Contract." *CRN*. www.crn.com/news/cloud/240158953/amazon-files-court-complaint-over-cia-cloud-contract.htm.

World Economic Forum. 2013. "The World Economic Forum Leadership Team." www.weforum.org/content/leadership-team.

Wortham, Jenna. 2013. "Cisco Plans to Cut 4,000 Jobs as It Posts Profit Gain." *New York Times*. www.nytimes.com/2013/08/15/technology/cisco-plans-to-cut-4000-jobs-as-it-posts-profit-gain.html.

Wyatt, Edward, and Claire Cain Miller. 2013. "Tech Giants Issue Call for Limits on Government Surveillance of Users." *New York Times*. www.nytimes.com/2013/12/09/technology/tech-giants-issue-call-for-limits-on-government-surveillance-of-users.html.

Yafang, Sun. 2012. "Foreword." In *The Global Information Technology Report 2012*, edited by Soumitra Dutta and Beñat Bilbao-Osorio, ix–x. Geneva: World Economic Forum.

Yang, Lin. 2013. "Foxconn Tries to Move Past the iPhone." *New York Times*. www.nytimes.com/2013/05/07/business/global/foxconn-tries-to-move-beyond-apples-shadow.html.

Zhu, Julie. 2013. "Lanfang: China's Cloud Computing Hub." *Financial Times*. http://blogs.ft.com/beyond-brics/2013/05/15/langfang-chinas-cloud-computing-hub.

索　引

（所注页码为英文原书页码，即本书边码）

译后记

合上书，脑海中仍然浮现着文森特·莫斯可勾勒出的那幅云端图景。它远没有想象般柔软纯净。在云端之上，你能听到机器的轰鸣，你能看到滚滚的浓烟，耳边充斥着各种喧闹之音。这是一趟旅程，文森特·莫斯可指引着我们向云端深处望去。那里，是数据存储、处理、分配的地方，像一个巨型工厂。仿佛被光芒笼罩着的"云计算"不再是神话，不再是众人敬仰的"救世主"。在云端，依然覆盖着纵横交错的权力大网，商业、政治、军方的权力博弈无处不在。在云端，依然存在着显而易见的社会不公，等级、种族、性别的问题比比皆是。在云端，依然消耗着大量能源，排放着大量有害物质，虚拟商品和虚拟交易并没有带来人们想象中的绿色环保。种种关于"云计算"和"大数据"的迷思在莫斯可的笔下——幻灭。

《云端》一书是由我、陈如歌、胡翼青、杨馨和周昱含共同翻译完成的。第一章的翻译由我和陈如歌协作完成，第二、四章由我负责，第三、五章由陈如歌负责。校对工作由胡翼青、杨馨和周昱含共同完成。

接到这项翻译任务时，正值学期中段，课业负担极其繁重，时间总是不够用。通常凌晨两三点钟，翻译小组还在各种社交软件上互相交流，这是一种典型的云时代的翻译方式。那种苦中作乐、共同奋斗的感觉也许是终生难忘的。

《云端》一书涉及大量与云计算有关的专业知识，大量全球政治经济事件、机构名称及缩略词，着实为翻译增添了不少难度。我们在翻译过程中查阅了大量资料，但因才疏学浅，翻译难免有误，恳请各位读者批评指正。

杨睿

2016 年 7 月 28 日于南京大学南园

图书在版编目（CIP）数据

云端：动荡世界中的大数据/（加）文森特·莫斯可著；杨睿，陈如歌译 . —北京：中国人民大学出版社，2017.1

ISBN 978 - 7 - 300 - 23742 - 8

Ⅰ.①云… Ⅱ.①文… ②杨… ③陈… Ⅲ.①云计算-科技发展-社会影响-研究 Ⅳ.①TP393.027 ②C913

中国版本图书馆 CIP 数据核字（2017）第 019233 号

云端

动荡世界中的大数据

［加］文森特·莫斯可　著

杨　睿　陈如歌　译

杨　馨　周昱含　胡翼青　校

Yunduan

出版发行	中国人民大学出版社		
社　　址	北京中关村大街 31 号	**邮政编码**	100080
电　　话	010 - 62511242（总编室）	010 - 62511770（质管部）	
	010 - 82501766（邮购部）	010 - 62514148（门市部）	
	010 - 62515195（发行公司）	010 - 62515275（盗版举报）	
网　　址	http://www.crup.com.cn		
	http://www.ttrnet.com（人大教研网）		
经　　销	新华书店		
印　　刷	北京中印联印务有限公司		
规　　格	170 mm×240 mm　16 开本	**版　　次**	2017 年 3 月第 1 版
印　　张	19 插页 2	**印　　次**	2017 年 3 月第 1 次印刷
字　　数	274 000	**定　　价**	49.80 元